高等职业教育“十四五”规划教材

动物解剖

第2版

田应华　刘长春　主编

中国农业大学出版社
· 北京 ·

内容简介

本教材以常见动物大体解剖学基本知识为主，采用系统比较解剖方式叙述，不涉及生理学内容。教材精选大量图表，每章前均明确提出本章的学习目标，每章后均以图表形式归纳汇总了本章知识要点，并提供复习题，以及实验实训指导与作业，旨在改善以往动物解剖学教材繁杂、冗长的特点。通过学习，让学生懂得动物体四大基本组织的形态、结构和功能；掌握动物机体八大系统的器官形态、构造和功能；掌握一定的局部解剖学知识，以适应动物医学临床的需要。

本教材可作为职业院校动物医学、畜牧兽医、动物防疫与检疫、宠物医疗技术等相关专业教材使用，也可作为各级各类畜牧兽医企事业单位工作人员学习参考书籍。

图书在版编目(CIP)数据

动物解剖／田应华，刘长春主编．--2版．--北京：中国农业大学出版社，2023.5(2024.5重印)
ISBN 978-7-5655-2973-3

Ⅰ.①动…　Ⅱ.①田…②刘…　Ⅲ.①动物解剖学-高等职业教育-教材　Ⅳ.①Q954.5

中国国家版本馆CIP数据核字(2023)第063384号

书　　名　动物解剖　第2版
作　　者　田应华　刘长春　主编

策划编辑　康昊婷　　**责任编辑**　康昊婷
封面设计　李尘工作室
出版发行　中国农业大学出版社
社　　址　北京市海淀区圆明园西路2号　　**邮政编码**　100193
电　　话　发行部 010-62733489，1190　　读者服务部 010-62732336
编辑部 010-62732617，2618　　出　版　部 010-62733440
网　　址　http://www.caupress.cn　　**E-mail**　cbsszs@cau.edu.cn
经　　销　新华书店
印　　刷　涿州市星河印刷有限公司
版　　次　2023年8月第2版　　2024年5月第2次印刷
规　　格　185 mm×260 mm　　16开本　　15.25印张　　380千字
定　　价　49.00元

图书如有质量问题本社发行部负责调换

编写人员

主　编　田应华（云南农业职业技术学院）
　　　　刘长春（河南农业职业学院）

副主编　王雯熙（湖北生物科技职业学院）
　　　　保志鹏（云南农业职业技术学院）
　　　　胡媛媛（云南农业职业技术学院）
　　　　韩云珍（福建农业职业技术学院）
　　　　吉艺宽（广东梅州职业技术学院）

参　编　王　锐（云南农业职业技术学院）
　　　　陈功义（河南农业职业学院）
　　　　覃建基（广西农业职业技术大学）
　　　　王丽瑄（云南农业职业技术学院）
　　　　罗永华（沧州职业技术学院）
　　　　聂明达（黑龙江职业学院）

主　审　邬立刚（黑龙江农业职业技术学院）

前言

本教材根据《国家职业教育改革实施方案》(简称“职教二十条”)、《高等职业学校专业教学标准》以及《“十四五”职业教育规划教材建设实施方案》等相关文件精神，在第1版《动物解剖》教材的基础上修订而成。

动物解剖是职业院校动物医学、畜牧兽医、动物防疫与检疫、宠物医疗技术等相关专业必修的重要的专业基础课。新版教材具有以下几个特点：

1. 将“思政元素”融入教材。习近平总书记在党的二十大报告中指出：“教育是国之大计、党之大计。培养什么人、怎样培养人、为谁培养人是教育的根本问题，育人的根本在于立德。全面贯彻党的教育方针，落实立德树人根本任务，培养德智体美劳全面发展的社会主义建设者和接班人。”为此，本教材修订立足学生德智体美劳全面发展，将劳动素养、职业素质、工匠精神和人文精神等要素有效融入教材，深化课程思政，实现专业教学和德育培养相互支撑、协同并进的育人效果。

2. 教材内容渗透了畜牧兽医类专业方面的行业标准、技术规范和执业兽医资格考试相关高频知识点，后附有练习题及参考答案，可以边学边练，检验学习成果。本书编者均长期在教学一线工作，具有丰富的教学实践及相关教材编写经验，使教材内容更具针对性与实用性。

3. 教材编写始终遵循理论与实践相结合的原则，力求内容简明、通俗易懂，保证教材的实用性与适用性。叙述以牛、猪为主，个别特殊结构加入马、犬等进行比较解剖。全书附有大量图表，减少冗长叙述，以期更精练。各章配备要点速查表，提纲式归纳了章节重点、要点及难点内容，便于学习。在有限的学时内，使学生轻松掌握常见动物的解剖结构特征。

本教材共12章，内容包括动物体基本结构、运动系统、被皮系统、消化系统、呼吸系统、泌尿与生殖系统、循环系统、神经系统、内分泌系统与感觉器官、家禽解剖、特种经济动物解剖和综合解剖实训。

本教材由田应华、刘长春统稿。编写过程中得到编写人员所在单位的大力支持，在此表示感谢。同时也向参考文献的作者一并表示诚挚的谢意。

由于编者水平所限，书中难免存在疏漏和不妥之处，恳请专家和读者批评指正。

编　者

2023年2月

目　录

第一章
动物体基本结构

【知识目标】

- 理解细胞的形态结构及功能。
- 理解组织的概念，掌握 4 种基本组织的结构、特点、分布。
- 了解 4 种基本组织的共性及差异。
- 理解器官、系统、有机体的概念及其之间的关系。
- 了解动物体主要部位名称及解剖学方位名词术语。

【技能目标】

- 熟悉显微镜的构造，能熟练地使用显微镜观察和识别组织、细胞。
- 能对显微镜做日常保养和维护。

【思政目标】

- 培养学生严谨求实的科学态度，激发学生的民族自豪感、文化自信和爱国热情。

第一节　细　胞

一、细胞的概念

细胞是动物体形态结构、生理功能和生长发育的基本单位。构成动物体的细胞数量繁多，一些形态和功能相关的细胞有机地结合在一起构成了组织，几种组织再组成器官，器官再组成系统，由各个系统有机地结合，进而形成动物体。动物体的新陈代谢过程和生理功能的体现，都是在整个有机体协调统一下以细胞为结构单位进行的。

二、细胞的形态和大小

构成动物体的细胞形态多种多样，有圆形、椭圆形、立方形、柱状、扁平状、星形等(图 1-1)。

细胞的大小不一,差异很大。动物体内最小的细胞是小脑颗粒细胞,直径仅有 0.4 μm;最大的细胞是成熟的卵细胞,如鸵鸟的卵细胞直径可达 10 cm;最长的细胞为神经细胞,其突起的长度可达 1 m(图 1-2)。

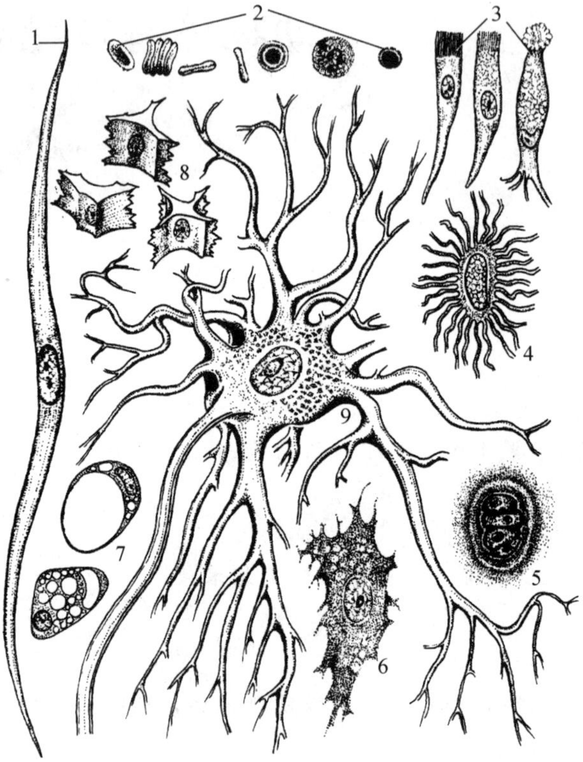

1.平滑肌细胞　2.血细胞　3.上皮细胞　4.骨细胞　5.软骨细胞
6.成纤维细胞　7.脂肪细胞　8.腱细胞　9.神经细胞

图 1-1　动物细胞的各种形态

(引自马仲华,2002)

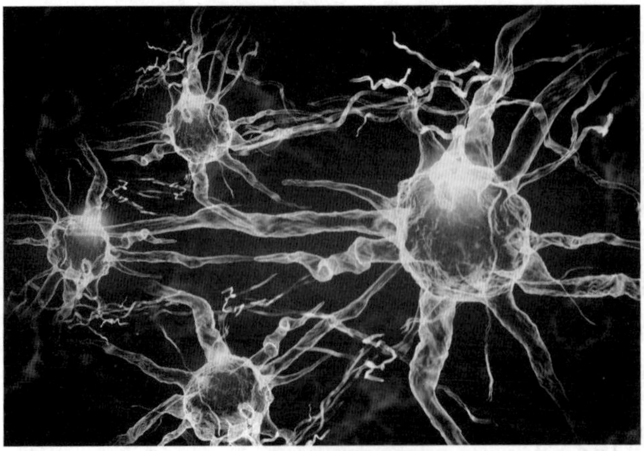

图 1-2　神经细胞的形态

三、细胞的构造

细胞虽然形态多样、大小不一，但在光学显微镜下的基本结构都是由细胞膜、细胞质、细胞核 3 部分构成。

细胞结构概述(视频)

(一)细胞膜

1. 细胞膜的结构

细胞膜包围在细胞质的外面，是细胞的重要组成部分。而细胞质内的许多细胞器也具有类似细胞膜的结构，称为细胞内膜。因此，人们通常将细胞外表面的细胞膜和细胞内膜统称为生物膜(图 1-3)。

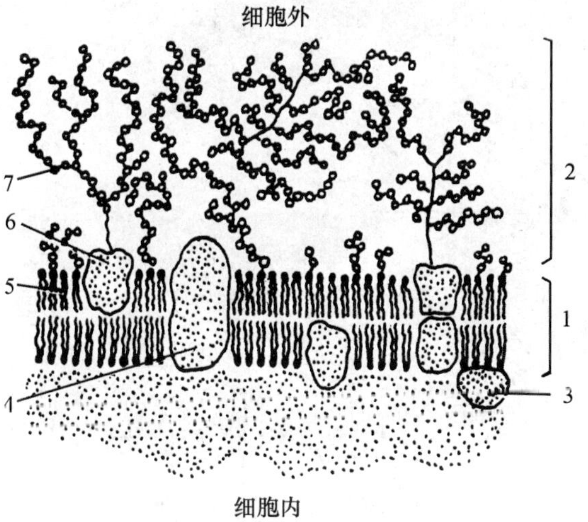

1. 脂质双层　2. 糖衣　3. 表在蛋白　4. 嵌入蛋白　5. 糖脂　6. 糖蛋白　7. 糖链动

图 1-3　细胞膜的结构模式图

1972 年 S. J. Singer 和 G. L. Nicolson 提出了关于细胞膜结构的液态镶嵌模型学说，这是目前普遍公认的关于细胞膜结构的学说。该学说认为：膜的基本结构是流体的脂类双分子层，其中镶嵌着具有生物活性、可移动的球形蛋白质，有的蛋白质分子贯穿双分子层，有的只穿过部分双分子层。该模型强调膜结构的不对称性和流动性，即认为细胞膜并不是固定不变的、停滞不动的结构，而是液态、流动的结构。

细胞膜中的类脂分子以磷脂为主，磷脂分子是极性分子，呈长杆状，一端为头部，另一端为尾部，头部亲水称为亲水端，尾部疏水称为疏水端。由于细胞膜周围接触的均为水溶液环境，所以亲水的分子头部朝向膜的内、外表面，而疏水的尾部则伸入膜的内部，形成特有类脂双分子层的结构形式，这是膜的分子结构基础。正常生理条件下，它处于液态。

2. 细胞膜的功能

①维持细胞形态结构的完整。②构成细胞屏障，限制外界某些物质的进入，防止细胞内某些物质的散失。③构成细胞的支架。④与细胞识别、细胞粘连和细胞运动等有关。⑤细胞膜内有嵌入蛋白，可作为激素或药物受体、形成个体特异性抗原等。⑥选择性进行物质交换，物

质交换方式有单纯扩散、易化扩散、主动运输、胞吞作用和胞吐作用等。

(二)细胞质

细胞质位于细胞膜和细胞核之间，是细胞进行各种代谢过程和生理功能的主要场所。由基质、细胞器和内含物组成(图 1-4)。

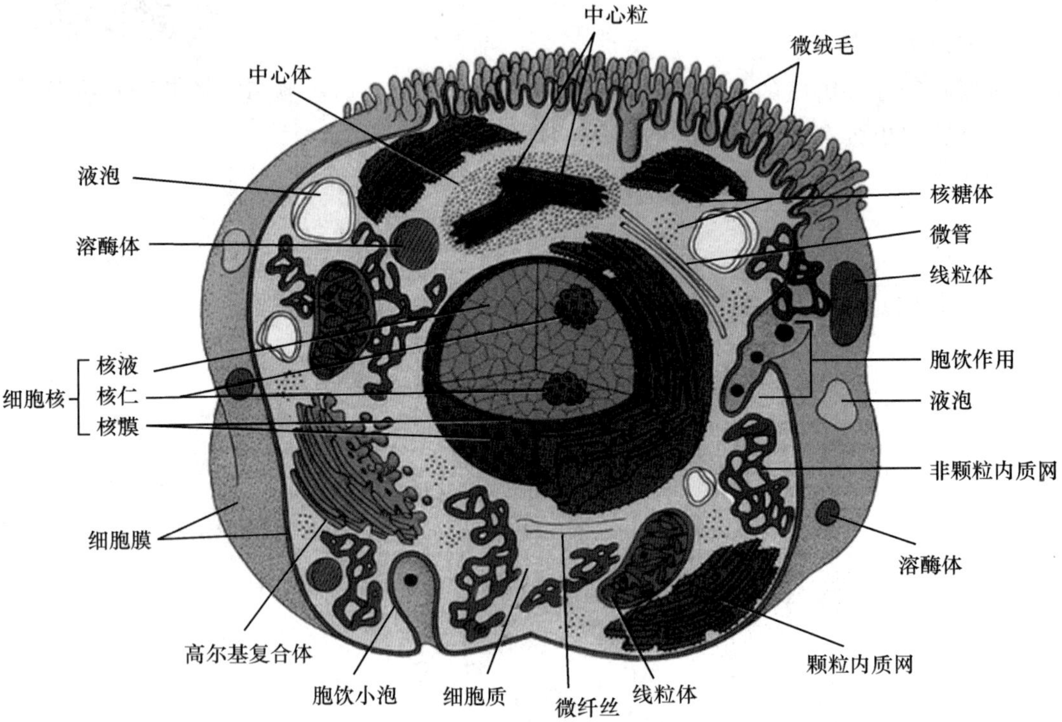

图 1-4 细胞结构模式图

(1)基质　基质是无定形胶状物质，由水、蛋白质、脂类、糖和无机盐等组成。

(2)内含物　内含物不是细胞器，而是一些代谢产物或细胞贮存物质，包括糖原、脂滴、色素颗粒、分泌颗粒等。

(3)细胞器　细胞器是指悬浮于细胞质内具有特定形态构造、执行一定生理功能的微小器官。主要包括线粒体、核糖体、内质网、高尔基复合体、溶酶体和中心体等。主要细胞器的形态、结构及功能见表 1-1。

(三)细胞核

细胞核是细胞遗传和代谢活动的控制中心，在细胞生命活动中起着决定性的作用，细胞核主要由核膜、核质、核仁、染色质组成。

(1)核膜　核膜是细胞核与细胞质之间的界膜，包围在细胞核表面，由两层单位膜构成。

(2)核质　核质是无结构的透明胶状物质，又称核液，成分与细胞质的基质很相近，含有水、糖蛋白、酶及无机盐等物质。

(3)核仁　核仁是细胞核内的球形小体，细胞核内通常有 1～2 个核仁。其主要化学成分是核糖核酸(RNA)和蛋白质。核仁是合成核糖体的场所。

表 1-1 主要细胞器的形态、结构及功能

细胞器	形态结构	功能
线粒体	由内外两层单位膜构成，内膜常常向内折叠，形成片状、分支状或网状的嵴；外膜表面光滑，膜内充满线粒体基质	通过氧化磷酸化作用产生能量，供细胞各种生命活动之用，被称为细胞内的“能量工厂”或“供能站”
核糖体	颗粒状结构，直径为 15～25 nm，主要由核糖核酸和蛋白质构成	合成细胞的“内销性”结构蛋白和“外销性”输出蛋白
内质网	由单位膜围成的囊状或小泡状结构，表面附着核糖体者为粗面内质网，光滑者为滑面内质网	粗面内质网是蛋白质的合成场所；滑面内质网是合成脂质的重要场所
高尔基复合体	由双层单位膜形成扁平囊泡、小囊泡、大囊泡	对细胞合成的分泌物进行浓缩、储存、分离、加工、输出
溶酶体	由单位膜围成的小体，直径为 0.25～0.8 μm，内含高浓度的多种消化酶	消化进入细胞内的异物及细胞内衰老的细胞器，是细胞内重要的“清道夫”
中心体	中心体由两个互相垂直的中心粒和周围物质构成	与细胞分裂期纺锤体的形成、排列方向和染色体的移动有密切关系

(4)染色质与染色体　染色质是遗传物质的一种存在形式，其主要化学成分是 DNA 和蛋白质。染色质是指细胞间期核内分布不甚均匀、易被碱性染料着色的物质。而在细胞进行有丝分裂时，染色质细丝螺旋盘曲缠绕成为具有特定形态结构的染色体。由此可见，染色质和染色体实际上是同一物质的不同功能状态。动物的体细胞染色体数目是恒定的：猪 38 条，黄牛 60 条，马 64 条，驴 62 条，绵羊 54 条，山羊 60 条，鸡 78 条，鸭 80 条。

四、细胞的生命活动

(一)新陈代谢

新陈代谢是细胞生命活动的基础，包括同化作用和异化作用。细胞不断地从外界摄取营养物质，经过加工、合成细胞本身所需要的物质的过程称为同化作用。同时又不断地分解物质、释放能量供细胞各种功能活动的需要，并把细胞代谢产物排出细胞外的过程称为异化作用。细胞的一切活动都是建立在新陈代谢的基础上。

(二)感应性

细胞对外界刺激发生反应的能力称为感应性。细胞生活在不断变化的环境中，对于周围环境的刺激都能产生相应的反应，借以适应环境的变化。如肌细胞受刺激后会发生收缩，神经细胞受刺激后能产生兴奋并传导冲动，浆细胞受抗原刺激后产生抗体等。

(三)运动

体内有些细胞在不同环境条件刺激下，能产生不同形式的运动，以适应环境条件变化或完成某些生理功能。常见的运动形式有变形运动、舒缩运动、纤毛运动和鞭毛运动等。

(四)生长与增殖

当细胞的同化作用超过异化作用时，细胞体积增大，称为生长。细胞生长到一定阶段，在一定条件下就以分裂的方法进行增殖，产生新细胞，借以促进机体的生长发育和补充衰老死亡的细胞，称为增殖。细胞的增殖是以分裂的方式进行的，分裂包括有丝分裂、减数分裂和无丝分裂。

(1)有丝分裂　有丝分裂是动物体细胞进行增殖的主要方式。其基本过程为中心体一分为二，移向两极，中间出现纺锤丝，染色质变成染色体，每条染色体复制为相同的两条，然后纵向分裂。已纵裂的染色体分成两组，分别在纺锤丝的牵引下移向两极，并很快变成染色质。细胞质内的各种成分同时分布到两个子细胞中(图 1-5)。

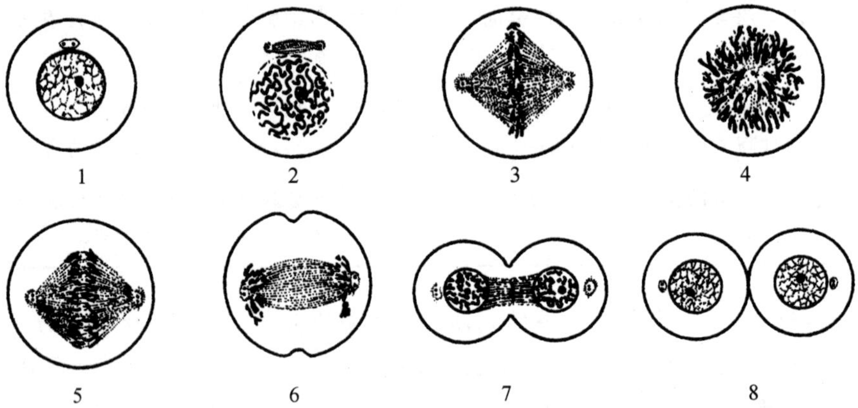

1. 分裂间期　2. 前期　3. 中期　4. 中期(从细胞一极观察)　5. 早后期
6. 晚后期　7. 早末期　8. 晚末期(分成两个子细胞)

图 1-5　细胞有丝分裂模式图

(引自周元军，2007)

(2)减数分裂　减数分裂是由相互连续的两次成熟分裂组成，仅出现在生殖细胞成熟过程中。第一次减数分裂开始时已经复制的同源染色体配对，这个过程称为“联会”，接着出现交叉，经过交叉的染色体彼此分开，分配到两个子细胞中去，完成第一次分裂。紧接着进入第二次成熟分裂，已经纵裂为二的染色体，在着丝点处分开，进入两个子细胞，从而完成第二次减数分裂。

(3)无丝分裂　无丝分裂又称直接分裂，是细胞繁殖的一种较为简单的分裂方式。由细胞核缢缩分开，细胞质也接着分开，形成两个子细胞。

(五)细胞分化

细胞分化是指胚胎细胞或幼稚细胞(未分化细胞)转变为各种形态、功能不同细胞的过程。在胚胎发育早期，细胞的功能和形态彼此相似。随着细胞的增殖，在数量增多的同时，细胞的形态、功能和生化特性也逐渐出现了差异，最后形成各种不同形态和功能的成熟细胞。

(六)衰老与死亡

衰老与死亡是细胞生命活动过程中的必然结局。衰老的细胞濒临死亡时，形态上会发生显著的变化，如细胞质膨胀或缩小、嗜酸性增强、脂肪增多、出现空泡或色素沉积等，进而出现核崩溃、核溶解而导致细胞死亡。

细胞凋亡是细胞死亡的另一种形式，是一个主动由基因决定的自动结束生命的过程，普遍存在于动物中，在有机体生长发育过程中具有极其重要的意义，通过细胞凋亡，有机体得以清除不再需要的细胞，保持自身平衡以及抵御外界各种因素的干扰。

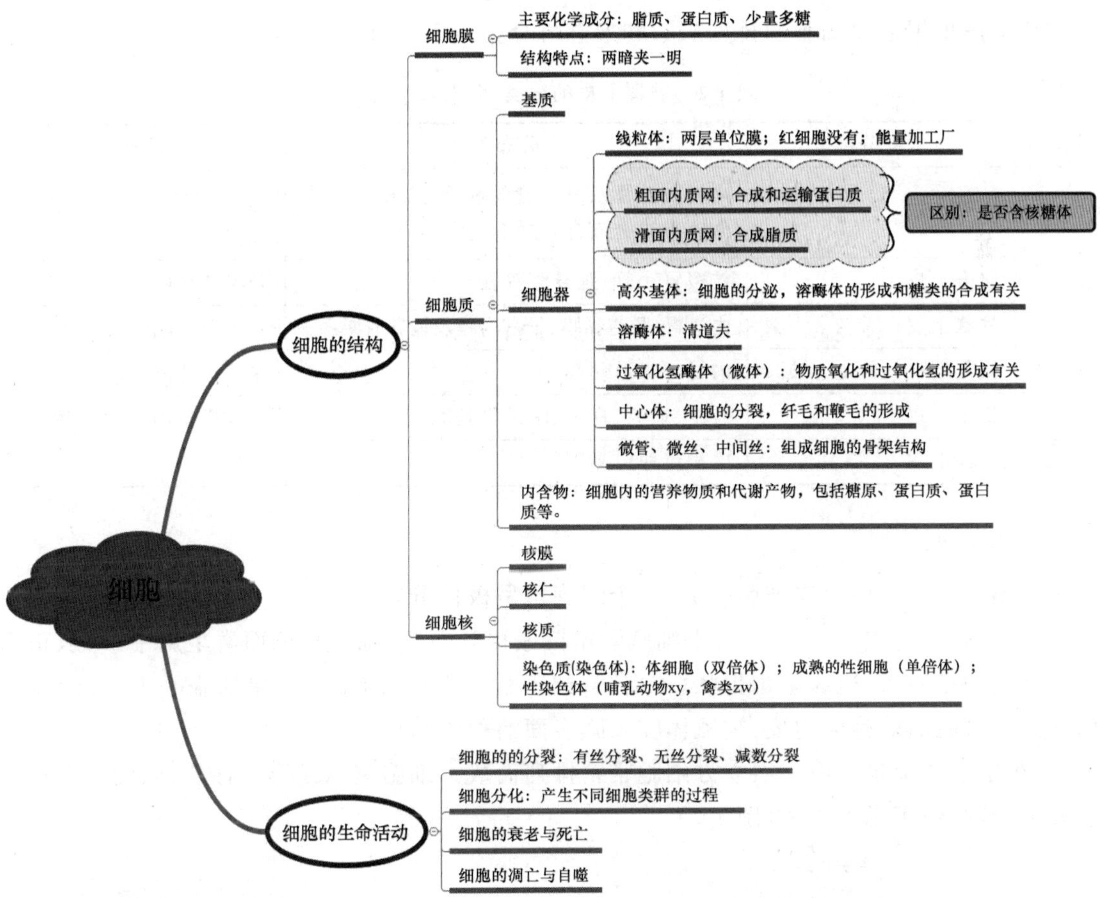

第二节　基本组织

组织是由一些来源相同、形态和功能相似的细胞群和细胞间质构成。根据组织的形态结构与功能特点，将动物体内的组织分为上皮组织、结缔组织、肌组织和神经组织 4 大类。

一、上皮组织

上皮组织是由大量密集排列的细胞和少量的细胞间质组成。上皮组织在形态和结构上的特点有：①细胞多，间质少，细胞排列紧密，相邻细胞间常形成特化的细胞连接结构，呈层状或膜状，被覆于体表或内衬于体内管、腔及囊的内表面，构成器官的边界；②上皮细胞呈极性分布；③上皮组织无血管和淋巴管，其营养的供给和代谢产物的运出都通过渗透作用来实现；④上皮组织内有丰富的感觉神经末梢，对内、外环境的刺激非常敏感。依据其形态和功能的不同，上皮组织可分为被覆上皮、腺上皮和特殊上皮 3 大类。

(一)被覆上皮

被覆上皮根据上皮细胞的排列层数和形态可分为以下几种(表 1-2)。

表 1-2　被覆上皮的分类、分布及功能

细胞层次	上皮分类	分布	功能
单层	扁平上皮	内衬心血管及淋巴管的腔面(内皮)，被覆体腔浆膜表面(间皮)等处	润滑
	立方上皮	被覆肾小管、腺导管等处	分泌和吸收
	柱状上皮	内衬胃、肠道黏膜、子宫内膜及输卵管黏膜	保护、吸收和分泌
	假复层柱状纤毛上皮	内衬呼吸道黏膜	保护和分泌
复层	扁平上皮	表皮、口腔、食道、阴道等处黏膜	抵抗机械和化学刺激
	变移上皮	内衬泌尿道黏膜	保护

1. 单层上皮

单层上皮仅有一层上皮细胞构成，每个细胞均呈极性分布。

(1)单层扁平上皮　由一层扁平细胞紧密镶嵌排列而成，细胞从侧面看呈扁平形，从正面看呈不规则的多边形，边缘呈锯齿状，核扁圆，位于细胞中央(图 1-6)。单层扁平上皮衬于心、血管及淋巴管腔面的称为内皮；被覆体腔浆膜表面的称为间皮。

(2)单层立方上皮　由一层立方细胞紧密排列而成。细胞呈六面形矮柱状，侧面观呈正方形。核大而圆，位于细胞中央(图 1-7)。

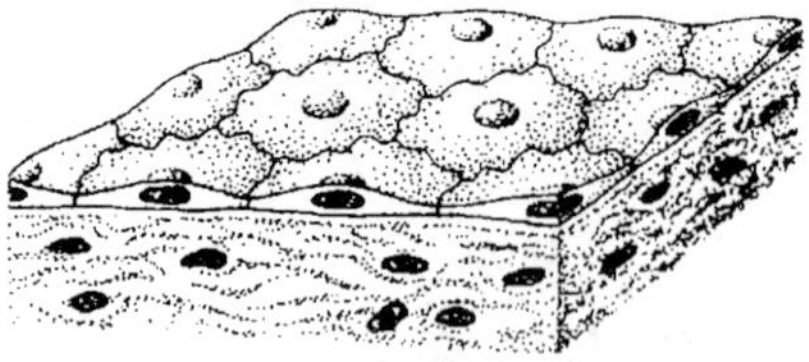

图 1-6　单层扁平上皮

(引自陈功义，2010)

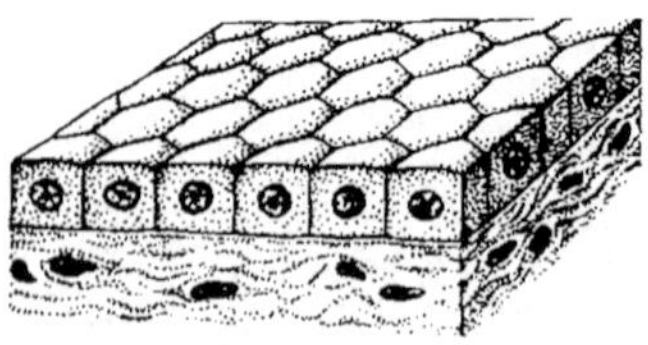

图 1-7　单层立方上皮

(引自陈功义，2010)

(3)单层柱状上皮　细胞呈多面形高柱状，侧面呈倒立的长方形。核呈卵圆形，位于细胞基部(图 1-8)。小肠等处的单层柱状上皮游离缘顶端具有纹状缘，其柱状细胞间夹有杯状细胞。子宫、输卵管等处上皮具有纤毛。

(4)假复层柱状纤毛上皮　由一层高矮和形状不同的上皮细胞构成。典型的假复层柱状纤毛上皮由柱状细胞、杯状细胞、梭形细胞及锥体细胞等 4 种细胞构成。柱状细胞游离面有纤毛。上皮的每个细胞都与基膜接触，只有柱状细胞和杯状细胞的顶端抵达游离面，从侧面看似复层，实际是单层，故称假复层柱状纤毛上皮（图 1-9）。

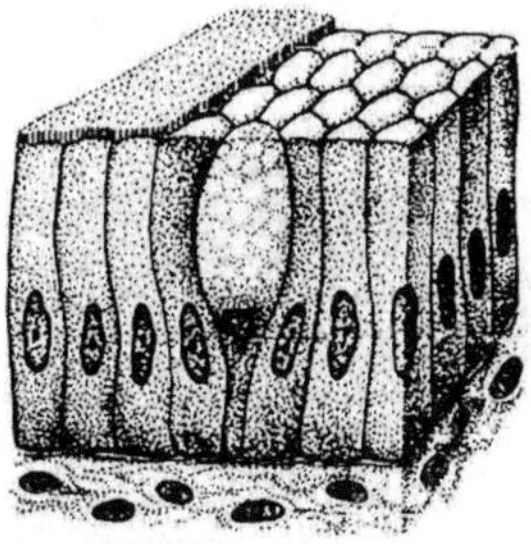

图 1-8　单层柱状上皮

（引自陈功义，2010）

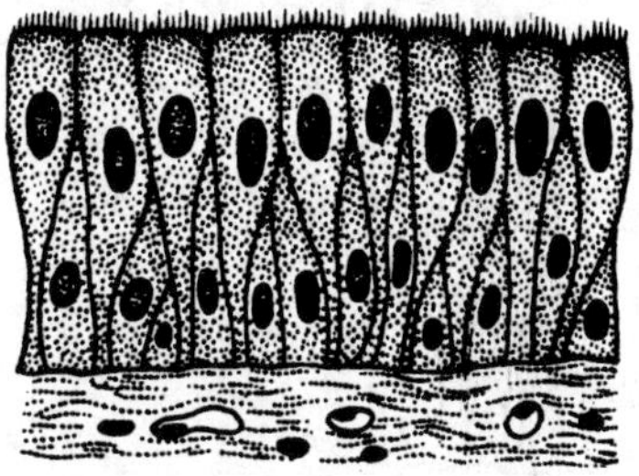

图 1-9　假复层柱状纤毛上皮

（引自马仲华，2002）

2. 复层上皮

复层上皮由两层以上的上皮细胞构成，仅基底层细胞与基膜接触。动物体常见的复层上皮有复层扁平上皮和变移上皮。

（1）复层扁平上皮　由多层细胞紧密排列而成。表层细胞扁平且呈鳞片状，中间层细胞体积较大呈多边形，基底层细胞呈低柱状或立方形（图 1-10）。

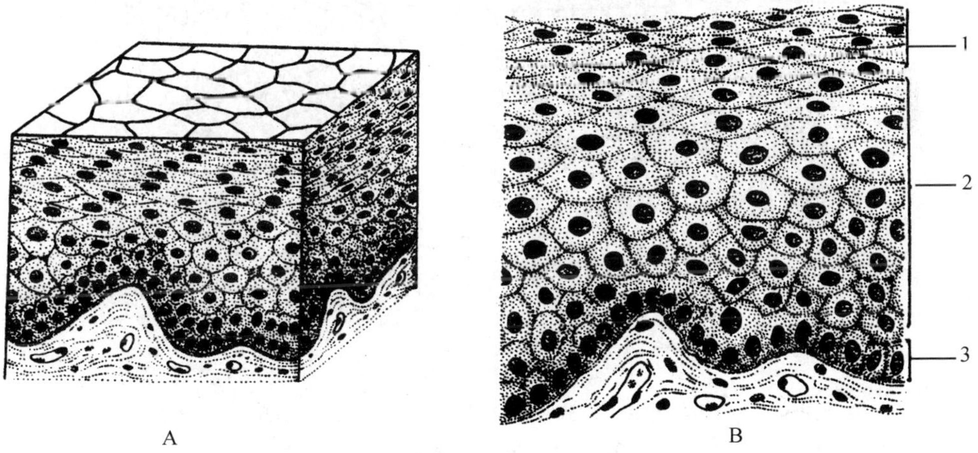

A. 模式图　B. 表皮切面

1. 表层　2. 中间层　3. 深层

图 1-10　复层扁平上皮

（引自马仲华，2002）

（2）变移上皮　变移上皮是指细胞的层数和形态随着器官的充盈、皱缩状态而发生改变的上皮。当器官内腔空虚（收缩）时，上皮细胞的层数可达 6～7 层，细胞变高，上皮变厚；当器官内腔充盈（扩张）时，上皮细胞层数变少，上皮变薄（图 1-11）。

（二）腺上皮

腺上皮是由具有分泌功能的腺上皮细胞构成的，以腺上皮为主要成分构成的器官称为腺体。根据其分泌物的排泄方式，可将腺体分为内分泌腺和外分泌腺（图 1-12）。

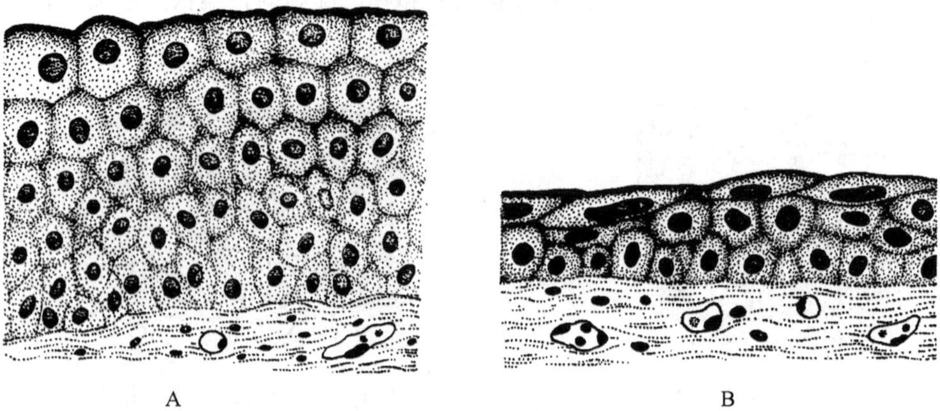

A. 收缩状态　B. 扩张状态

图 1-11　变移上皮(膀胱)

(引自马仲华,2002)

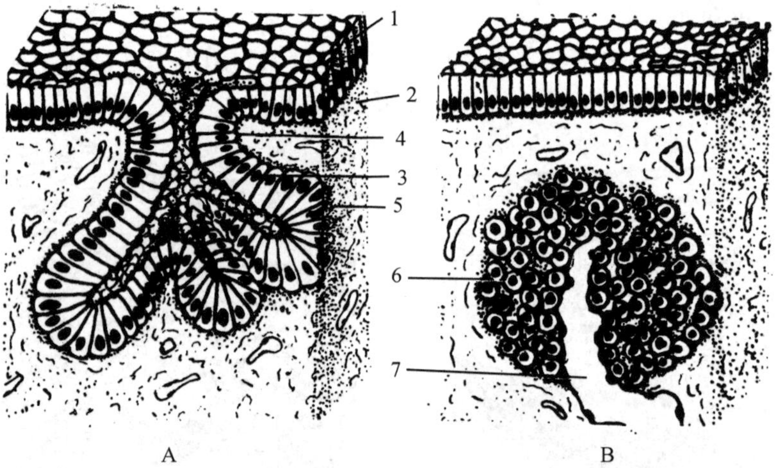

A. 外分泌腺　B. 内分泌腺

1. 上皮组织　2. 结缔组织　3. 腺　4. 导管部　5. 分泌部　6. 细胞团　7. 毛细血管

图 1-12　腺上皮发生模式图

(引自马仲华,2002)

1. 内分泌腺

内分泌腺无导管,其分泌物通过渗透进入血液或淋巴,而由体液传递到机体各部,又称为无管腺。

2. 外分泌腺

外分泌腺有导管,其分泌物可经导管排泄到身体表面或器官的管腔内,称为有管腺。外分泌腺表面被覆结缔组织被膜,被膜深入腺实质构成腺的间质,腺实质由导管部和分泌部构成。

（1）导管部　管壁由上皮围成，与腺泡连通，除输送分泌物外，有的导管上皮兼有分泌和吸收功能。

（2）分泌部　又称腺泡，由腺上皮围成，中央为腺泡腔，与腺导管相连。分泌部具有分泌功能。

（三）特殊上皮

特殊上皮是指具有特殊功能的上皮，包括感觉上皮、生殖上皮。感觉上皮是由味觉、嗅觉、听觉及视觉等有关的上皮细胞构成；生殖上皮是与生殖有关的上皮，如曲精小管上皮。

二、结缔组织

结缔组织是由少量的细胞和大量的细胞间质所组成，细胞间质包括纤维和基质，该组织是动物体内分布最广泛、形态结构最多样化的一大类组织，主要起连接、支持、防卫、营养和运输等作用。结缔组织与上皮组织比较，有如下特点：①细胞数量少，但种类多，散在间质中，无极性分布；②细胞间质多，由基质和纤维构成；③不直接与外界环境相接触，因而称为内环境组织。

根据结缔组织的形态结构，可分为固有结缔组织、软骨组织、骨组织和血液等，其中固有结缔组织包括疏松结缔组织、致密结缔组织、脂肪组织和网状组织（表 1-3）。

表 1-3　结缔组织分类

类型	细胞	基质状态	纤维	分布
疏松结缔组织	成纤维细胞、巨噬细胞、肥大细胞、浆细胞、脂肪细胞	胶状	胶原纤维、弹性纤维、网状纤维	细胞、组织、器官之间和器官内
脂肪组织	脂肪细胞	胶状	胶原纤维、弹性纤维、网状纤维	皮下组织、器官之间和器官内
致密结缔组织	成纤维细胞	胶状	胶原纤维、弹性纤维	皮肤真皮、器官被膜、腱及韧带
网状组织	网状细胞	胶状	网状纤维	淋巴组织、淋巴器官、骨髓
软骨组织	软骨细胞	固体	胶原纤维、弹性纤维	气管、肋软骨及会厌等
骨组织	骨细胞	固态坚硬	胶原纤维	骨骼
血液	血细胞	液态	纤维蛋白原	心血管

（一）疏松结缔组织

疏松结缔组织因结构疏松、类似蜂窝，故又称蜂窝组织。广泛分布在皮下和各器官内，起连接、支持、保护、营养和创伤修复等功能。疏松结缔组织的结构特点是纤维排列松散，基质含量较多，而细胞和纤维含量较少，且分散存在于基质之中（图 1-13，表 1-4）。

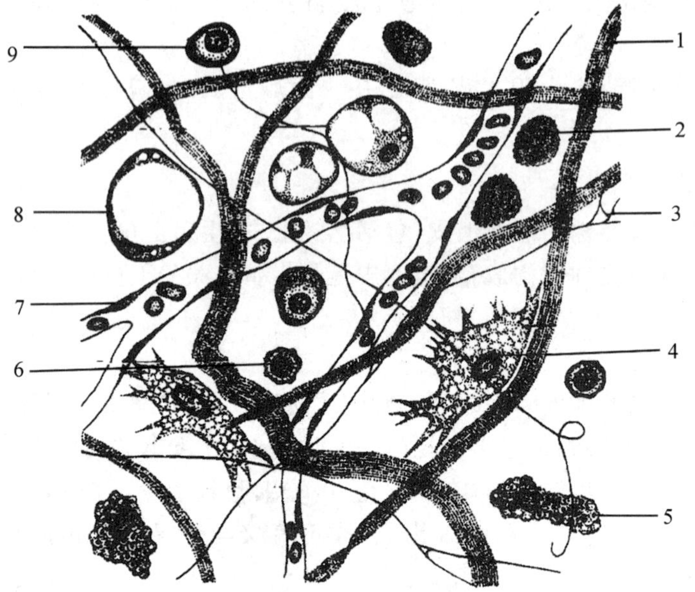

1.胶原纤维 2.肥大细胞 3.弹性纤维 4.成纤维细胞 5.巨噬细胞
6.淋巴细胞 7.毛细血管 8.脂肪细胞 9.浆细胞

图 1-13 疏松结缔组织

(引自陈功义,2010)

表 1-4 疏松结缔组织组成、特点及分布

疏松结缔组织	组成	形态结构特点	功能特点	主要分布
细胞成分	成纤维细胞	细胞大,呈星形,核大,HE 染色胞质呈淡红色	分泌胶原蛋白、弹性蛋白,生成胶原纤维、网状纤维和弹性纤维等	分布广,如皮肤、肌腱等
	组织细胞	又称巨噬细胞,形态类似成纤维细胞,但细胞及核较小,核较浓染	吞噬功能	分布广,常靠近毛细血管
	肥大细胞	球形或卵圆形	分泌多种细胞因子,参与免疫调节	沿小血管及小淋巴管分布
	浆细胞	细胞较小,圆形或卵圆形,核呈车轮状偏于一侧	产生抗体	多见于消化管和呼吸道固有膜的结缔组织内

续表1-4

疏松结缔组织	组成	形态结构特点	功能特点	主要分布
纤维成分	胶原纤维	数量最多，鲜活标本时呈白色，又称为白纤维；HE染色后呈粉红色	具韧性	分布广，如肌腱
	弹性纤维	单一纤维，鲜活标本时呈黄色，又称为黄纤维；HE染色呈蓝紫色	具弹性	分布于韧带、大血管中膜等
	网状纤维	数量少，纤细；镀银染色成黑色，又称为黑纤维	形成网状支架	主要分布于上皮组织下的基膜中，脂肪组织、血管、神经及平滑肌的周围
基质		无定形黏稠胶状物	含大量组织液，阻止进入体内细菌、异物扩散	

(二)致密结缔组织

致密结缔组织的特点是细胞和基质成分少而纤维成分多，纤维排列紧密。细胞主要是成纤维细胞。纤维主要是胶原纤维和弹性纤维。根据纤维排列方向不同，又分为规则致密结缔组织和不规则致密结缔组织2种。

(1)规则致密结缔组织　纤维平行排列，纤维间可见成行排列的成纤维细胞，如肌腱(图1-14)。

(2)不规则致密结缔组织　纤维排列方向不规则，互相交织，构成坚固的纤维膜，如真皮(图1-15)。

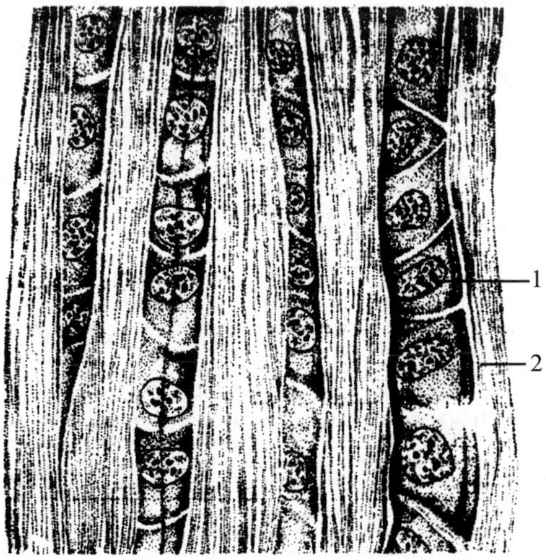

1. 腱细胞　2. 弹性纤维束

图1-14　致密结缔组织(肌腱)

(引自陈功义，2010)

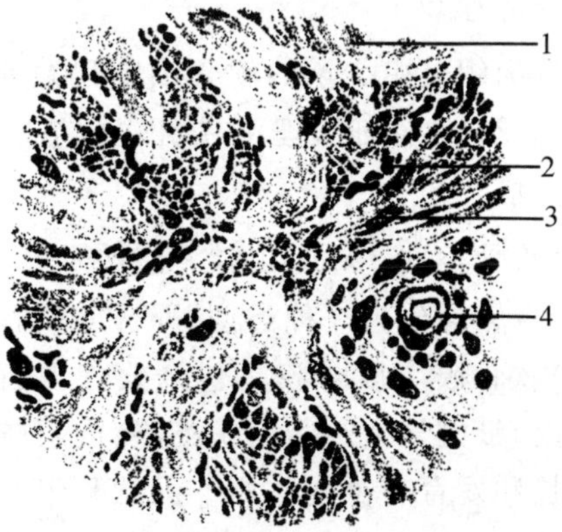

1. 胶原纤维　2. 弹性纤维　3. 成纤维细胞核　4. 血管

图1-15　致密结缔组织(真皮)

(引自陈功义，2010)

(三)脂肪组织

脂肪组织是由大量脂肪细胞聚集在疏松结缔组织内构成的。疏松结缔组织将成群的脂肪细胞分隔成许多小叶。脂肪细胞呈圆形或多边形,胞质内充满脂肪滴,常将细胞核挤向细胞的一侧。HE 染色片上,脂肪被溶剂溶解,故细胞呈空泡状(图 1-16)。脂肪组织的主要功能是贮存脂肪并参与能量代谢,此外,还有支持、保护和维持体温等作用。

(四)网状组织

网状组织由网状细胞、网状纤维、基质及少量巨噬细胞构成。网状细胞的突起彼此相互连接;网状纤维有分支,互相交织成网,紧贴在网状细胞的表面(图 1-17)。网状组织分布在淋巴结、脾和骨髓等处,构成它们的支架和提供微环境。

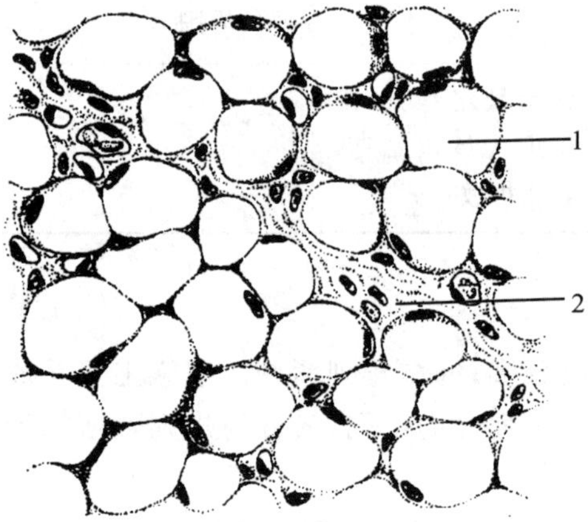

1. 脂肪细胞 2. 疏松结缔组织

图 1-16 脂肪组织

(引自范作良,2001)

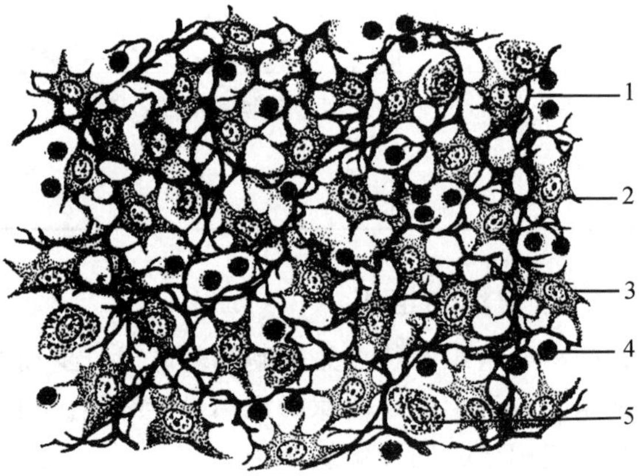

1. 网状纤维 2. 突起 3. 网状细胞 4. 淋巴细胞 5. 巨噬细胞

图 1-17 网状组织

(引自范作良,2001)

(五)软骨组织与软骨

1. 软骨组织

软骨组织是由少量的软骨细胞和大量的细胞间质构成的。间质呈固体的凝胶状,由基质和纤维构成,软骨细胞埋藏在由软骨基质形成的软骨陷窝或软骨囊中。

2. 软骨

(1)软骨类型 软骨由软骨组织和软骨膜构成。根据其基质中所含纤维的性质和数量不同,通常将软骨分为 3 种类型,即透明软骨、弹性软骨和纤维软骨(表 1-5)。

(2)软骨膜 软骨膜是包绕软骨表面的纤维结缔组织,可分为 2 层。外层为致密结缔组织,含有少量血管及结缔组织细胞;内层较疏松,含有较多的血管和细胞,其中的成骨细胞对软骨的生长和发育有重要作用。因软骨组织无血管,其营养需要靠软骨膜来供给。

(六)骨组织与骨

1. 骨组织的成分

骨组织是一种坚硬的结缔组织,由骨细胞和大量钙化的细胞间质(骨质)构成。

表 1-5　三种类型软骨比较表

类型	细胞	间质	特性	分布
透明软骨	软骨细胞位于软骨陷窝内	基质中含有较细的胶原纤维，纤维和基质折光性一致，故 HE 染色片上看不到纤维	弹性差	分布最广，鼻、咽喉、肋软骨、关节软骨等处
弹性软骨	软骨细胞位于软骨陷窝内	大量弹性纤维交织成网，基质和纤维折光不一，故 HE 染色片上可看到纤维	弹性好	耳郭、会厌等处
纤维软骨	软骨细胞成行排列或散在纤维束之间	大量粗大的、交叉或平行排列的胶原纤维束，细胞成行分布在纤维之间，基质极少	韧性好	椎间盘、耻骨联合、关节盘等处

(1)骨质　骨质是一种钙化的细胞间质，又称骨基质，由有机成分(占 35%)和无机成分(占 65%)构成。有机成分包括大量的胶原纤维和少量的骨黏蛋白；无机成分主要是钙盐，又称为骨盐。动物体内 90%的钙以骨盐的形式贮存在骨内。

骨组织内的胶原纤维被基质中的黏蛋白黏合在一起，并有钙盐沉积形成薄板状结构，称为骨板。同一层内的骨胶原纤维束平行排列，相邻骨板内的纤维互相垂直或成一定角度并有部分纤维贯穿于两层骨板之间。骨组织的这种结构，增强了骨的坚固性。

(2)骨细胞　骨细胞位于骨陷窝内。骨陷窝为骨板内或骨板之间形成的小腔，骨陷窝向周围呈放射状排列的细小管道，称为骨小管，相邻骨陷窝的骨小管相互连通。骨细胞为扁椭圆形且有多个细长突起的细胞，突起伸入骨小管内。骨陷窝和骨小管内有组织液，骨细胞通过与组织液间进行物质交换而实现新陈代谢。

2. 骨的构造

骨由骨松质、骨密质和骨膜组成。以长骨为例(图 1-18)。

1. 伏氏管　2. 外环骨板　3. 哈佛骨板

图 1-18　长骨磨片(横断面)

(引自范作良，2001)

(1)骨松质　多分布于长骨的两端，由许多细片状或杆状骨小梁交织而成，小梁则由不规则骨板及骨细胞构成。小梁之间有许多空隙，其内含有红骨髓、血管、神经。

(2)骨密质　由规则排列的骨板及分布于骨板内、骨板间的骨细胞构成。骨板有以下 4 种形式。

①外环骨板：由几层到几十层骨板构成。其排列与骨干表面平行。横穿骨板的管道称为穿通管或伏克曼氏管，其内有来自骨膜的血管、神经，由此抵达中央管。

②内环骨板：位于骨髓腔面，为几层排列不规则的骨板。

③骨单位(哈佛系统)：位于内、外环骨板之间，由 10～20 层同心圆排列的筒状骨板构成，其中央有一条中央管(哈氏管)，管内有血管、神经穿行。

④间骨板：位于骨单位之间，排列不规则，是骨改建过程中，旧的骨单位残留的遗迹。

(3)骨膜　为致密结缔组织膜，包绕在骨的外表面称为骨外膜，覆盖在骨髓腔、骨小梁及中央管内表面称为骨内膜。骨膜内有血管、神经、成骨细胞等，对骨组织有营养、生长和修复的作用。

(七)血液和淋巴

血液和淋巴是流动在血管和淋巴管内的液体性结缔组织，由细胞成分(各种血细胞与淋巴细胞)和大量的细胞间质(血浆和淋巴浆)组成。

1. 血液

大多数哺乳动物的全身血量占体重的 7%～8%，其中血浆占血液成分的 55%～65%，血细胞则占 35%～45%。

(1)血浆　相当于一般结缔组织的细胞间质，为淡黄色液体，其中水分占 90%，其余为血浆蛋白(包括清蛋白、球蛋白、纤维蛋白原及酶)、营养物质、代谢产物、激素、无机盐等。血浆中除去纤维蛋白原，剩下的淡黄色清亮液体称为血清。

(2)红细胞　大多数哺乳动物的红细胞呈双面内凹的圆盘状，均无细胞核和细胞器(而禽类的红细胞呈卵圆形，细胞中央有一个椭圆形的核)。胞质中充满了大量的血红蛋白。红细胞的这种外形比球形表面积增大 20%～30%，有利于气体交换。新鲜单个红细胞呈黄绿色，聚集成团的红细胞呈红色。血红蛋白是一种碱性蛋白质，它具有与 O_2 和 CO_2 结合的能力。

红细胞的寿命与动物种类有关，如家兔的红细胞寿命一般为 41～68 d，鸡的红细胞寿命一般为 28～30 d，衰老的红细胞大多数被脾或肝内的巨噬细胞所吞噬。红骨髓不断地产生红细胞，补充到血液中去，从而使红细胞总数维持在一定的水平。

(3)白细胞　白细胞是一种无色有核的血细胞。一般比红细胞体积大，胞体呈球形，且数量比红细胞少。其数量因动物种类不同而有差别，在同一个体中，白细胞也由于年龄和生理情况的不同而有一定变化。

白细胞种类很多，根据胞质有无特殊颗粒，将白细胞分为有粒白细胞和无粒白细胞两大类。无粒白细胞又分为单核细胞和淋巴细胞，有粒白细胞又根据胞质颗粒染色特点分为中性粒细胞、嗜酸性粒细胞和嗜碱性粒细胞 3 种。各种白细胞的形态、构造和功能见表 1-6。

(4)血小板　呈双凸小盘状，由骨髓巨核细胞的胞质脱落而成，表面有完整的胞膜，无细胞核，但有一些细胞器。每立方毫米血液内含 25 万～50 万个。血涂片上，血小板形态不规则，常聚集成群。血小板参与凝血过程。

表 1-6　白细胞的形态、构造和功能

白细胞种类	形态和构造			功能
	形态	细胞核	细胞质	
淋巴细胞	球形，直径 6～16 μm，分大、中、小 3 种	圆形，一侧常有凹痕，染色质粗大、致密，染成深蓝色	很少，染成天蓝色，含少量嗜天青颗粒，靠胞核处显浅色环	参与免疫反应
单核细胞	球形，直径 10～20 μm	呈卵圆形、肾形、马蹄形、分叶形（马牛），染色质呈细丝状，着色较浅	丰富，Wright 染色呈浅蓝色，含有散在的嗜天青颗粒	游走到结缔组织成为巨噬细胞，具有吞噬能力，参与机体免疫应答
中性粒细胞	球形，直径 7～15 μm	呈杆状或分叶状	含有许多细小而分布均匀的浅红色中性颗粒	游走到组织中，具有吞噬和杀菌能力
嗜酸性粒细胞	球形，直径 8～20 μm	一般分二叶，呈“八”字形	充满粗大、分布均匀的橘红色嗜酸性颗粒	参与免疫反应
嗜碱性粒细胞	球形，直径 10～12 μm	不规则，分叶状或“S”形，常被胞质颗粒掩盖	充满大小不等、分布不均的紫蓝色嗜碱性颗粒	抗凝血和参与机体过敏反应

2. 淋巴

淋巴是由液态的淋巴浆和悬浮于其中的血细胞构成。淋巴浆的成分和血浆相似，有凝固性，但比较慢。血细胞主要为小淋巴细胞，单核细胞较少，有时还有少量的嗜酸性粒细胞。

三、肌组织

肌组织是以肌细胞为主要成分构成的组织，肌细胞间有少量结缔组织及丰富的血管、淋巴管和神经纤维等。肌细胞的形态呈细长纤维状，故称肌纤维，其细胞膜称为肌膜，肌细胞的胞质称为肌浆。肌组织按其结构和分布不同可分为骨骼肌、平滑肌和心肌 3 大类。3 种肌纤维的形态和结构比较见表 1-7。

表 1-7　3 种肌纤维形态和结构比较

肌纤维	形态	胞核	横纹	分布	性质
骨骼肌纤维	长圆柱状，长 1～40 mm，直径 10～100 μm	椭圆形，可达几百个核，位于肌纤维边缘，染色质少，核仁明显	有	骨骼	随意肌
平滑肌纤维	长梭形，平均长约 100 μm，平均直径 10 μm	椭圆形，1 个核，位于细胞中央，1～2 个核仁	无	血管、内脏器官	不随意肌
心肌纤维	短圆柱状，有分支，彼此吻合，两个心肌纤维的连接处称闰盘	椭圆形，1 个胞核，偶见 2 个，位于细胞中央	有	心脏	不随意肌

(1)骨骼肌　通过肌腱附着在骨骼上，肌纤维纵切面在镜下见明暗相间的横纹，故称横纹肌(图 1-19)。骨骼肌活动受意识支配，故又称随意肌。

(2)平滑肌　平滑肌主要分布在血管壁和内脏器官，平滑肌细胞一般呈长梭形，纵切面较平滑，不显横纹(图 1-20)。

(3)心肌　心肌是构成心脏的主要成分，肌纤维纵切面也显横纹，属横纹肌(图 1-21)。心肌舒缩具有自动节律性，属不随意肌。

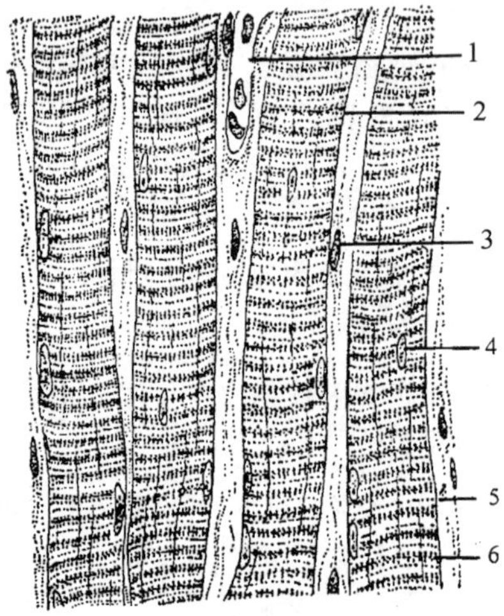

1.毛细血管　2.肌纤维膜　3.成纤维细胞　4.肌细胞核　5.明带　6.暗带

图 1-19　骨骼肌纵切面

(引自陈功义，2010)

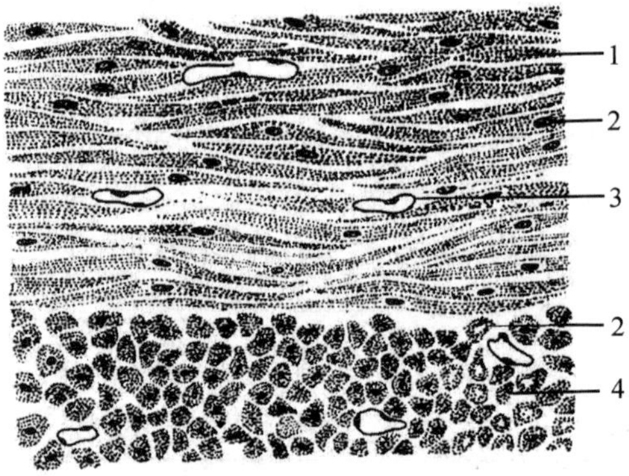

1.肌纤维纵切面　2.肌细胞核　3.毛细血管　4.肌纤维横断面

图 1-20　平滑肌的纵切面及横断面

(引自陈功义，2010)

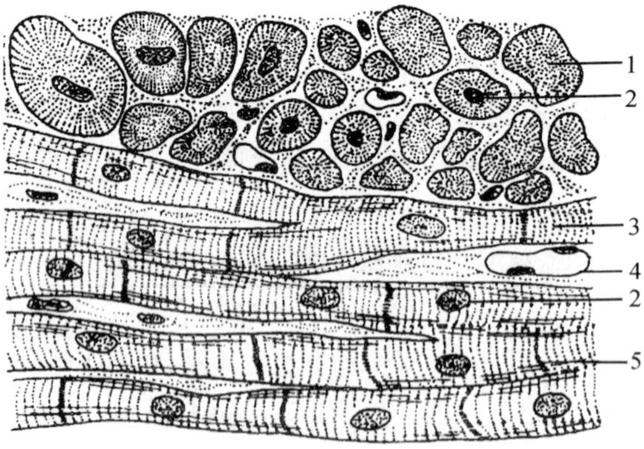

1.肌纤维横断面　2.肌细胞核　3.肌纤维纵切面　4.毛细血管　5.闰盘

图 1-21　心肌的纵切面及横断面

(引自陈功义，2010)

四、神经组织

神经组织是由神经细胞和神经胶质细胞 2 种主要成分构成的。神经细胞是神经系统的结构和功能单位，又称神经元，它能感受体内、外的环境刺激和传导兴奋。另外，有的神经元（下丘脑神经细胞）具有内分泌功能；神经胶质细胞简称神经胶质，是神经系统的辅助成分，它没有感受刺激和传导兴奋的功能，对神经细胞起支持、营养、保护、绝缘和修复等作用。

（一）神经元

神经元一般都由胞体和突起 2 部分构成（图 1-22）。

1.神经元的结构

（1）胞体　胞体形态多样，有圆形、锥体形、梭形及星形等；大小不等，直径 4～120 μm。胞体位于脑、脊髓及神经节内。胞体包括细胞膜、细胞质和细胞核等结构。

（2）突起　根据突起形态和数目，可分为树突和轴突 2 种。

①树突：树突有多个，比较短，呈树枝状分布。树突内有神经元纤维和嗜染质。树突可接受由感受器或其他神经元传来的冲动，并将其传至胞体。

②轴突：每一个神经元只有一根轴突，它细而长，直径均一。主干上常有侧支分出。轴突起始部呈丘状隆起称轴丘。轴突末端分支较多，形式多样。轴突表面的胞膜称为轴膜，轴突内的胞质称为轴浆。轴突可将胞体传来的冲动传至另一神经元或效应器。

（3）神经纤维　神经纤维由轴突及包绕在它外面的神经膜细胞（施万细胞）或少突胶质细胞构成。神经纤维分为有髓神经纤维和无髓神经纤维 2 种。有髓神经纤维中央为轴突（轴索），表面包绕髓鞘。无髓神经纤维由轴索及包在它外面的神经膜细胞构成，没有髓鞘。

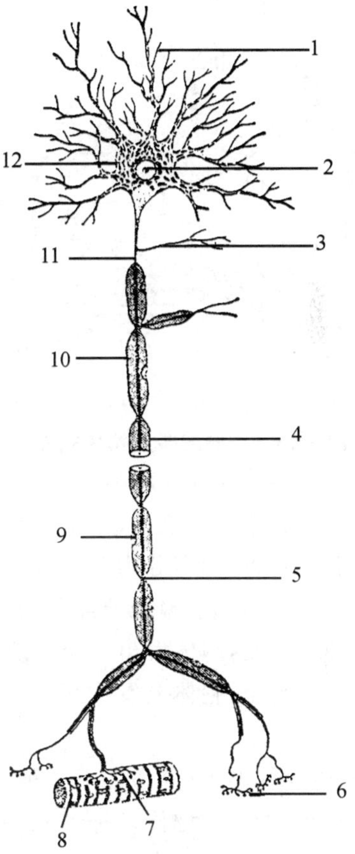

1.树突　2.神经细胞核　3.侧支　4.雪旺氏鞘
5.郎飞结　6.神经末梢　7.运动终板　8.肌纤维
9.施万细胞核　10.髓鞘　11.轴突　12.尼氏体

图 1-22　运动神经元模式图

（引自马仲华，2002）

（4）神经末梢及其形成的结构　神经末梢是外周神经纤维的末端部分，在组织、器官内构成一些特殊结构，分别称为感受器和效应器。

感觉神经末梢和感受器：感觉神经末梢是感觉神经元周围突的末端，它分布到皮肤、肌肉、内脏器官和血管等处，与其附属结构共同形成感受器。

运动神经末梢和效应器：运动神经末梢是运动神经轴突末端，分布于骨骼、平滑肌及腺体等部位并与其共同构成的结构，称为效应器。分布到骨骼肌的运动神经纤维，在接近肌纤维处失去髓鞘，裸露的轴突在肌纤维表面形成爪状分支，再形成扣状膨大附着于肌膜上，称为运动终板。

(5)突触　神经元之间或神经元和效应器细胞之间的接触部位称为突触。电镜下,突触由突触前膜、突触间隙和突触后膜 3 部分构成(图 1-23)。突触前膜是轴突末端与另一个神经元相接触处胞膜特化增厚的部分,前膜轴浆中含有大量的线粒体和突触小泡,内含神经递质。突触后膜是指与突触前膜相对应的神经元胞体或树突胞膜特化增厚部分,突触后膜上有特异受体。突触前膜与突触后膜之间狭小的间隙称为突触间隙,宽 20～30 nm。

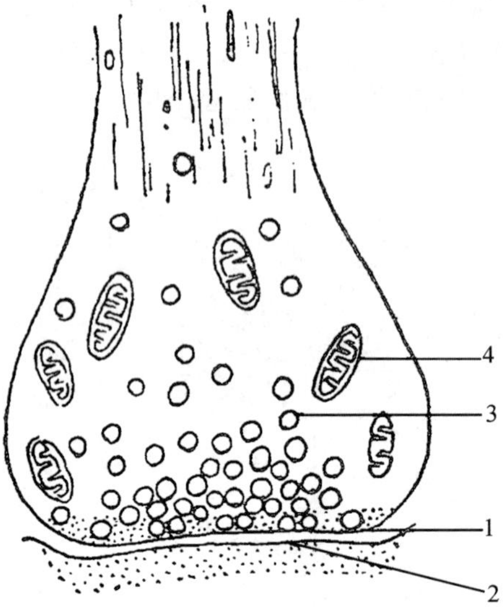

1.突触前膜　2.突触后膜　3.突触小泡　4.线粒体

图 1-23　突触超微结构模式图

(引自范作良,2001)

当神经冲动传导到突触前膜时突触小泡释放神经递质到突触间隙内,递质与突触后膜特异性受体结合,改变了对离子的通透性,从而使突触后神经元发生兴奋或抑制。

2.神经元的类型结

(1)按突起数目分类,可分为如下 3 种。

①假单极神经元:从胞体只发出一个突起,但离胞体不远处,突起即分为两个分支:一支伸向外周器官,称为外周突;另一支伸向中枢神经系统,称为中枢突,见于脑脊神经节的感觉神经元。

②双极神经元:胞体发出一个轴突,一个树突。见于嗅觉细胞和视网膜中的双极细胞。

③多极神经元:胞体上发出两个以上的突起,一个为轴突,其余为树突。见于脑脊髓内的神经细胞。

(2)按功能分类,可分为如下 3 种。

①感觉神经元,又称传入神经元,能感受各种刺激,如脊髓神经节细胞。

②联络神经元,又称中间神经元,起联络作用,如脑、脊髓内的神经细胞。

③运动神经元,又称传出神经元,支配效应器活动,如脊髓腹角的神经元。

(二)神经胶质细胞

神经胶质细胞是神经系统中不具有兴奋传导功能的一种辅助性细胞成分,有支持、保护、营养和绝缘的作用。数量多,为神经元的 10～50 倍。有些神经胶质细胞也有突起,但无树突和轴突之分,它们与相邻的细胞不形成突触结构。

第三节　器官、系统、有机体

一、器官

器官是由几种不同组织构成的能行使一定功能的结构单位。根据器官的形态结构,可将器官分为中空性器官和实质性器官 2 大类。

(一)中空性器官

中空性器官指内部有较大空腔的器官，一端或两端开口于外界，如食管、胃、肠、气管、膀胱、子宫等。不同的中空性器官在形态、机能上各有特点，但其管壁的组织结构，一般均可分为黏膜、黏膜下层、肌层、外膜4层(图1-24)。

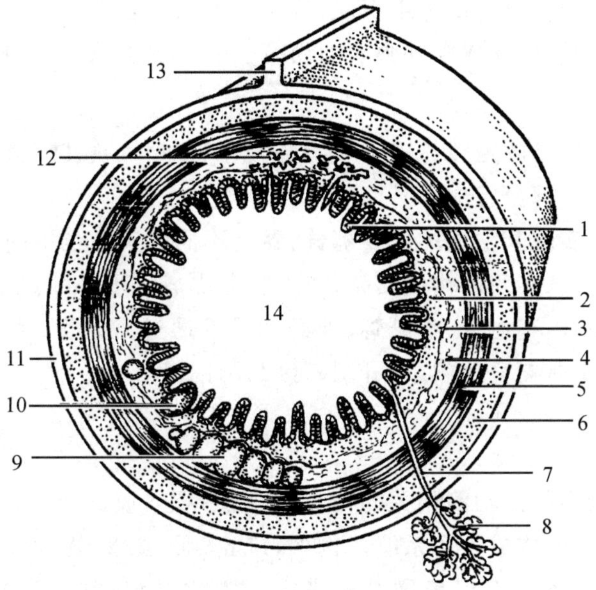

1.上皮　2.固有膜　3.黏膜肌层　4.黏膜下组织　5.内环行肌　6.外纵行肌　7.腺管　8.壁外腺
9.淋巴集结　10.淋巴孤结　11.浆膜　12.十二指肠腺　13.肠系膜　14.肠腔

图1-24　中空性器官(十二指肠)结构模式图

(引自马仲华，2002)

1.黏膜

黏膜是构成管壁的最内层，正常黏膜的色泽因血液充盈程度而不同，可由淡红色到鲜红色，柔软而湿润，有一定的伸展性。当管腔内空虚时，常形成皱褶。黏膜具有保护、吸收和分泌等功能。可分为以下3层。

(1)上皮　由上皮组织构成，其类型因所在部位和功能不同而异。除口腔、咽、食管、胃的无腺部、肛门、阴道和尿道外口等的上皮为复层扁平上皮外，胃、肠等的上皮为单层柱状上皮，有利于消化、吸收。

(2)固有膜　固有膜由疏松结缔组织构成，内含丰富的血管、神经、淋巴管、淋巴组织和腺体等。固有膜有支持和营养上皮的作用。

(3)黏膜肌层　黏膜肌层是固有层下的薄层平滑肌，收缩时可使黏膜形成皱褶，有利于物质吸收、血液流动和腺体分泌。

2.黏膜下层

黏膜下层是位于黏膜和肌层之间的一层疏松结缔组织，内含较多的血管、淋巴管和神经丛，在食管和十二指肠，此层还含有腺体。

3. 肌层

除口腔、咽、食管(马前 4/5)和肛门的管壁为横纹肌构成外,其余各段均由平滑肌构成,一般可分为内层的环行肌和外层的纵行肌 2 层。

4. 外膜

外膜为富有弹性纤维的疏松结缔组织层,位于管壁的最表面。在食管前部、直肠后部与周围器官相连接处称为外膜;而在胃肠外膜表面尚有一层间皮覆盖,称为浆膜。

(二)实质性器官

实质性器官内没有明显的腔隙,是一团柔软的组织,如肝、胰、肺、肾、睾丸和卵巢等。实质性器官均由实质和被膜 2 部分组成。

实质是实质性器官实现其功能的主要部分,器官不同其实质也不同。被膜即结缔组织,被覆于器官的外表面,并伸入实质内构成支架,将器官分隔成许多小叶。分布于小叶之间的结缔组织为小叶间结缔组织,内有血管、淋巴管、神经和导管通过。血管、神经、淋巴管和导管出入实质器官的部位,称为实质器官的门,如肝门、肾门、肺门等。

二、系统

由若干个形态结构不同而功能相关的器官联合在一起,彼此分工协作来完成体内某一方面的生理功能,这些器官就构成一个系统。例如,口腔、咽、食管、胃、小肠、大肠、肛门及消化腺(肝、胰、肠腺、唾液腺)等器官有机地联系起来组成消化系统,共同完成对食物的消化、吸收功能。

每个动物有机体都由运动系统、被皮系统、消化系统、呼吸系统、泌尿系统、生殖系统、心血管系统、免疫系统、内分泌系统、神经系统和感觉器官等组成,其中的消化系统、呼吸系统、泌尿系统和生殖系统又合称为内脏。

三、有机体

有机体是由许多系统相互依存、彼此分工而又相互联系构成的能适应外界环境变化的生命体。动物体内各系统、器官之间有着密切的联系,在机能上相互影响,互相配合,倘若某一部位发生变化,就能影响其他部位的机能活动。同时,动物与生活的周围环境也是统一的,环境的变化会引起功能的变化,进而影响器官的形态结构。

第四节　动物体的主要部位名称

一、动物体主要部位名称

动物体是两侧对称的,为了便于阐述,可将动物体划分为头部、躯干和四肢 3 部分(图 1-25)。

(1)头部　头部分为颅部和面部。

颅部:位于颅腔周围,分为枕部、顶部、额部、颞部、耳部和腮腺部。

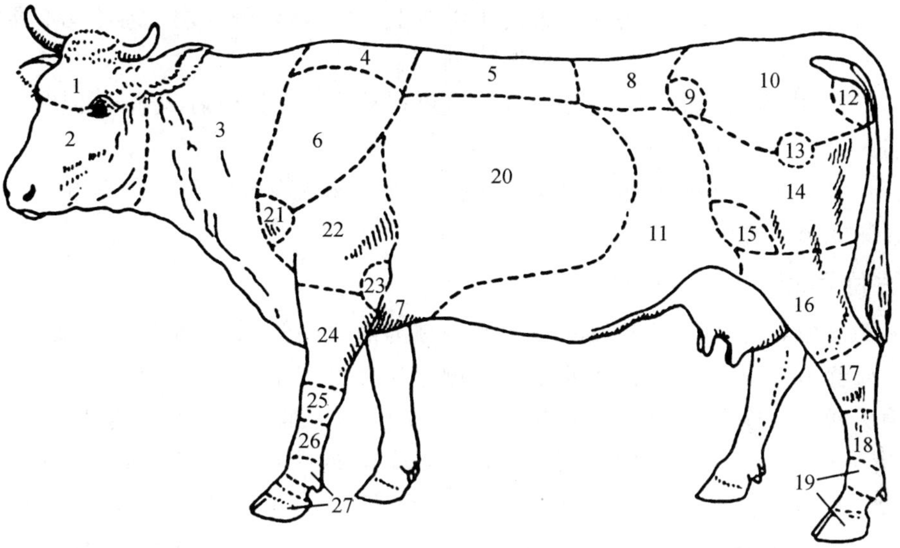

1.颅部　2.面部　3.颈部　4.鬐甲部　5.背部　6.肩带部　7.胸骨部　8.腰部　9.髋结节　10.荐臀部　11.腹部　12.坐骨结节　13.髋关节　14.股部　15.膝关节　16.小腿部　17.跗部　18.跖部　19.趾部　20.肋部　21.肩关节　22.臂部　23.肘部　24.前臂部　25.腕部　26.掌部　27.指部

图 1-25　牛体各部位名称

面部:位于口腔和鼻腔周围,分为眼部、眶下部、鼻部、唇部、咬肌部、颊部、颏部和下颌间隙部。

(2)躯干　躯干包括颈部、背胸部、腰腹部、荐臀部和尾部。

颈部:可分为颈背侧部、颈侧部和颈腹侧部。

背胸部:可分为背部、胸侧部和胸腹侧部。

腰腹部:可分为腰部和腹部。

荐臀部:可分为荐部和臀部。

尾部:可分为尾根、尾体和尾尖。

(3)四肢　四肢包括前肢和后肢。

前肢:可分为肩带部(肩部)、臂部、前臂部和前脚部(包括腕部、掌部和指部)。

后肢:可分为大腿部(股部)、小腿部和后脚部(包括跗部、跖部和趾部)。

二、解剖学常用轴、面及方位术语

(一)轴

哺乳动物的身体长轴(又称纵轴)指从头端至尾端与地面平行的一条直线轴。同时纵轴也可用于四肢和各器官,均以纵长的方向为基准,如四肢的长轴是四肢上端至四肢下端。与地面垂直或垂直于长轴的轴为横轴。

(二)面

(1)矢状面　矢状面是指与动物体长轴平行且与地面垂直的切面,分正中矢状面和侧矢状面。正中矢状面只有 1 个,位于畜体长轴的正中线上,将动物体分为左右对称的 2 部分。侧矢状面与正中矢状面平行,位于正中矢状面的两侧。

(2)横断面　横断面是指与动物体长轴垂直可将动物体分为前后 2 部分的切面,与器官长轴垂直的切面也称横断面。

(3)额面(水平面)　额面是指与身体长轴平行且与矢状面和横断面相垂直可将动物体分为背侧和腹侧 2 部分的切面。

(三)方位术语

两个解剖点相对而言,更靠近动物体头端的称为前或头侧;靠近尾端的称为后或尾侧;靠近脊柱的一侧称为背侧(上面);靠近腹部的一侧称为腹侧(下面)。以器官间的位置相对而言,更接近正中矢状面的称为深,较远的称为浅;靠近正中矢状面的一侧称为内侧;远离正中矢状面的一侧称为外侧。确定四肢的方位常用近端或远端,近端是靠近躯干的一端;远端是远离躯干的一端。四肢的前面称为背侧;前肢的后面称为掌侧,后肢的后面称为跖侧。此外,前肢前臂部的内侧称为桡侧,外侧称为尺侧;后肢小腿部的内侧称为胫侧,外侧称为腓侧。见图 1-26。

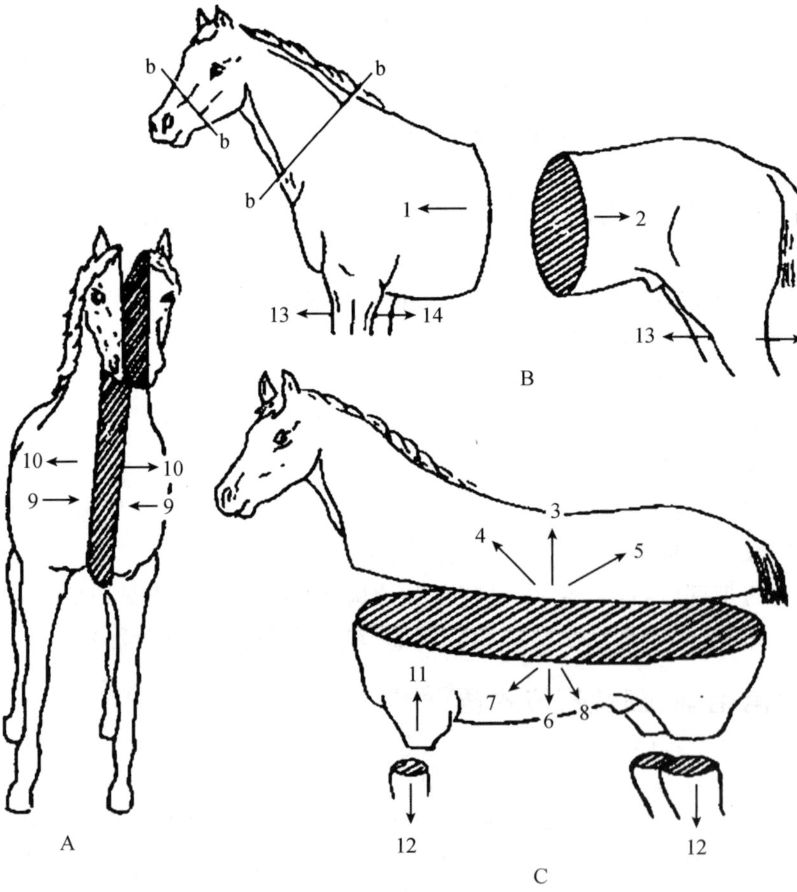

A. 正中矢状面　B. 横断面　b-b. 横断面　C. 额面(水平面)
1. 前　2. 后　3. 背侧　4. 前背侧　5. 后背侧　6. 腹侧　7. 前腹侧　8. 后腹侧
9. 内侧　10. 外侧　11. 近端　12. 远端　13. 背侧　14. 掌侧　15. 跖侧

图 1-26　解剖学基本切面及方位

【本章要点速查】

表 1-8　动物体的基本结构要点速查表

名　称	学习要点归纳
细胞	1. 细胞形态：多种多样，直径最大的是成熟卵细胞 10 cm，直径最小为小脑颗粒细胞 0.4 μm。 2. 细胞结构：细胞膜、细胞质、细胞核
组织	1. 概念：由起源、形态和机能相似的细胞群及细胞间质结合在一起构成。 2. 四种基本组织：上皮组织、结缔组织、肌组织、神经组织。 3. 上皮组织：被覆上皮、腺上皮、特殊上皮。 4. 被覆上皮：分为单层上皮和复层上皮。 单层上皮：单层扁平、单层立方、单层柱状、假复层柱状纤毛。 复层上皮：复层扁平、复层变移。 5. 结缔组织：疏松结缔组织、致密结缔组织、脂肪组织、网状组织、软骨组织、骨、血液及淋巴。 6. 神经组织：由神经元与神经胶质构成。 7. 肌组织：骨骼肌、心肌、平滑肌，骨骼肌为随意肌，心肌及平滑肌为不随意肌
器官	1. 概念：由几种不同结构的组织按一定规律有机结合在一起而构成的具一定形态、结构和功能的结构单位。 2. 分类：按结构分为中空性器官（如胃、肠）和实质性器官（如肝、肺）
系统	1. 概念：由形态结构不同而功能密切相关的器官有机联合完成体内某一方面功能的整合体系。 2. 分类：运动系统、被皮系统、消化系统、呼吸系统、泌尿系统、生殖系统、心血管系统、免疫系统、神经系统、感觉器官及内分泌系统
动物体	1. 动物体剖面：矢状面、额面、横断面。 2. 动物体划分：头（颅部及面部）、躯干（颈部、胸背部、腰腹部、荐臀部、尾部）及四肢（前肢、后肢）。 3. 方位术语：前（头）侧，靠近动物体头端部；尾（后）侧，靠近动物体尾端部；背侧，靠近脊柱一侧部；腹侧，靠近腹部一侧部；内侧，靠近正中矢状面侧；外侧，远离正中矢状面侧；近端，靠近躯干一端；远端，远离躯干一端；背侧，前、后肢的前面；掌侧，前肢的后面；跖侧，后肢的后面

【练一练　测一测】

一、填空题

1. ________是动物体形态结构、生理功能和生长发育的基本单位。

2. 细胞膜常见物质转运形式有________、________、________、________和________。

3. 被称为供能站的细胞器为________，和分裂有关的细胞器为________，被称为“清道夫”的细胞器为________。

4. 染色质的主要化学成分为________和________。

5. 细胞对外界刺激发生反应的能力称为________。

6. 根据组织的形态结构与功能特点，动物体内的组织可分为________、________、________和________4 大类。

7. 依据形态和功能不同，上皮组织可分为________、________和________。

8. 结缔组织的基本成分组成为________、________和________。

9. 肌肉组织按其功能和结构分为________、________和________。

10. 白细胞可分为________、________、________、________和________。

11. 神经元一般都是由________和________2部分组成。

12. 突触由________、________和________3部分组成。

13. 神经末梢在组织器官内构成一些特殊的结构，称为________和________。

14. 神经元按功能分可分为________、________和________。

二、配对题

(一)组

1. 胃肠黏膜	a. 单层立方上皮
2. 气管黏膜	b. 单层柱状上皮
3. 甲状腺滤泡	c. 变移上皮
4. 食管黏膜	d. 复层扁平上皮
5. 膀胱黏膜	e. 假复层柱状纤毛上皮

(二)组

1. 透明软骨	a. 耳郭
2. 弹性软骨	b. 椎间盘
3. 纤维软骨	c. 支气管

(三)组

1. 疏松结缔组织	a. 肠系膜
2. 致密结缔组织	b. 皮下
3. 脂肪组织	c. 淋巴结
4. 网状组织	d. 真皮

三、判断题

1. 动物体内分布最广泛的组织是上皮组织。(　　)

2. 临床上做皮内注射是把药液注入皮下组织。(　　)

3. 我们日常所穿的皮革衣物，一般是由动物的真皮制作而成的。(　　)

4. 神经细胞和神经胶质细胞都有类似的形态结构和生理功能。(　　)

5. 细胞膜内外物质交换没有选择性，总是由高浓度向低浓度的一侧运动。(　　)

6. 骨骼肌和心肌都有横纹，都受意识支配，属随意肌。(　　)

四、名词解释

1. 生物膜　2. 液态镶嵌模型　3. 组织　4. 蜂窝组织　5. 变移上皮　6. 突触　7. 器官　8. 实质性器官　9. 内脏　10. 有机体

五、简答题

1. 简述疏松结缔组织的基本组成。

2. 中空性器官管壁的一般结构有哪些？

参考答案

【实验实训】

一、显微镜的构造、使用和保养方法

目的与要求　通过实验，认识显微镜的构造，初步学会生物显微镜的使用和基本维护、保养方法，同时通过实训过程培养职业素养。

材料与用品　显微镜，组织切片，显微镜专用油。

方法和步骤

1. 普通生物显微镜的一般构造

生物显微镜的种类很多，但其构造均分为机械和光学 2 大部分(图 1-27，表 1-9)。

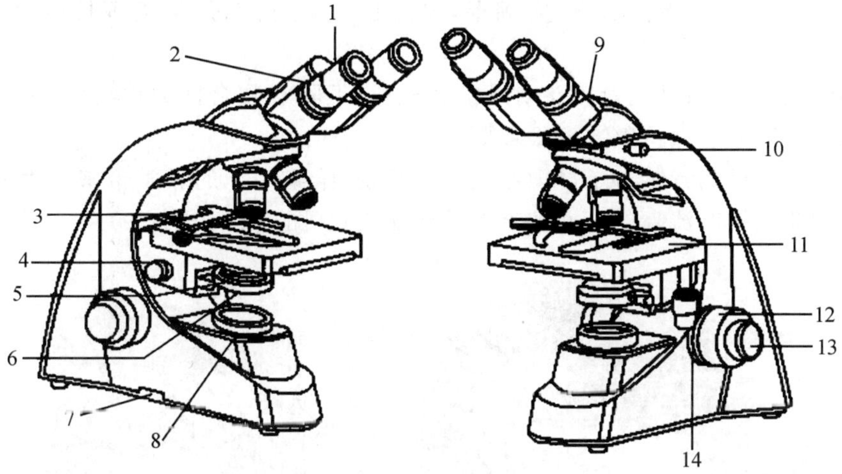

1. 目镜　2. 适度调节器　3. 物镜转化器　4. 片夹　5. 聚光镜升降手轮　6. 孔隙径光栏拨杆　7. 聚光镜托架　8. 电源开关(带亮度调节)　9. 集光镜组　10. 双目外壳　11. 滚花螺钉　12. 载物台　13. 粗调手轮　14. 微调焦手轮

图 1-27　普通生物显微镜的一般构造

(引自周元军，2007)

表 1-9　普通生物显微镜主要构件

<table>
<tr><th colspan="2">机械部分</th><th colspan="3">光学部分</th></tr>
<tr><td colspan="2">镜筒</td><td>目镜</td><td colspan="2">5×、10×、12.5×、16×</td></tr>
<tr><td colspan="2">物镜转换器</td><td rowspan="3">物镜</td><td>低倍镜</td><td>4×、5×、10×、20×、25×</td></tr>
<tr><td colspan="2">镜臂</td><td>高倍镜</td><td>40×、45×</td></tr>
<tr><td colspan="2">镜柱</td><td>油镜</td><td>100×</td></tr>
<tr><td rowspan="2">调节螺旋</td><td>粗调节螺旋</td><td rowspan="2">聚光器</td><td colspan="2">光镜</td></tr>
<tr><td>细调节螺旋</td><td colspan="2">光圈</td></tr>
<tr><td colspan="2">载物台</td><td>反光镜</td><td></td><td></td></tr>
<tr><td colspan="2">标本移动器</td><td></td><td></td><td></td></tr>
<tr><td colspan="2">镜座</td><td></td><td></td><td></td></tr>
</table>

2. 普通生物显微镜的使用方法

开启显微镜→低倍镜调光→放组织切片→粗调调节至出现清晰物像→找欲观察视野→转换成高倍镜或油镜用细调节调焦观察视野。

3. 使用注意事项及显微镜维护与保养

(1)取用、放回或搬动显微镜时应该用右手握住镜臂,左手托镜座,平贴胸前,以防碰撞。

(2)使用显微镜观察标本,要按低倍镜→高倍镜→油镜的顺序进行,油镜用完后,必须用擦镜纸和清洗剂将镜头和玻片拭净。

(3)不可擅自拆卸显微镜各个部件,不论目镜或物镜,若有灰尘,严禁用口吹或手抹,应该用擦镜纸或专用擦拭物擦拭。

(4)显微镜应经常保持整洁,严防潮湿,要防止水滴、溶剂及染液等接触显微镜的任何部分。

(5)观察结束后,应将低倍物镜头对准镜透光孔,下降载物台回原位,接着取出标本,然后盖好防尘罩,放回原处。保持整齐度很重要。

目前,许多学校已购置装备了显微数码互动系统,给组织学的教学带来更大方便,数码显微互动教室/实验室拥有清晰的画面和丰富的交互模式(图 1-28、图 1-29)。

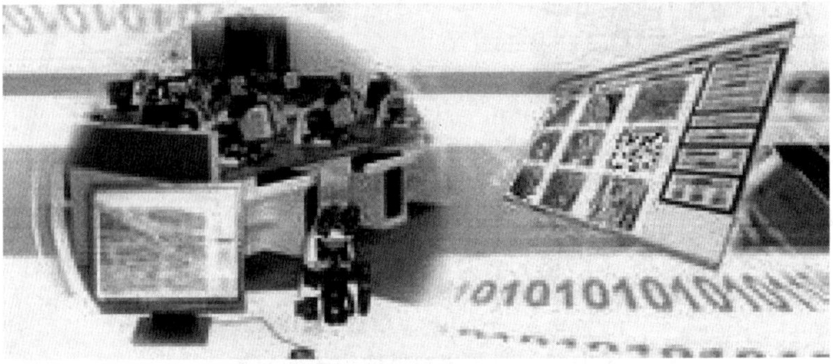

图 1-28 显微数码互动教室示意图

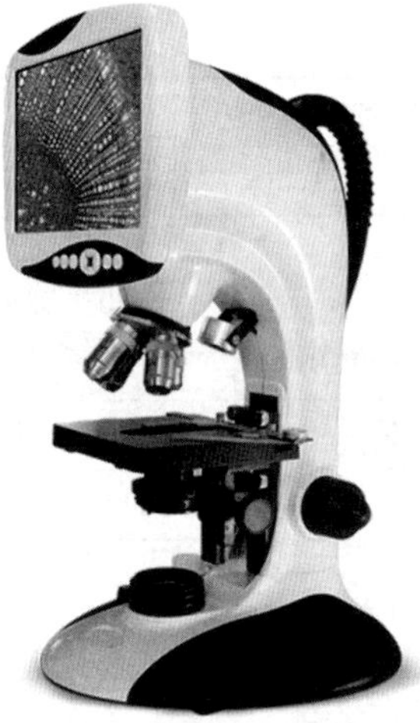

图 1-29 数码液晶显微镜示意图
(中国光电网 online. cioe. cn 2015-02-15)

学生端和教师端均使用高清晰度的数码显微镜,通过 USB 2.0 接口与各自的电脑相连,使教师端和每一个学生端均成为相对独立的强大的图像处理单元。各单元之间通过专有的局域网实现互联,使用全新的分布式数码互动软件系统进行设备组织与课堂教学,实现了全面的图像数据共享和灵活的语音交流。真正数码,真正互动,为现代新概念教学提供了一种崭新的手段。

作业

1. 按要求写出实验报告。

2. 在实体显微镜上指出各部分构件,并在显微镜结构图中标示出各部分的名称。

二、上皮组织、结缔组织的观察

目的与要求　通过实验，使学生认识上皮组织、结缔组织的形态结构特征，进一步熟练掌握显微镜的使用方法。同时培养学生严谨认真的学习态度。

材料与用品　显微镜，擦镜纸，无水乙醇，马的甲状腺组织切片、十二指肠组织切片、皮下疏松结缔组织切片，HE 染色。

方法和步骤

1. 单层立方上皮组织的观察（甲状腺组织切片，HE 染色）

（1）肉眼观察　形状不规则，染色红。

（2）低倍镜观察　表面有薄层结缔组织被膜，腺实质内有许多大小不等的圆形或椭圆形的甲状腺滤泡，滤泡壁由单层立方上皮构成，中央是着红色的胶状物质。

（3）高倍镜观察　单层立方上皮呈立方形或矮柱状，细胞界线较清楚，胞核圆形，位于细胞中央。

2. 单层柱状纤毛上皮的观察

（1）肉眼观察　半圆形组织区，染色红。

（2）低倍镜观察　整个十二指肠由 4 层次膜构成，找到组织最内层，可见黏膜层的手指状突起的小肠绒毛，其表面即为单层柱状纤毛上皮。

（3）高倍镜观察　单层柱状纤毛上皮呈高柱状，胞核呈椭圆形，位于细胞基底部。细胞顶端有一层粉红色纹状缘。柱状细胞间或有杯状细胞。

3. 疏松结缔组织的观察

（1）低倍镜观察　可见粗细不等，交错排列的纤维和散于其间的细胞。

（2）高倍镜观察　胶原纤维呈淡粉红色，较粗，数量较多，隐约可见原纤维；胶原纤维有呈短直线形的，也有呈波浪形的。弹性纤维呈蓝紫色或黑蓝色，很细，有的短直，有的卷曲。成纤维细胞靠近胶原纤维，胞质因映衬于胶原纤维而一般难显示；其核大而明显；组织细胞呈圆形、卵圆形，细胞核较小而浓染。

作业

1. 绘制高倍镜下单层立方上皮组织图和单层柱状纤毛上皮组织图，并规范标示各结构名称。

2. 绘制高倍镜下疏松结缔组织图，并规范标示各结构名称。

三、平滑肌、神经组织观察

目的与要求　通过实验，使学生认识肌组织、神经组织的形态结构特征，更进一步熟练掌握显微镜的使用方法。同时培养学生严谨认真的学习态度。

材料与用品　显微镜，擦镜纸，无水乙醇，平滑肌组织纵切片或马小肠横切组织切片、脊髓切片。

方法和步骤

1. 平滑肌组织观察（马小肠切片）

（1）肉眼观察　半圆形的组织切片，外膜附近有淡红色肌肉层。

(2)低倍镜观察　可见位于小肠浆膜的内侧有淡红色肌层，分 2 层，外层为纵行肌横切，内层为横行肌横切。

(3)高倍镜观察　外层肌可见大小不一淡红色圆圈，为细胞膜。细胞质清晰可见。有些圈内有蓝紫色圆点，为横切的细胞核。内层为横行肌层横切面，可见完整长梭形淡红色平滑肌细胞及散在的长椭圆状细胞核。横行肌层长梭形平滑肌细胞同层次首尾相接排列，不同层次交错排列，长椭圆形的细胞核位于平滑肌细胞中部。

2. 神经组织观察

(1)肉眼观察　标本略呈椭圆形，中央染色深呈蝴蝶形的部分为脊髓的灰质，周围染色淡的部分为白质。

(2)低倍镜观察　脊髓腹角中有多突起的运动神经元。

(3)高倍镜观察　多极神经元的胞体形态不规则，细胞核大，圆形，位于胞体的中央。突起有多个，多数是树突，轴突不易见到。

作业

1. 绘制高倍镜下平滑肌纵行纤维和横切面纤维结构。

2. 绘制高倍镜下多极神经元结构。

第二章
运动系统

【知识目标】

- 了解骨和骨骼的含义，骨的类型、结构和理化特性。
- 掌握全身骨的构成。
- 了解骨连结的形式，掌握全身关节的分布及类型。
- 了解肌器官的形成构造、命名及肌肉的辅助器官。
- 了解全身肌肉的分布状态。

【技能目标】

- 能在动物活体上识别临床上重要的骨、关节、骨性标志。
- 能在动物活体上识别重要的肌沟及其他肌性标志。

【思政目标】

- 培养学生团结协作精神，锻造坚强意志，培育人文关怀的优秀品质。

运动系统是由骨、骨连结和骨骼肌 3 部分组成的。全身骨骼连结在一起构成动物体的支架，使动物体形成一定的体态。肌肉附着于骨骼上，收缩时牵引所附着的骨骼围绕骨连结产生位置的改变而产生运动。在运动中，骨骼是运动的支架和杠杆，骨连结(关节)是运动的支点和枢纽，骨骼肌则是运动的动力器官。

第一节　骨　骼

一、骨骼概述

骨骼包括骨和骨连结 2 部分。全身骨骼通过骨连结连起来形成动物体的支架和基本轮廓，执行着支持体重、保护内部器官、产生运动等功能。

(一)骨的形态

全身骨因形态和功能的不同可分为长骨、短骨、扁骨和不规则骨 4 种类型。

(1)长骨 长骨多分布于四肢的游离部,呈长管状,其中部称为骨干或骨体,两端膨大称为骺或骨端。在骨干和骺之间有软骨板,称为骺软骨,与骨的生长有关,幼年时明显,成年后骨化,与骨干愈合。

(2)短骨 短骨一般呈不规则立方形,多分布于四肢的长骨之间,如腕骨、跗骨等。

(3)扁骨 扁骨一般多呈板状,主要位于颅腔、胸腔的周围及四肢的肩带部,如额骨、肋骨、髂骨、肩胛骨等。

(4)不规则骨 不规则骨的形状不规则,如椎骨和蝶骨等。

(二)骨的构造

骨由骨膜、骨质、骨髓和血管神经组成(图 2-1)。

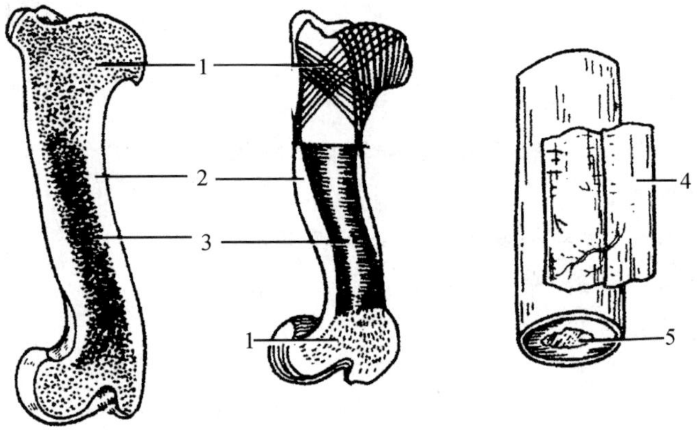

1. 骨松质 2. 骨密质 3. 骨髓 4. 骨膜 5. 骨髓腔

图 2-1 骨的构造

(引自陈功义,2010)

(1)骨膜 骨膜是被覆在骨表面的一层致密结缔组织膜,由外层的纤维层和内层的成骨细胞层构成,在长骨的关节面上没有骨膜。骨膜富有血管、淋巴管及神经,故呈粉红色。骨膜有保护、营养和再生骨质的作用。

(2)骨质 骨质是构成骨的主要成分,分骨密质和骨松质。骨密质坚硬、致密、耐压性强,分布于长骨的骨干和其他类型骨的外表面。骨松质结构疏松,分布于长骨的两端和其他类型骨的内部,由互相交错的骨小梁构成。骨密质和骨松质的这种配合,使骨既坚固又轻便。

(3)骨髓 骨髓位于骨髓腔和所有骨松质的间隙内。分为红骨髓和黄骨髓,红骨髓具有造血机能。成年动物长骨骨髓腔内的红骨髓被富含脂肪的黄骨髓代替,但长骨两端、短骨和扁骨的骨松质内终生保留红骨髓。当机体大量失血或贫血时,黄骨髓又能转化为红骨髓而恢复造血功能。

(4)血管神经 骨具有丰富的血液供应,分布在骨膜上的小血管经骨表面的小孔进入并分布于骨密质,较大的血管称为滋养动脉,穿过骨的滋养孔分布于骨髓。骨膜、骨质和骨髓均有丰富的神经分布。

(三)骨的化学成分和物理特性

骨的化学成分主要包括有机物和无机物 2 种成分。有机物主要是骨胶原,成年动物约占

1/3，使骨具有弹性和韧性；无机物主要是磷酸钙、碳酸钙和氟化钙等，在成年动物约占 2/3，使骨具有坚固性和脆性。幼年动物的骨骼有机物较多，所以骨的弹性大，硬度小，不易发生骨折，但容易弯曲变形；老年动物则相反，骨的无机物多，骨质硬而脆，缺乏弹性，易发生骨折。

（四）骨表面的形态

骨的表面并不是平滑的，在表面有突起和凹陷。突起多是肌肉附着的地方，凹陷多是血管神经穿通的地方及附近器官的接触形成。

（1）突起　骨面上的突起固形态和部位不同有不同的名称。有的称为突，如角突、横突和棘突等；有的称为隆起，如三角肌粗隆；有的称为结节，如大结节、肩胛结节、髋结节等；有的称为嵴，如面嵴、枕嵴；有的称为髁，如枕骨髁、下颌髁等。有些突起在体表可被看到或触摸到，是进行器官定位和体尺测量的标志。

（2）凹陷　骨面的凹陷因形态不同，可称为窝、沟、切迹、裂孔和窦等。

（五）骨连结

骨与骨之间的连结部位叫骨连结。骨连结可分为直接连结和间接连结 2 种。直接连结是指骨和骨之间借助结缔组织、软骨组织或骨组织直接相连，因此，活动范围很小，甚至不能活动。间接连结又称滑膜连结，简称关节，构造较复杂，可进行灵活运动。

（1）关节的基本结构　动物体各个关节虽然构造形式多种多样，但是均由关节面、关节软骨、关节囊、关节腔等基本结构组成（图 2-2）。

①关节面：关节面是骨与骨相接触的面，致密而光滑，表面附有关节软骨。

②关节软骨：关节软骨是附着在关节面上的一层透明软骨，光滑且具有弹性和韧性，可减少运动时的震动和摩擦。

③关节囊：关节囊是包在关节周围的结缔组织囊，分内外两层。外层为纤维层，厚而坚韧，有保护和连接作用；内层为滑膜层，紧贴于纤维层内面，薄而柔软，有丰富的血管，能分泌滑液。

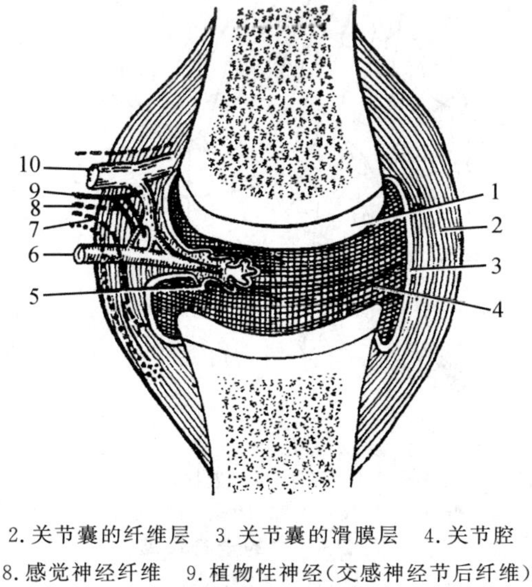

1. 关节软骨　2. 关节囊的纤维层　3. 关节囊的滑膜层　4. 关节腔　5. 滑膜绒毛
6. 动脉　7、8. 感觉神经纤维　9. 植物性神经（交感神经节后纤维）　10. 静脉

图 2-2　关节构造模式图

（引自肖传斌，2001）

④关节腔:关节腔是关节软骨与关节囊之间的密闭腔隙,内有少量滑液,有润滑关节、缓冲震动及营养关节的作用。

(2)关节的辅助结构　关节的辅助结构是适应关节的功能形成的结构,只见于某些关节或多数关节,并非各关节都有。主要包括韧带、关节盘和关节唇。

①韧带:由致密结缔组织构成,分囊外和囊内韧带,见于多数关节。它们有增强关节稳定性的作用。

②关节盘:关节盘是位于关节面之间的纤维软骨板。它可使关节吻合一致,有扩大运动范围和缓冲震动的作用,如椎间盘、半月板等。

③关节唇:为附着在关节窝周围的纤维软骨环。可加深关节窝、扩大关节面、增强关节稳定性,如肩臼和髋臼周围的唇软骨。

(3)关节的运动　关节的运动主要是根据其运动轴方向分为屈、伸运动,内收、外展运动,旋转运动和滑动等。

(4)关节的类型　按组成关节的骨的数目,可将其分为单关节和复关节。单关节由相邻两骨构成,如肩关节;复关节由两块以上的骨构成,如腕关节。根据关节运动轴的多少,可分成单轴关节、双轴关节和多轴关节。

二、动物体全身骨骼的划分及组成

动物体全身的骨骼分为中轴骨和四肢骨。中轴骨又可分为头骨和躯干骨;四肢骨包括前肢骨和后肢骨。动物体全身骨骼划分如图 2-3 所示。

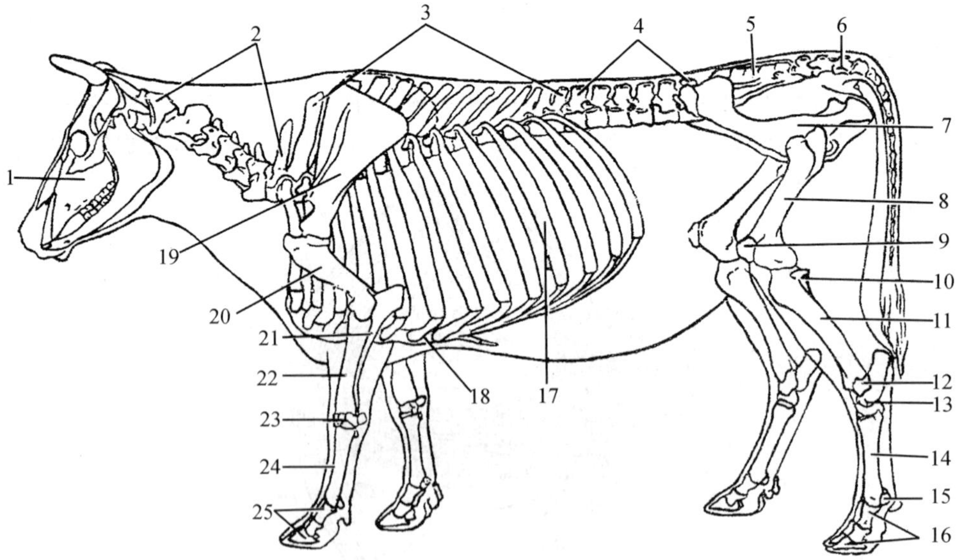

1.头骨　2.颈椎　3.胸椎　4.腰椎　5.荐骨　6.尾椎　7.髋骨　8.股骨　9.髌骨　10.腓骨　11.胫骨　12.踝骨　13.跗骨　14.跖骨　15.近籽骨　16.趾骨　17.肋骨　18.胸骨　19.肩胛骨　20.臂骨　21.尺骨　22.桡骨　23.腕骨　24.掌骨　25.指骨

图 2-3　牛的全身骨骼

(引自马仲华,2002)

(一)头部骨骼

头骨(图 2-4 至图 2-6)由扁骨和不规则骨构成,分为颅骨和面骨 2 部分。颅骨主要围成颅腔并形成位听器官的支架,由 4 种单骨(枕骨、顶间骨、蝶骨和筛骨)及 3 种对骨(顶骨、额骨和颞骨)构成;面骨是颜面部的骨质基础,形成口腔、鼻腔、眼眶的支架,由 3 种单骨(犁骨、下颌骨和舌骨)及成对的鼻骨、泪骨、颧骨、上颌骨、切齿骨、翼骨、腭骨、鼻甲骨构成。

头骨中一些骨的内外两层骨板间形成的腔洞,直接或间接与鼻腔相通,统称为鼻旁窦或副鼻窦等(图 2-7)。鼻黏膜与鼻旁窦内的黏膜相延续,当上呼吸道感染,鼻黏膜发炎时,可蔓延引起鼻旁窦炎。

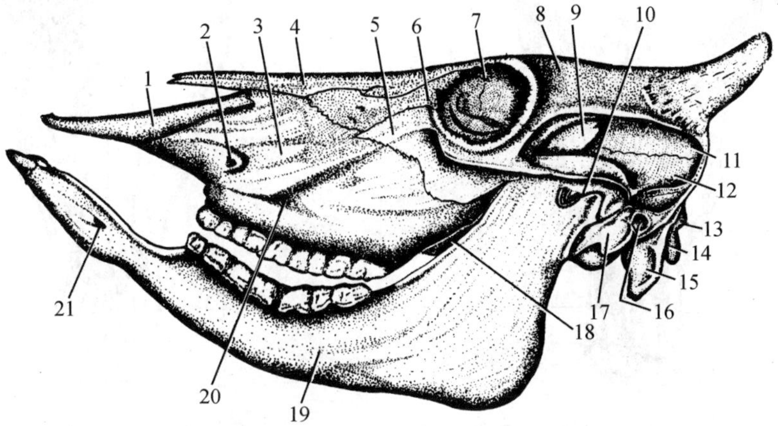

1.切齿骨　2.眶下孔　3.上颌骨　4.鼻骨　5.颧骨　6.泪骨　7.眶窝　8.额骨　9.下颌骨冠状突
10.下颌髁　11.顶骨　12.颞骨　13.枕骨　14.枕髁　15.颈静脉突　16.外耳道
17.颞骨岩部　18.腭骨　19.下颌支　20.面结节　21.颏孔

图 2-4　牛的头骨(侧面观)

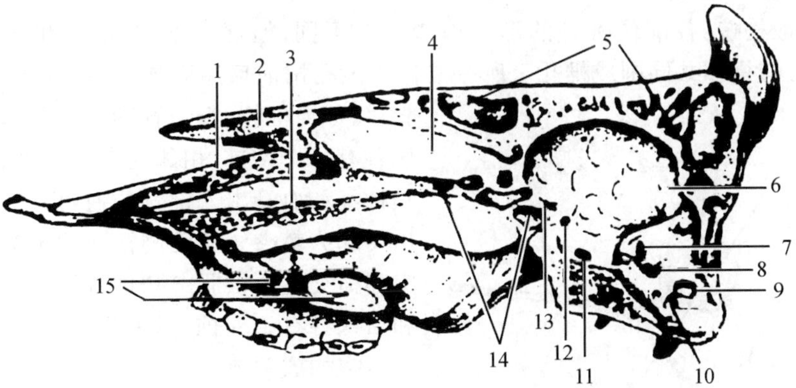

1.下鼻甲骨　2.上鼻甲骨　3.犁骨　4.筛鼻甲　5.额窦　6.颅腔　7.内耳道　8.颈静脉孔
9.髁孔　10.舌下神经孔　11.卵圆孔　12.眶圆孔　13.视神经沟　14.蝶窦　15.腭窦

图 2-5　牛的头骨(纵切面)

(二)躯干骨骼

躯干骨包括椎骨、肋和胸骨。其中,胸椎、肋和胸骨共同围成胸廓。

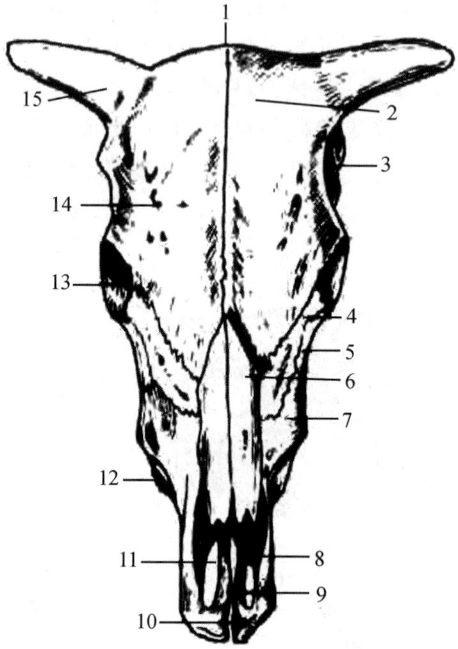

1.额隆起 2.额骨 3.颞骨 4.泪骨 5.颧骨 6.鼻甲骨 7.上颌骨 8.切齿骨 9.切齿骨腭突 10.切齿裂 11.腭裂 12.眶下孔 13.眶突 14.眶上孔 15.角突

图 2-6 牛的头骨(正面观)

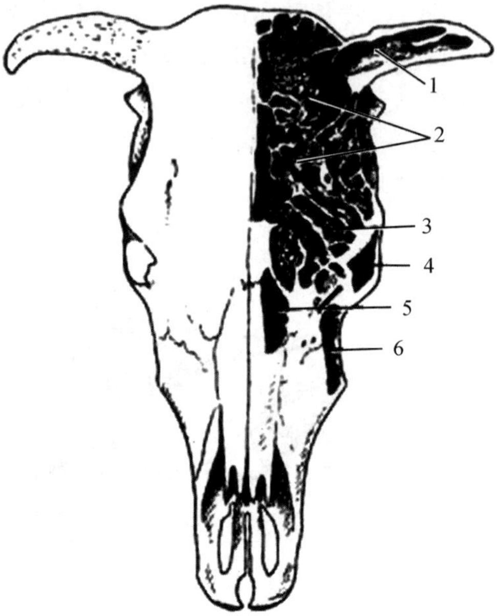

1.角腔 2.额大窦 3.额小窦 4.眶窝 5.上鼻甲窦 6.上颌窦

图 2-7 牛的额窦和上颌窦

(1)椎骨 按部位分为颈椎、胸椎、腰椎、荐椎和尾椎。所有的椎骨按从前到后的顺序排列由软骨、关节和韧带连接一起形成动物体的中轴,称为脊柱。

椎骨的一般构造:各部位椎骨的形态构造虽然不同,但都由椎体、椎弓和突起 3 部分构成(图 2-8)。椎弓与椎体共同围成椎孔。所有椎骨的椎孔按前后序列连接在一起形成一个连续的管道,称为椎管,容纳脊髓。椎弓的前缘和后缘两侧各有一个切迹,相邻的椎间切迹合成椎间孔,它是神经和血管出入椎管的通道。椎弓背侧向上伸出突起为棘突。从两侧横向伸出突起叫横突。棘突和横突主要供肌肉和韧带附着。椎弓背侧前缘和后缘各有 1 对前、后关节突,它们与相邻椎骨的关节突构成关节。

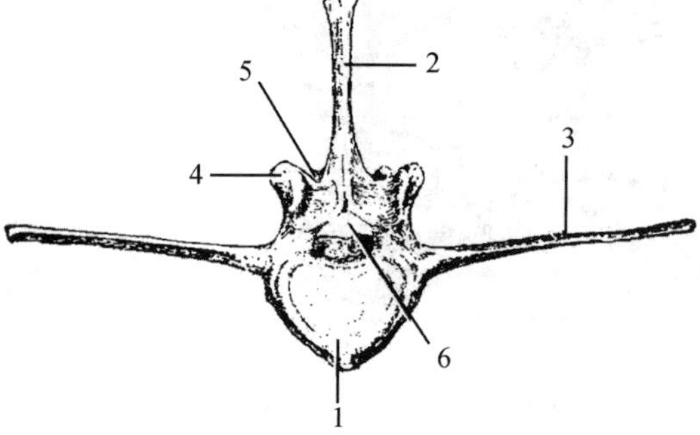

1.椎头 2.棘突 3.横突 4.前关节突 5.后关节突 6.椎孔

图 2-8 椎骨的构造

(引自陈功义,2010)

各段椎骨因所执行的机能及所在部位的不同,其形态结构略有差异。

哺乳动物颈椎有 7 块,第 1 颈椎又称寰椎,呈环状(图 2-9);第 2 颈椎棘突发达又称枢椎(图 2-10);第 7 颈椎与胸椎相似,第 3～6 颈椎形态结构较相似。各动物胸椎数目有差异，牛、羊 13 块，猪 14～15 块，犬 12～13 块；胸椎棘突发达，尤其是第 2～5 胸椎棘突最高，构成鬐甲的骨质基础（图 2-11）。腰椎 6 块，但犬为 7 块，腰椎的特征是横突长，构成腹腔顶壁的骨质基础（图 2-12）。荐椎有 5 块，愈合成为荐骨，构成盆腔顶壁的骨质基础（图 2-13）。尾椎数目变化大，牛有 18～20 块，羊有 3～24 块，猪有 20～23 块，马有 14～21 块；除前 3～4 块尾椎具有椎骨的一般构造外，其余皆退化，仅保留有椎体。尾椎腹侧有一血管沟，供尾中动脉通过，是把脉的位置所在。

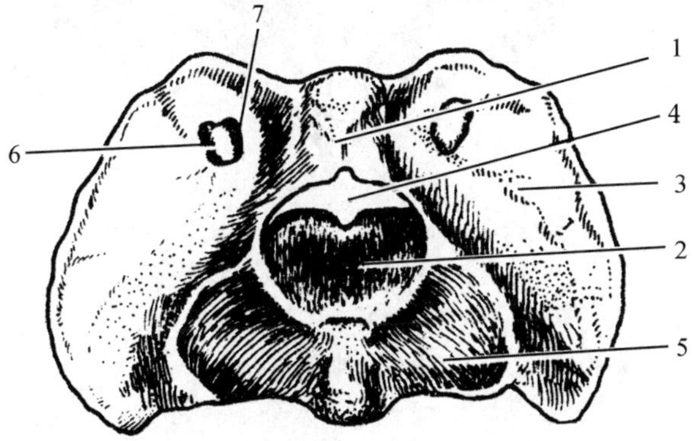

1. 背侧弓　2. 腹侧弓　3. 寰椎翼　4. 椎孔
5. 鞍状关节面　6. 翼孔　7. 椎外侧孔

图 2-9　牛的寰椎

（引自杨维泰，1993）

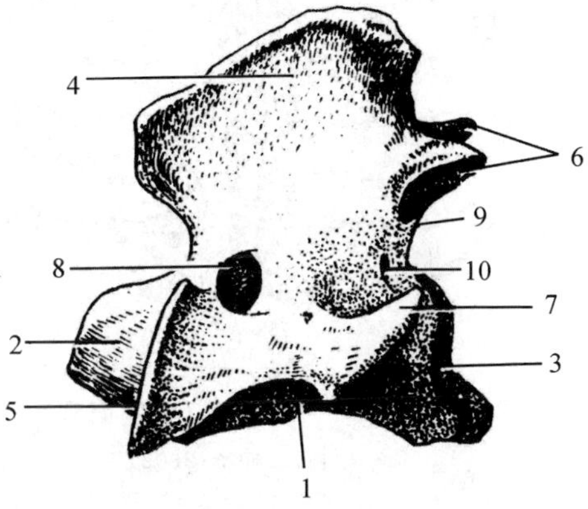

1. 椎体　2. 齿突　3. 椎窝　4. 棘突
5. 鞍状关节面　6. 后关节突　7. 横突
8. 椎外侧孔　9. 椎后切迹　10. 横突孔

图 2-10　牛的枢椎

（引自杨维泰，1993）

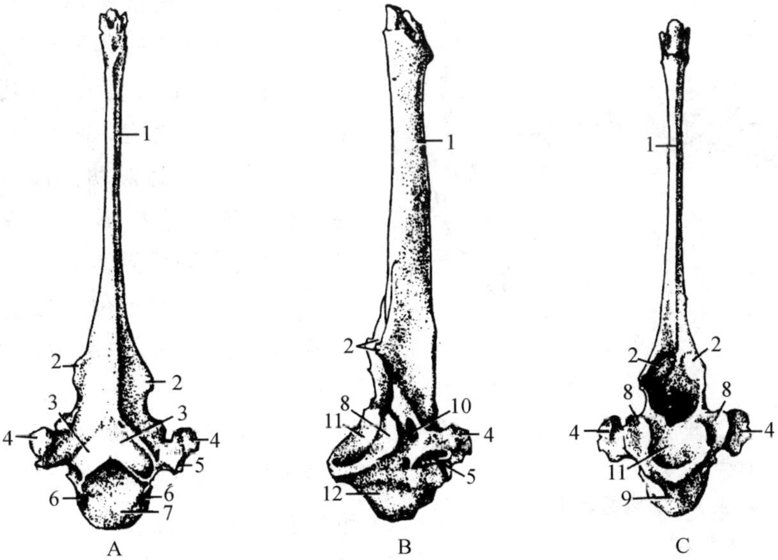

A. 前面观　B. 侧面观　C. 后面观
1. 棘突　2. 后关节突　3. 前关节突　4. 横突　5. 横突肋凹
6. 前肋凹　7. 椎头　8. 后肋凹　9. 椎体　10. 椎外侧孔
11. 椎窝　12. 椎体

图 2-11　水牛的第 4 胸椎

（引自杨维泰，1993）

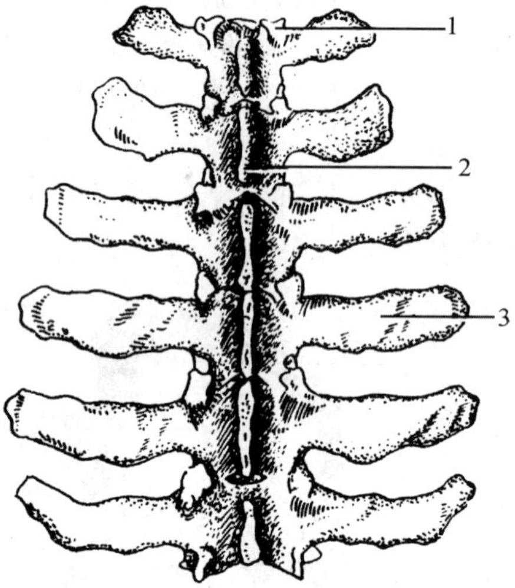

1. 前关节突　2. 棘突　3. 横突

图 2-12　牛的腰椎(背侧面观)

(引自马仲华,2002)

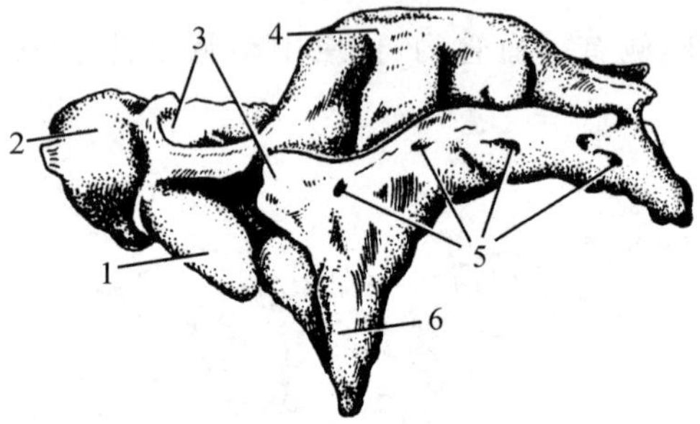

1. 椎头　2. 荐骨翼　3. 前关节突　4. 棘突
5. 荐背侧孔　6. 耳状关节面

图 2-13　牛的荐骨

(引自马仲华,2002)

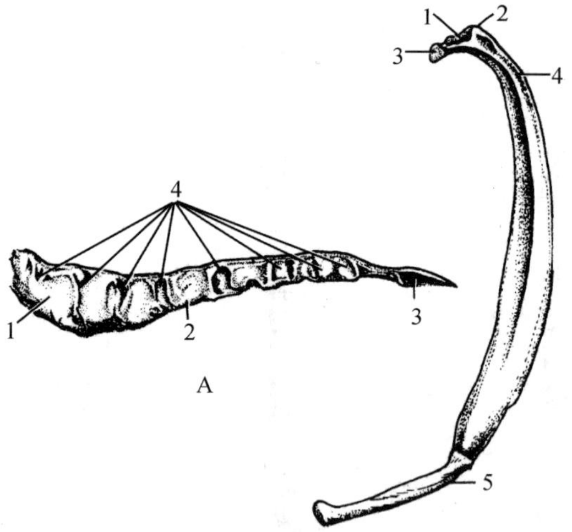

A. 胸骨:1. 胸骨柄　2. 胸骨体　3. 剑状软骨　4. 肋窝
B. 肋:1. 肋颈　2. 肋结节　3. 肋头　4. 肋骨　5. 肋软骨

图 2-14　牛的胸骨和肋

(引自杨维泰,1993)

(2)肋　肋包括上端的肋骨和下端的肋软骨(图 2-14B)。为弓形扁骨,构成胸廓的侧壁,左、右成对,其对数与胸椎数目相同,分别与相应的胸椎椎体和横突成关节。相邻肋骨间的空隙称为肋间隙。肋软骨与胸骨直接相接的肋称为真肋,其余肋的肋软骨不与胸骨直接相连,而是连于前一肋软骨上,这些肋骨称为假肋。最后肋骨与各假肋的肋软骨依次连接形成的弓形结构称为肋弓,作为胸廓的后界。

(3)胸骨　胸骨位于胸底部(图 2-14A)。其前端为胸骨柄,中部为胸骨体,后端为剑状软骨。

(4)胸廓　由胸椎、肋、胸骨共同构成,呈前小后大的截顶锥形。胸前口呈上宽下窄的椭圆形,由第 1 胸椎、第 1 对肋和胸骨柄围成;胸后口大,向前下倾斜,由最后一块胸椎、最后一对肋及剑状软骨围成。

(5)躯干骨的连结　躯干骨的连结包括脊柱连结和胸廓连结。

①脊柱连结:脊柱连结主要包括椎体间连结和椎弓间连结。相邻椎体间借韧带和纤维软骨盘相连(图 2-15)。主要韧带除相邻椎体间短韧带外,还有位于椎管底壁的背侧纵韧带

和位于椎体和椎间盘腹侧的腹侧纵韧带。椎弓间连接包括关节突和棘突间连接，相邻的关节突或棘突借助短的韧带和关节囊相连。此外还有长的棘上韧带和项韧带。棘上韧带由枕骨伸延到荐骨，连于多数棘突顶端。在颈部，延伸的韧带强大而富有弹性，称为项韧带，它由索状部和板状部组成(图 2-16)。

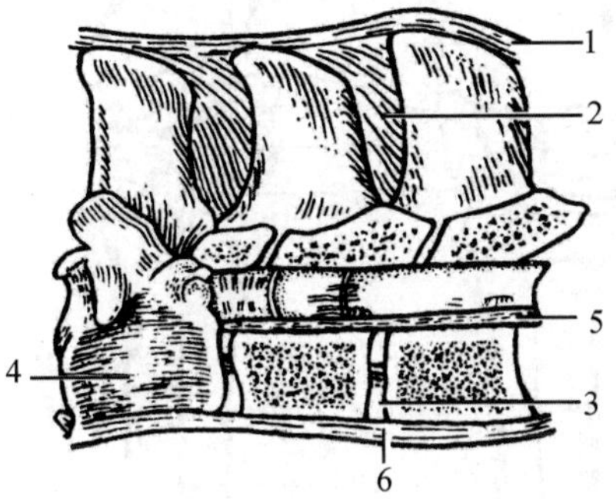

1. 棘上韧带　2. 棘间韧带　3. 椎间盘
4. 椎体　5. 背侧纵韧带　6. 腹侧纵韧带

图 2-15　胸腰椎的椎间连结

(引自肖传斌,2001)

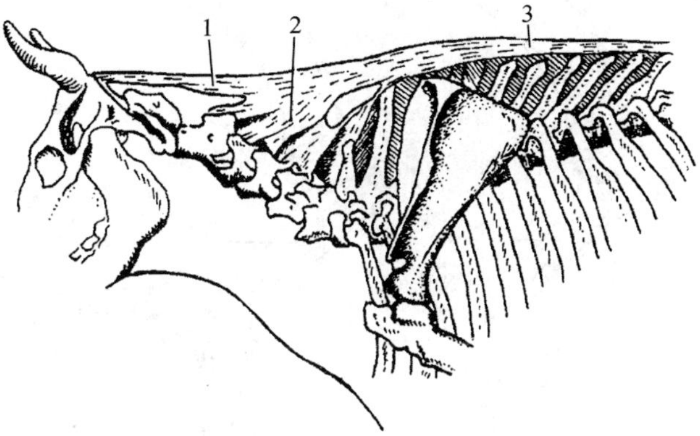

1. 索状部　2. 板状部　3. 棘上韧带

图 2-16　牛的棘上韧带和项韧带

②胸廓连接：胸廓连接包括肋椎关节和肋胸关节。肋椎关节是每一肋骨与相应胸椎构成的关节，包括肋骨小头与胸椎椎体上肋窝之间的关节和肋骨结节与胸椎横突形成的关节。肋胸关节是由真肋的肋软骨与胸骨两侧的关节窝形成的关节。

(三)前肢骨骼

前肢骨包括肩胛骨、臂骨、前臂骨、腕骨、掌骨、指骨、籽骨(图 2-17)。

(1)肩胛骨　肩胛骨为三角形扁骨，斜位于胸廓两侧的前上部。近端有一半圆形的肩胛软骨。远端较粗，腹侧有一浅的关节窝为肩臼，肩臼前方突出部为肩胛结节。外侧面有一纵行的嵴为肩胛冈，肩胛冈的末端形成长而尖的突起，称为肩峰。肩胛冈将肩胛骨外侧面分为前方较小的冈上窝和后方较大的冈下窝。肩胛骨内侧面的浅窝为肩胛下窝。

(2)臂骨　臂骨又称肱骨，属管状长骨，由前上方斜向后下方。近端前方内外侧有臂骨结节，结节间是臂二头肌沟。后方有球形的臂骨头，和肩臼成关节。骨体上部外侧有三角肌结节，远端有与桡骨成关节的关节面，后上方有一深的窝为肘窝。

(3)前臂骨　前臂骨包括桡骨和尺骨，桡骨在前内侧，尺骨在后外侧。牛、羊和马的桡骨发达；尺骨显著退化，仅近端发达，骨体向下逐渐变细，与桡骨愈合，近侧有间隙，称为前臂骨间隙。尺骨近端突出部称为肘突。

(4)腕骨　腕骨是小的短骨，排成上、下两行。

(5)掌骨　掌骨近端接腕骨，远端接指骨。

(6)指骨　指骨包括系骨、冠骨和蹄骨。

(7)籽骨　一般每指节有 3 枚籽骨。(图 2-18)

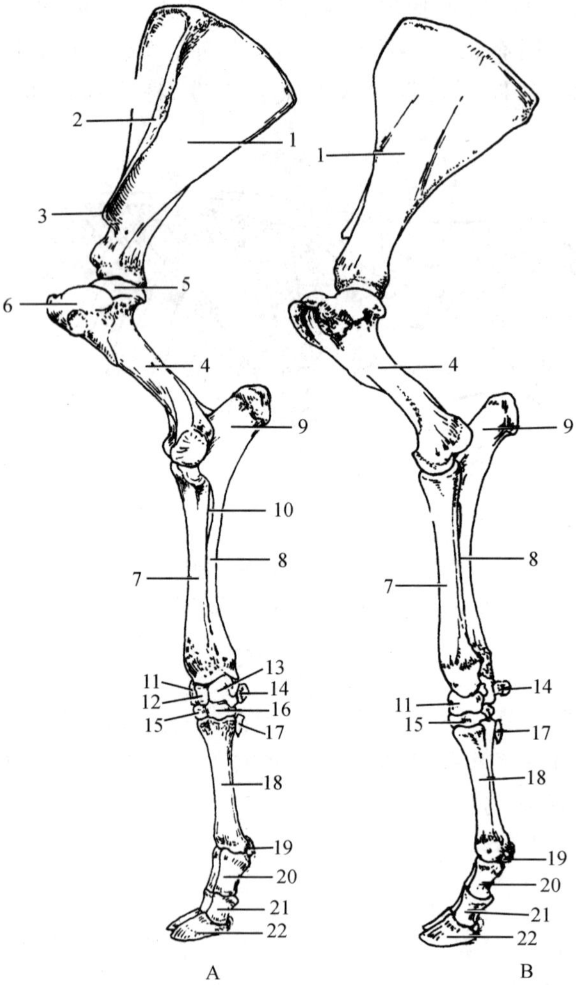

A. 外侧面(左)　B. 内侧面(右)

1. 肩胛骨　2. 肩胛冈　3. 肩峰　4. 臂骨　5. 臂骨头　6. 外侧结节　7. 桡骨　8. 尺骨　9. 肘突　10. 前臂骨间隙　11. 桡腕骨　12. 中间腕骨　13. 尺腕骨　14. 副腕骨　15. 第2、3腕骨　16. 第4腕骨　17. 第5掌骨　18. 大掌骨　19. 近籽骨　20. 系骨　21. 冠骨　22. 蹄骨

图 2-17　牛的前肢骨

(引自马仲华,2002)

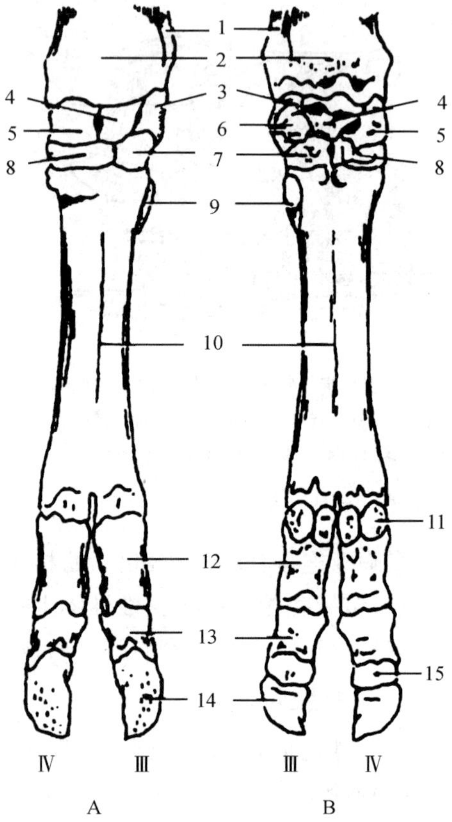

A. 背侧　B. 掌侧

1. 尺骨　2. 桡骨　3. 尺腕骨　4. 中央腕骨　5 桡腕骨　6. 副腕骨　7. 第4腕骨　8. 第2、3腕骨　9. 第5掌骨　10. 大掌骨　11. 近籽骨　12. 系骨　13. 冠骨　14. 蹄骨　15. 远籽骨　Ⅲ. 第3指　Ⅳ. 第4指

图 2-18　牛的前脚骨(左)

(引自马仲华,2002)

(8)前肢关节　前肢的肩胛骨与躯干不形成关节,而是通过肌肉连结。前肢其余各骨之间均形成关节,前肢关节由上向下依次包括肩关节、肘关节、腕关节和指关节。

①肩关节:由肩胛骨的肩臼和臂骨头构成,为多轴单关节。

②肘关节:由臂骨远端和前臂骨近端构成的单轴复关节。

③腕关节:由桡骨远端、近列和远列腕骨以及掌骨近端构成的单轴复关节。

④指关节:包括系关节、冠关节和蹄关节。系关节,由掌骨远端、系骨近端和一对近籽骨组成;冠关节,由系骨远端和冠骨近端构成;蹄关节,由冠骨与蹄骨及远籽骨构成。

(四)后肢骨骼

后肢骨包括髋骨、股骨、膝盖骨、小腿骨和后脚骨(图 2-19)。

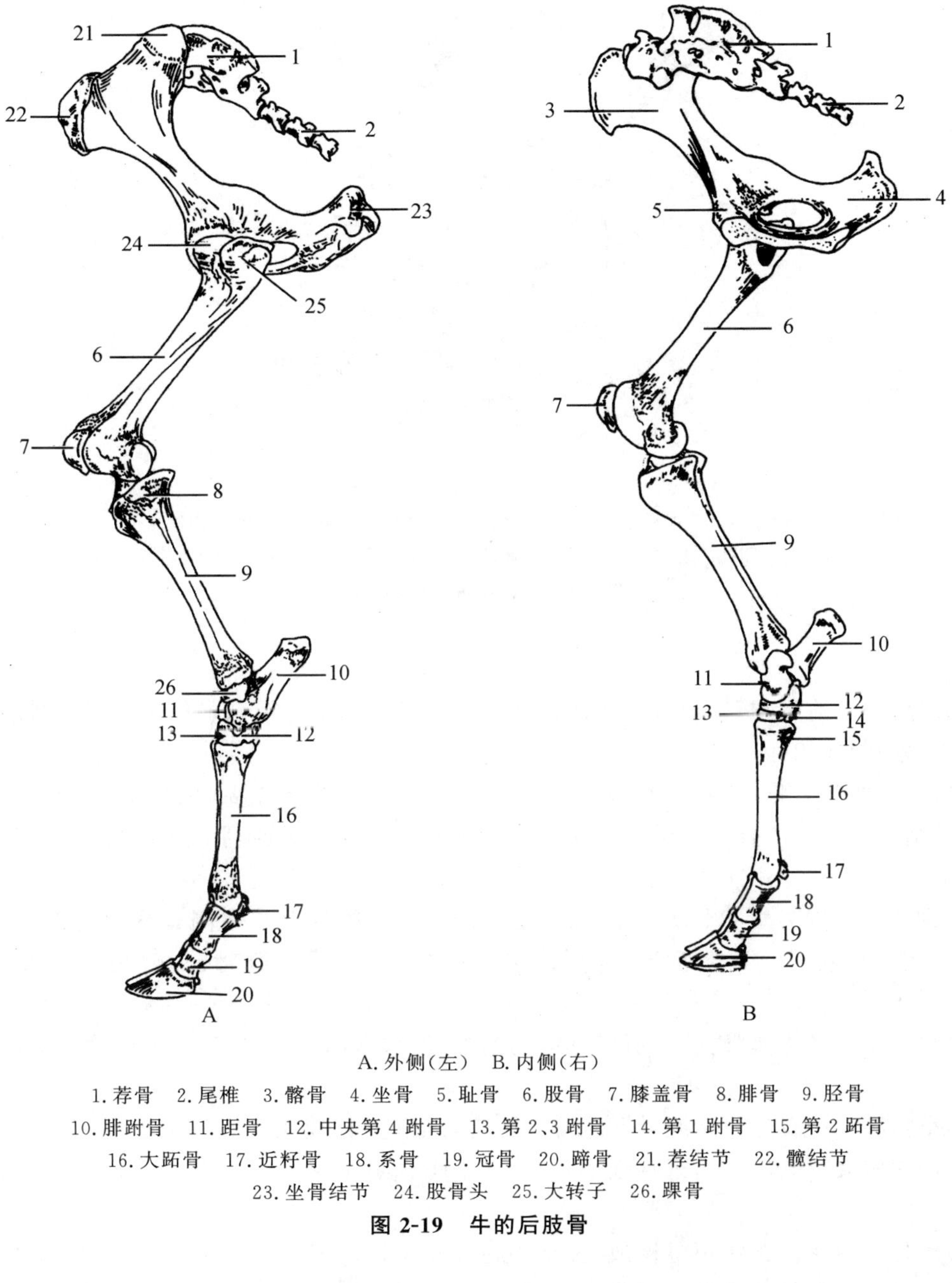

A. 外侧(左)　B. 内侧(右)

1. 荐骨　2. 尾椎　3. 髂骨　4. 坐骨　5. 耻骨　6. 股骨　7. 膝盖骨　8. 腓骨　9. 胫骨　10. 腓跗骨　11. 距骨　12. 中央第 4 跗骨　13. 第 2、3 跗骨　14. 第 1 跗骨　15. 第 2 跖骨　16. 大跖骨　17. 近籽骨　18. 系骨　19. 冠骨　20. 蹄骨　21. 荐结节　22. 髋结节　23. 坐骨结节　24. 股骨头　25. 大转子　26. 踝骨

图 2-19　牛的后肢骨

(1)髋骨　由髂骨、坐骨和耻骨结合而成(图 2-20)。3 块骨在外侧中部结合处形成髋臼。

①髂骨:髂骨为三角形扁骨,分为前宽的髂骨翼和后窄的髂骨体 2 部分。翼的背外侧面为臀肌面,腹侧面为骨盆面,骨盆面上有一粗糙的耳状关节面,与荐骨的耳状关节面成关节。翼的前外侧角为髋结节,内侧角为荐结节。髂骨体呈三棱柱形,向后下与耻骨、坐骨共同构成的杯状关节窝为髋臼,与股骨头成关节。

②坐骨:为不正的四边形,位于后下方,构成骨盆底的后部。左、右坐骨的后缘连成坐骨

弓。弓的两端突出是坐骨结节。两侧坐骨内侧缘结合一起，称为坐骨联合。

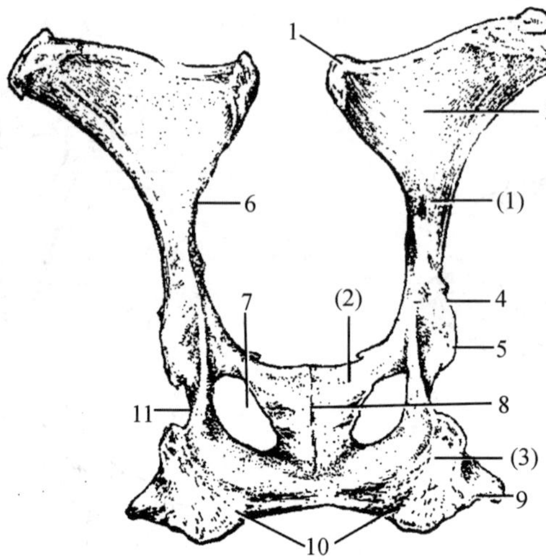

(1)髂骨 (2)耻骨 (3)坐骨

1.荐结节 2.髋结节 3.髂骨臀面 4.坐骨棘 5.髋臼 6.髂骨内侧缘

7.闭孔 8.骨盆联合 9.坐骨结节 10.坐骨弓 11.坐骨小切迹

图 2-20 牛的髋骨(背侧面)

(引自陈功义,2010)

③耻骨：位于前下方，构成骨盆底的前部。两侧耻骨内侧缘由软骨结合形成耻骨联合。坐骨和耻骨共同围成闭孔。

骨盆是由两侧髋骨、背侧的荐骨和前 4 个尾椎、两侧的荐结节阔韧带共同围成的前宽后窄的圆锥形结构。耻骨联合和坐骨联合统称为骨盆联合。雌性动物骨盆的底壁平而宽，雄性动物则较窄。

(2)股骨 股骨为管状长骨，由后上方斜向前下方，股骨近端内侧有球形的股骨头，外侧粗大的突起为大转子。远端粗大，前形成滑车状关节面，后为股骨髁，分别与膝盖骨、胫骨成关节。

(3)膝盖骨 又称髌骨，位于股骨远端的前方，呈顶端向下的楔形，与股骨滑车关节面形成关节。

(4)小腿骨 小腿骨包括胫骨和腓骨。胫骨位于内侧，较大。腓骨细小，位于胫骨近端外侧，腓骨近端较大，称腓骨头，远端细小。在牛、羊腓骨明显退化，仅有两端，无骨体。猪的腓骨发达。

(5)跗骨 跗骨由数块短骨构成，位于小腿骨和跖骨之间。

(6)跖骨 跖骨与前肢掌骨相似，但较细长。

(7)趾骨 趾骨分系骨、冠骨和蹄骨(图 2-21)。与前肢指骨相似。

(8)籽骨 籽骨有 3 枚，位置、形态与前肢籽骨相似。

(9)后肢关节 后肢关节由上至下包括荐髂关节、髋关节、膝关节、跗关节和趾关节。

①荐髂关节：由荐骨翼和髂骨的耳状关节面构成，关节面不平整，周围有短而强的关节囊，并有一层短的韧带加固。因此，荐髂关节运动范围很小。

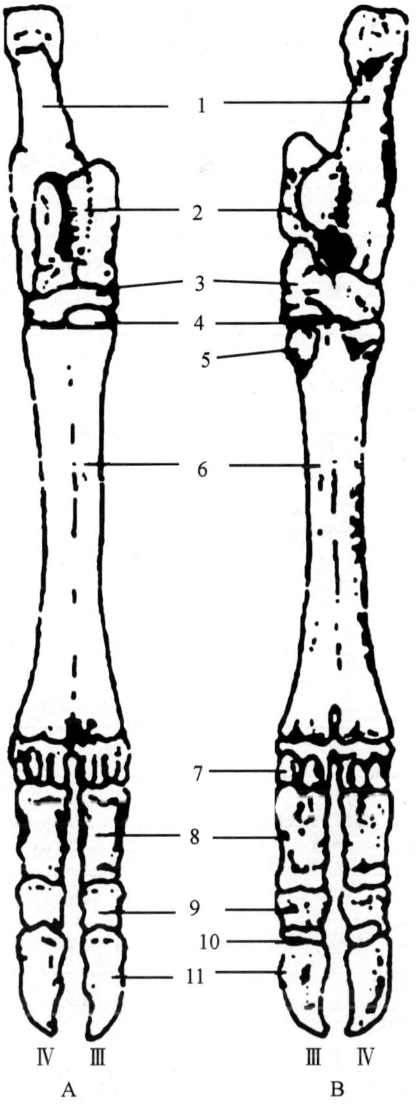

A. 背侧面　B. 跖侧面

1. 跟骨　2. 距骨　3. 中央第 4 跗骨　4. 第 2、3 跗骨　5. 第 2 跖骨　6. 第 3、4 跖骨

7. 近籽骨　8. 系骨　9. 冠骨　10. 远籽骨　11. 蹄骨　Ⅲ. 第 3 趾　Ⅳ. 第 4 趾

图 2-21　牛的后脚骨

②髋关节：由髋臼和股骨头构成的多轴关节。关节角在前方，关节囊宽松。

③膝关节：为单轴复关节，包括股胫关节和股膝关节。股膝关节由膝盖骨和股骨远端前部滑车关节面组成。股胫关节由股骨远端后部的内外侧髁与胫骨近端构成。其间有两个半月状软骨板。除有侧韧带外，关节中央还有一对交叉的十字韧带，连接股骨和胫骨。

④跗关节：又称飞节，是由小腿骨远端、跗骨和跖骨近端构成的单轴复关节。

⑤趾关节：分为系关节、冠关节和蹄关节。其构造与前肢指关节相同。

表 2-1 为畜体全身骨的划分及组成。

表 2-1　畜体全身骨的划分及组成

组成	全身骨划分								
	头部骨骼		躯干骨			四肢骨			
	颅骨	面骨	脊柱骨	肋	胸骨	前肢骨		后肢骨	
骨组成	枕骨	鼻骨	颈椎			肩胛骨		髋骨	髂骨
	顶骨	泪骨	胸椎			臂骨（肱骨）			耻骨
									坐骨
	顶间骨	颧骨	腰椎			前臂骨	桡骨	股骨（大腿骨）	
	额骨	上颌骨	荐椎				尺骨		
	筛骨	颌前骨	尾椎			前脚骨	腕骨	膝盖骨（髌骨）	
	蝶骨	腭骨					掌骨	小腿骨	胫骨
	颞骨	翼骨					指骨		腓骨
		犁骨					籽骨	后脚骨	跗骨
		下颌骨							跖骨
		鼻甲骨							趾骨
		舌骨							籽骨
骨性标志	额隆起		棘突			肩胛冈		髋臼	
	面结节		横突			肩峰		髋结节	
	齿槽间隙		前后关节突			肩胛结节		坐骨结节	
	角突		鬐甲			肘突		荐结节	
	眶下孔		肋弓					耻骨联合	
	下颌血管切迹		真肋					坐骨弓	
	下颌间隙		假肋					大转子	
	鼻旁窦（副鼻窦）		浮肋						
	颏孔		剑状软骨						
			胸廓（胸椎、肋、胸骨）						
关节	下颌关节		寰枕关节			肩关节		髋关节	
						肘关节		膝关节	
			寰枢关节			腕关节		跗关节	
			肋椎关节			指关节	系关节	趾关节	系关节
							冠关节		冠关节
			肋胸关节				蹄关节		蹄关节

第二节　骨骼肌

一、骨骼肌概述

运动系统的肌肉由横纹肌组织构成，它们附着于骨骼上，又称为骨骼肌。

(一)肌肉的构造

全身的每一块肌肉都是一个肌器官，均由肌腹和肌腱构成(图 2-22)。

(1)肌腹　肌腹是有收缩能力的部分，由横纹肌纤维借结缔组织结合而成。肌纤维是肌肉的实质部分，结缔组织则为间质成分。由结缔组织把肌纤维先集合成小肌束，再集合成大的肌束，然后集合成肌肉块。包于肌肉块外的结缔组织称为肌外膜，包在肌束外的称为肌束膜，包在肌纤维外的称为肌内膜。间质内有血管、神经、脂肪，对肌肉起联系、支持和营养作用。

(2)肌腱　肌腱由致密结缔组织构成，它借肌内膜连接在肌纤维的端部或肌腹中，故有的肌肉块的肌腱位于两端，有的位于中间或某一部位。纺锤形肌或长肌的肌腱多呈圆索状，阔肌的肌腱多呈薄膜状。肌腱没有收缩能力。

图 2-22　肌肉的构造
(引自陈耀星，2022)

(二)肌肉的形态

肌肉由于位置和机能不同而有不同的形态，一般可分为纺锤形肌、多裂肌、板状肌和环形肌 4 种。

(三)肌肉的起止点

肌肉一般是以其两端附着于骨骼，中间可能越过一个或几个关节。当其收缩时，位置不动的一端称为起点，引起骨骼移动的一端称为止点。当活动改变时，起止点也可发生变化。

(四)肌肉的种类及命名

肌肉一般按作用、形态、位置、结构、起止点及肌纤维方向等特征命名。有的以单一特征命名，如按起止点命名的臂头肌、胸头肌；有的以几个特征综合命名，如腕桡侧伸肌、腹外斜肌等。肌肉按其收缩时所产生的结果不同分为伸肌、屈肌、内收肌、外展肌、旋肌、张肌、括约肌等。

(五)肌肉的辅助器官

肌肉的辅助器官包括筋膜、黏液囊、腱鞘、滑车和籽骨(图 2-23)。

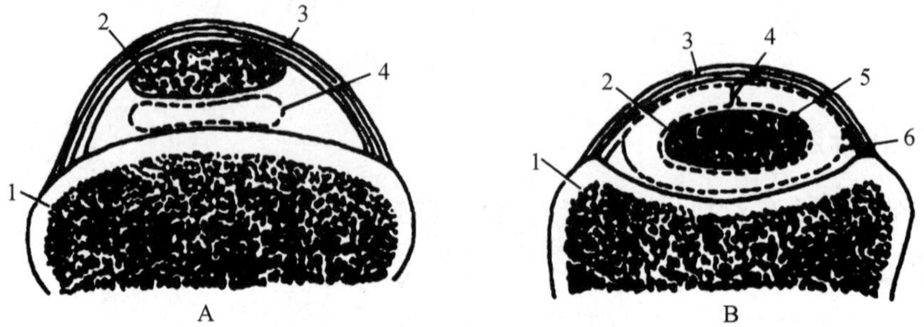

A. 黏液囊:1. 骨　2. 肌腱　3. 纤维膜　4. 滑膜

B. 腱鞘:1. 骨　2. 肌腱　3. 纤维膜　4. 腱系膜　5. 滑膜腱层　6. 滑膜壁层

图 2-23　黏液囊和腱鞘结构

(1)筋膜　筋膜分浅筋膜和深筋膜。浅筋膜位于皮下,由疏松结缔组织构成,覆盖在整个肌肉表面。有些部位的浅筋膜中有皮肌,营养良好的动物在浅筋膜内蓄积脂肪。深筋膜位于浅筋膜下,由致密结缔组织构成,致密而坚韧,可固定肌肉的位置,使肌肉或肌群能够单独地进行收缩,为肌肉的工作创造有利条件。

(2)黏液囊　黏液囊是封闭的结缔组织囊。壁内衬有滑膜,腔内有滑液。多位于骨的突起与肌肉、腱和皮肤之间,起到减少摩擦的作用。

(3)腱鞘　腱鞘呈长筒状,有内外 2 层结构。外层为纤维层,厚而坚固,由深筋膜增厚而形成的纤维管道;内层为滑膜层,分壁层和脏层,壁层紧贴在纤维层的内面,脏层紧包在腱上,由壁层折转而来,壁、脏两层间有少量的滑液,可减少腱活动时的摩擦。

(4)滑车和籽骨

①滑车:为骨的滑车状突起,上有腱通过的沟,表面覆有软骨,与腱之间常垫有黏液囊,以减少腱与骨之间的摩擦。

②籽骨:为位于关节角的小骨,有改变肌肉作用力的方向及减少摩擦的作用。

二、全身肌肉的分布

根据所在部位不同,可将肌肉分为头部肌肉、躯干肌肉、前肢肌肉和后肢肌肉(图 2-24 至图 2-30)。另外在头、颈等部位还有皮肌。

皮肌是分布于浅筋膜内的薄板状肌,只分布于面部、颈部、肩臂部和胸腹部。皮肌收缩时,可使皮肤震动,以驱赶蚊蝇和抖掉皮肤上的灰尘。头部肌分为面部肌和咀嚼肌。面部肌位于口和鼻腔周围,主要有鼻唇提肌、上唇固有提肌、鼻翼开肌、下唇降肌、口轮匝肌和颊肌。咀嚼肌包括闭口肌(咬肌、颞肌和翼肌)和开口肌(枕颌肌和二腹肌)。躯干肌包括脊柱肌、颈腹侧肌、胸壁肌和腹壁肌。全身主要肌肉分布如表 2-2 所示。

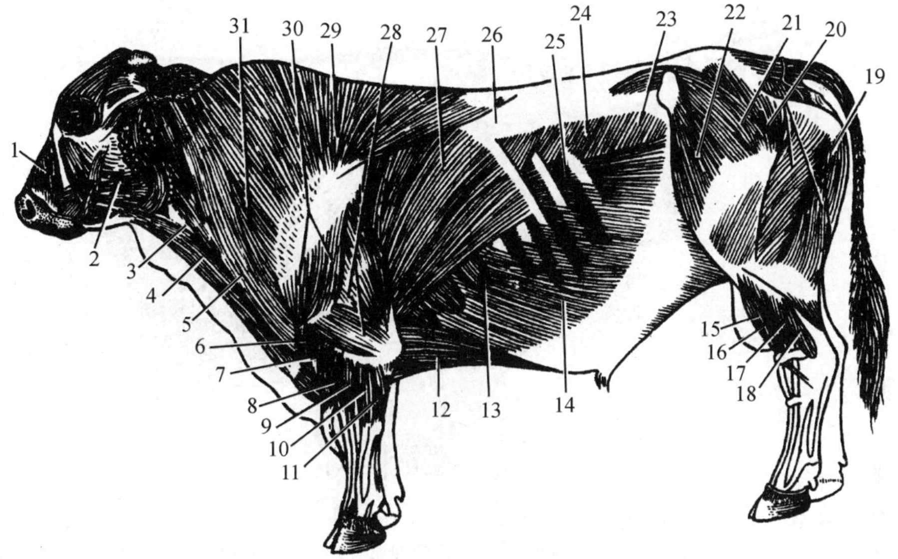

1.鼻唇提肌　2.咬肌　3.颈静脉　4.胸头肌　5.臂头肌　6.臂肌　7.腕桡侧伸肌　8.指内侧伸肌　9.指总伸肌　10.指外侧伸肌　11.腕尺侧伸肌　12.胸升肌　13.胸腹侧锯肌　14.腹外斜肌　15.腓骨第3肌　16.腓骨长肌　17.趾外侧屈肌　18.趾深屈肌　19.半腱肌　20.臀股二头肌　21.臀中肌　22.阔筋膜张肌　23.腹内斜肌　24.后背侧锯肌　25.肋间外肌　26.背腰筋膜　27.背阔肌　28.臂三头肌　29.斜方肌　30.三角肌　31.肩胛横突肌

图 2-24　牛体浅层肌

（引自肖传斌，2001）

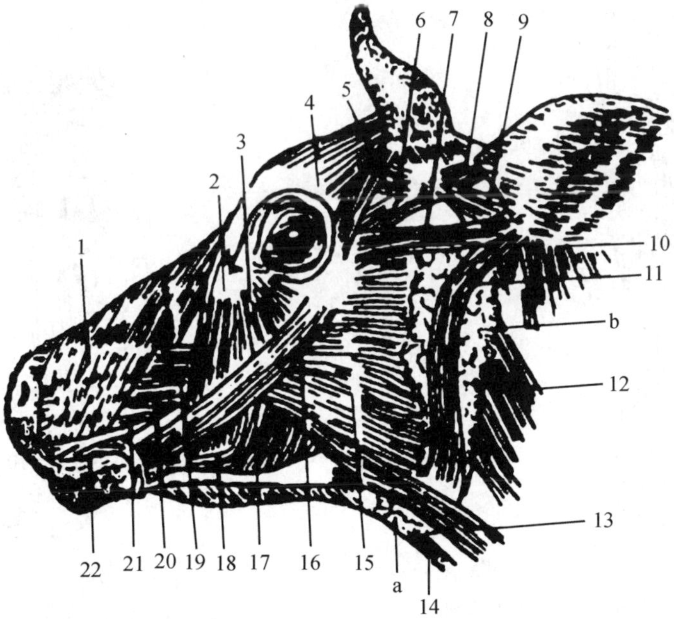

1.鼻唇提肌　2.颊提肌　3.下眼睑降肌　4.额皮肌　5～9、11.耳肌　10、12.臂头肌（锁枕肌和锁乳突肌）　13.胸头肌　14.胸骨舌骨肌　15.咬肌　16.颧肌　17.颊肌　18.下唇降肌　19.上唇固有提肌　20.犬齿肌　21.上唇降肌　22.口轮匝肌　a.颌下腺　b.腮腺

图 2-25　牛头部浅层肌

（引自周定刚，2010）

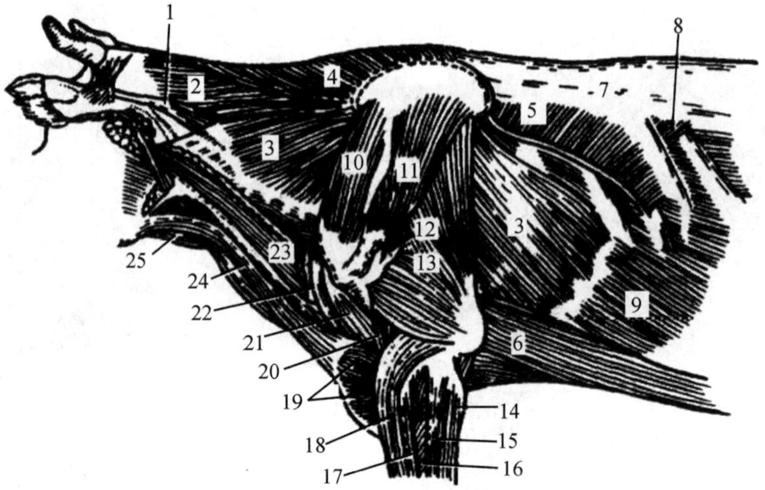

1.头最长肌　2.夹肌　3.腹侧锯肌　4.菱形肌　5.背阔肌　6.胸升肌　7.背腰筋膜　8.后背侧锯肌　9.腹外斜肌　10.冈上肌　11.冈下肌　12.小圆肌　13.臂三头肌　14.腕尺侧伸肌　15.指外侧伸肌　16.指总伸肌　17.指内侧伸肌　18.腕桡侧伸肌　19.胸降肌　20.臂肌　21.臂二头肌　22.锁骨下肌　23.臂头肌　24.胸头肌　25.胸骨舌骨肌

图 2-26　牛躯干深层肌

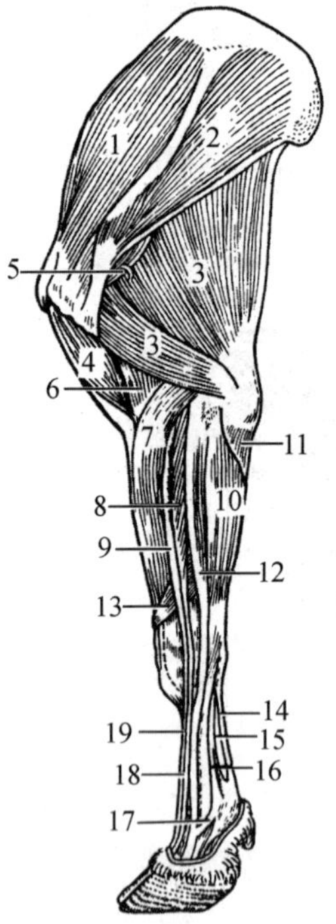

1.冈上肌　2.冈下肌　3.臂三头肌　4.臂二头肌　5.小圆肌　6.臂肌　7.腕桡侧伸肌　8.指总伸肌　9.指内侧伸肌　10.腕尺侧伸肌　11.指深屈肌尺骨头　12.指外侧伸肌　13.腕斜伸肌　14.指浅屈肌腱　15.指深屈肌腱　16.悬韧带　17.悬韧带的分支　18.指总伸肌腱　19.指内侧伸肌腱

图 2-27　牛的前肢肌(外侧)

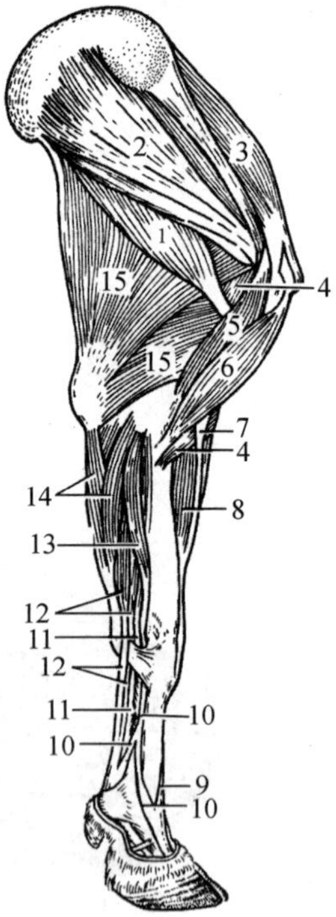

1.大圆肌　2.肩胛下肌　3.冈上肌　4.臂肌　5.喙臂肌　6.臂二头肌　7.臂二头肌纤维索　8.腕桡侧伸肌　9.指内侧伸肌　10.悬韧带及其分支　11.指深屈肌腱　12.指浅屈肌腱　13.腕桡侧屈肌　14.腕尺侧屈肌　15.臂三头肌

图 2-28　牛的前肢肌(内侧)

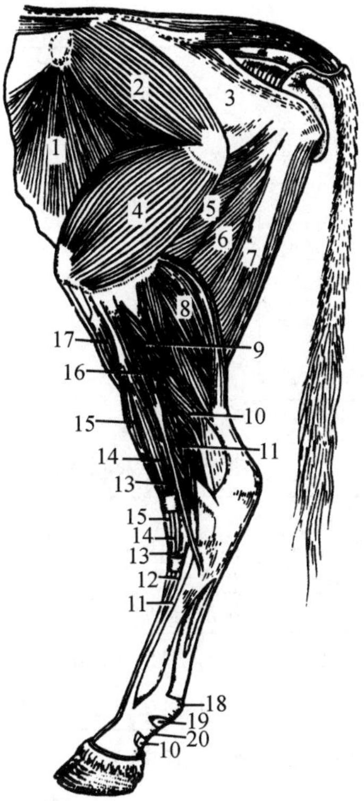

（阔筋膜张肌和臀股二头肌已切除）

1.腹内斜肌　2.臀中肌　3.荐结节阔韧带　4.股四头肌　5.内收肌　6.半膜肌　7.半腱肌　8.腓肠肌　9.比目鱼肌　10.趾深屈肌及其腱　11.指外侧伸肌及其腱　12.趾短伸肌　13.趾长伸肌　14.趾内侧伸肌及其腱　15.腓骨第3肌及其腱　16.腓骨长肌　17.胫骨前肌　18.系关节掌侧环韧带　19.趾浅屈肌腱　20.趾近侧环状韧带

图 2-29　牛左后肢肌（外侧）

（引自肖传斌，2001）

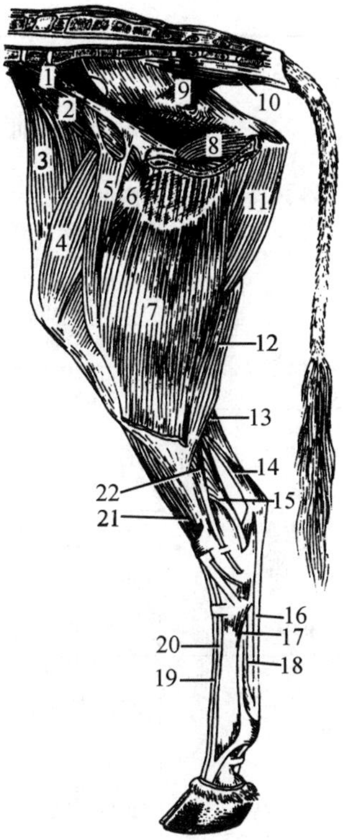

1.腰小肌　2.髂腰肌　3.阔筋膜张肌　4.股直肌　5.缝匠肌　6.耻骨肌　7.股薄肌　8.闭孔内肌　9.尾骨肌　10.荐尾腹侧腱　11.半膜肌　12.半腱肌　13.腓肠肌　14.趾浅屈肌　15.趾深屈肌　16.趾浅屈肌腱　17.悬韧带　18.趾深屈肌腱　19.趾长伸肌腱　20.趾内侧伸肌腱　21.腓骨第3肌　22.趾长屈肌

图 2-30　牛后肢肌（内侧）

（引自肖传斌，2001）

表 2-2　动物体全身主要肌肉分布情况

主要代表肌肉			功　能	标志性结构
皮肌	面皮肌、颈皮肌、肩臂皮肌、胸腹皮肌		收缩使皮肤颤动、抖动	皮下浅筋膜内
头部肌肉	面肌	鼻唇提肌、上唇提肌、下唇降肌等	开张天然孔	
		括约肌	关闭天然孔	环形肌肉
	咀嚼肌	咬肌、翼肌	收缩致闭口	翼肌为旋毛虫检查部位
		枕下颌肌	收缩致开口	
		二腹肌		

续表 2-2

<table>
<tr><th colspan="3">主要代表肌肉</th><th colspan="2">功　能</th><th>标志性结构</th></tr>
<tr><td rowspan="17">躯干部肌肉</td><td rowspan="3">脊柱背侧肌</td><td>背腰最长肌</td><td colspan="2">一侧收缩侧偏脊柱；两侧收缩伸腰背</td><td rowspan="3">髂肋肌沟内有针灸穴位</td></tr>
<tr><td>髂肋肌</td><td colspan="2">牵肋骨，助呼吸</td></tr>
<tr><td>夹肌</td><td colspan="2">夹肌两侧收缩抬头颈；一侧收缩偏头颈</td></tr>
<tr><td rowspan="2">脊柱腹侧肌</td><td>颈最长肌</td><td colspan="2">较不发达</td><td rowspan="2"></td></tr>
<tr><td>腰小肌</td><td colspan="2">较不发达</td></tr>
<tr><td rowspan="3">颈腹侧肌</td><td>胸头肌</td><td colspan="2">屈头颈运动</td><td>颈静脉肌沟下界
颈腹侧手术剥离肌肉</td></tr>
<tr><td>胸骨甲状舌骨肌</td><td colspan="2">向后牵引舌和喉助吞咽</td><td>颈腹侧手术剥离肌肉</td></tr>
<tr><td>肩胛舌骨肌</td><td colspan="2">同上</td><td>颈静脉肌沟底部</td></tr>
<tr><td rowspan="3">胸壁肌</td><td>肋间外肌</td><td colspan="2">向前外方牵引肋骨使胸廓扩大引起吸气</td><td>肌纤维方向由前上方走向后下方</td></tr>
<tr><td>肋间内肌</td><td colspan="2">向后方牵引肋骨使胸廓变小助呼气</td><td>肌纤维方向由后上方走向前下方</td></tr>
<tr><td>膈肌(横膈膜)</td><td colspan="2">收缩时使胸腔纵径扩大引起吸气</td><td>腰部形成肌质的左、右膈脚(为旋毛虫检查部位)；中央为强韧腱膜构成中心腱；上方主动脉裂孔；中间食管裂孔；下方后腔静脉裂孔</td></tr>
<tr><td rowspan="6">腹壁肌</td><td>腹外斜肌</td><td>构成腹腔侧壁</td><td rowspan="4">形成坚韧腹壁，容纳和支持腹腔脏器；收缩时增大腹压；对腹腔内器官起重要支持和保护作用</td><td>肌纤维方向由前上方斜向后下方</td></tr>
<tr><td>腹内斜肌</td><td>构成腹腔侧壁</td><td>肌纤维方向由后上方斜向前下方</td></tr>
<tr><td>腹直肌</td><td>构成腹腔底壁</td><td>肌纤维方向由前至后纵行；有5～6条腱划</td></tr>
<tr><td>腹横肌</td><td>构成腹侧壁</td><td>肌纤维方向由上至下移行为腱膜</td></tr>
<tr><td>腹白线</td><td colspan="2">剑状软骨和耻骨之间，腹壁正中线</td><td>躯体两侧除腹直肌外的腹壁肌膜增厚交织</td></tr>
<tr><td>腹股沟管</td><td colspan="2">胎儿时期睾丸及附睾从腹腔下降到阴囊的通道，病理状态下，腹腔脏器进入阴囊会形成疝</td><td>腹外斜肌、腹内斜肌之间斜行裂隙；腹环，内环；长约 15 cm</td></tr>
</table>

续表 2-2

主要代表肌肉			功　能	标志性结构
前肢肌肉	肩带肌	斜方肌、菱形肌、臂头肌	牵引前肢向前，伸肩关节提举或侧偏头颈	构成颈静脉肌沟上界有宽阔的腱膜
		背阔肌	向后上方提举前肢，屈肩关节	
	肩部肌	冈上肌	伸张及固定肩关节	全为肌质
		冈下肌	屈肩关节并外展前肢	位于冈下窝内
		三角肌	屈肩关节	呈三角形为浅肌
		肩胛下肌	内收前肢	位于肩胛下窝内
		大圆肌	屈肩关节	带状
	臂部肌	臂三头肌、前臂筋膜张肌	伸张肘关节	
		臂二头肌、臂肌	屈肘关节	
	前臂及前脚肌	腕桡侧伸肌、指内侧伸肌、指外侧伸肌和腕斜伸肌	伸腕或指关节	腕关节附近移行为肌腱
后肢肌肉	臀股部肌	臀肌	伸髋关节及参与竖立、踢蹴、外展后肢、屈髋关节、外旋后肢、推进躯干等	臀浅肌、臀中肌、臀深肌、髂肌
		股二头肌	伸髋关节、膝关节及跗关节；参与竖立、踢蹴、推进躯干；提举后肢时屈膝关节	有两头，椎骨头与坐骨头，合并后下行； 股二头肌与半腱肌间形成的股二头肌沟有坐骨神经穿过
		半腱肌、半膜肌	作用类似股二头肌； 半膜肌可内收后肢	
		肌阔筋膜张肌	屈髋关节，伸膝关节	上 2/3 以下变为腱膜
		股四头肌	强有力伸膝关节	
	小腿及后脚部肌	第 3 腓骨肌、胫前肌、腓骨长肌	屈跗关节	多为纺锤形肌
		趾内侧伸肌、趾长伸肌、趾外侧伸肌	伸趾关节	
		腓肠肌	伸跗关节	在小腿中部全为强腱——跟腱
		跟腱	伸跗关节	圆形强腱，附着于或通过跟结节

三、肌沟

肌肉之间或肌肉与骨之间的间隙，有血管、神经通过或在兽医临床上有重要意义，如髂肋肌沟内，就存在许多中兽医临床重要穴位，见表 2-3。

表 2-3 动物体重要肌沟

肌沟名称	肌肉 1	肌肉 2	位置及经过的神经和血管
颈静脉肌沟	臂头肌	胸头肌	颈部，颈静脉
髂肋肌沟	背最长肌	髂肋肌	背腰部，中兽医针灸穴位
桡沟	腕桡侧伸肌	第 3 指固有伸肌及指总伸肌	前臂部
尺沟	腕外侧屈肌	腕尺侧屈肌	前臂部，尺神经
前臂正中沟	桡骨内后缘	腕桡侧屈肌	前肢内侧，正中动静脉，神经
股二头肌沟	股二头肌	半腱肌	臀股部，坐骨神经
小腿内、外侧肌沟	趾浅屈肌、趾深屈肌	腓肠肌	小腿内侧及外侧，胫及隐神经
腓沟	第 3 腓骨肌	趾外侧伸肌	小腿背外侧，腓神经

【本章要点速查】

表 2-4 运动系统要点速查表

<table>
<tr><th colspan="3">运动系统</th><th>学习要点归纳</th></tr>
<tr><td rowspan="4">骨骼</td><td rowspan="2">骨</td><td>一般情况</td><td>1. 骨的形态：长骨、短骨、扁骨、不规则骨
2. 骨的构造：骨膜、骨质、骨髓及血管神经
3. 骨的化学成分：有机质（主要是骨胶原→骨弹性）＋无机质（主要是钙盐→骨坚固性）</td></tr>
<tr><td>全身骨</td><td>1. 头骨：颅骨[单骨（枕骨、顶间骨、蝶骨、筛骨）、对骨（顶骨、额骨、颞骨）]、面骨[单骨（犁骨、下颌骨、舌骨）、对骨（鼻骨、泪骨、颧骨、上颌骨、翼骨、腭骨、鼻甲骨）]
2. 躯干骨：脊柱骨（颈椎、胸椎、腰椎、荐椎、尾椎）、肋（肋骨、肋软骨）、胸骨（胸骨柄、胸骨体、剑状软骨）
3. 四肢骨：前肢骨[肩胛骨、臂骨、前臂骨（桡骨、尺骨）、腕骨、掌骨、指骨（系骨、冠骨、蹄骨）、籽骨]、后肢骨[髋骨（髂骨、坐骨、耻骨）、股骨、膝盖骨（髌骨）、小腿骨（胫骨、腓骨）、跖骨、跗骨、趾骨（系骨、冠骨、蹄骨）、籽骨]</td></tr>
<tr><td rowspan="2">骨连结</td><td>分类</td><td>不动连结（如头部骨连结）、微动连结（如腰椎间连结）、动连结（关节）</td></tr>
<tr><td>全身关节</td><td>1. 头部：下颌关节
2. 躯干部：椎关节、肋椎关节、肋胸关节
3. 前肢：肩关节、肘关节、腕关节、指关节（系关节、冠关节、蹄关节）
4. 后肢：髋关节、膝关节、跗关节、趾关节（系关节、冠关节、蹄关节）</td></tr>
</table>

续表 2-4

运动系统		学习要点归纳
骨骼肌	一般情况	1. 肌肉构造：肌腹（收缩）＋肌腱（连接） 2. 肌肉形态：阔肌、长肌、短肌、纺锤形肌、环形肌 3. 肌肉的辅助器官：筋膜（深、浅）、黏液囊、腱鞘
	全身肌肉	皮肌、头部肌肉、躯干部肌肉、前肢肌肉、后肢肌肉
	重要肌沟	颈静脉肌沟、髂肋肌沟、桡沟、尺沟、前臂正中沟、股二头肌沟、腓沟、小腿内外侧肌沟

【练一练　测一测】

一、名词解释

1. 腹白线　2. 副鼻窦　3. 脊柱　4. 骨盆　5. 关节盘

二、填空题

1. 成年动物的骨髓有________骨髓和________骨髓 2 种；________骨髓无造血功能，主要由________组织构成。

2. 关节的基本构造包括________、________、________和________ 4 部分。

3. 由________骨和________骨构成头部唯一能活动的________关节。

4. 牛有________枚胸椎，________对肋。

5. 前肢骨骼自上而下，包括________、________、________、________、________、________和________。

6. 后肢关节自上而下，包括________、________、________、________、________、________和________。

7. 颈静脉沟由________和________ 2 块肌肉构成。

8. 颈腹侧肌有________、________和________ 3 块。

9. 膈有 3 个裂孔：上方的为________裂孔，中间的为________裂孔，下方的为________裂孔。

10. 每块肌肉都是由________和________ 2 部分组成。

11. 肌肉的辅助器官有________、________、________、________和________。

三、简答题

1. 椎骨的一般构造包括哪些？各段椎骨各有哪些主要特征？

2. 临床上在髂部（软腹壁）切口做手术时，应切开哪几层肌肉才到腹膜？

【实验实训】

一、全身骨骼识别

目的与要求　通过实验，掌握骨的形态及构造，动物体全身骨的构成、名称及骨性标志；识别关节的基本构造及主要关节组成。并在实训中培养严谨认真的学习态度。

参考答案

材料与用品 动物全身骨骼标本，各形态骨标本、关节标本。

方法和步骤

1. 骨的形态构造观察

(1)骨形态观察 长骨、短骨、扁骨、不规则骨；椎骨的一般结构，观察椎体、椎突、椎弓。

(2)骨构造观察 骨膜、骨质、骨髓；骨密质与骨松质在不同形态骨中的分布。

(3)关节结构观察 关节面、关节软骨、关节囊、关节腔。

2. 全身骨及骨突标志观察

(1)头骨 观察动物的骨，区分颅骨和面骨的组成，了解主要的骨性标志。

(2)躯干骨骼 观察躯干骨骼，了解主要的骨性标志。

(3)前肢骨骼 在全身(或前肢)整体骨骼标本中观察。

(4)后肢骨骼 在全身(或后肢)整体骨骼标本中观察。

3. 重要关节观察

(1)头部关节观察 下颌关节。

(2)前肢关节观察 肩关节、肘关节、腕关节、系关节、冠关节、蹄关节。

(3)后肢关节观察 荐髂关节、髋关节、膝关节、跗关节、系关节、冠关节、蹄关节。

作业

1. 在动物体骨骼图上标示全身骨的名称。
2. 在全身骨图上标示关节名称。

二、动物体主要肌肉识别

目的与要求 通过实验，认识动物全身主要肌肉的名称和位置及重要肌沟。

材料与用品 显示全身主要肌肉的标本及模型。

方法和步骤

1. 头部肌肉观察

(1)颜面肌。

(2)咀嚼肌(重点观察咬肌、颞肌)。

2. 躯干部肌肉观察

躯干部肌肉众多，重点观察背最长肌、髂肋肌、胸头肌、肋间肌、膈及腹壁肌。

3. 前肢肌肉观察

(1)肩带肌 臂头肌、背阔肌、腹侧锯肌和胸肌。

(2)作用于肩关节的主要肌肉

伸肌组：冈上肌。

屈肌组：三角肌、大圆肌。

内收肌：肩胛下肌。

外展肌：冈下肌。

(3)作用于肘关节的肌肉

伸肌组：臂三头肌、前臂筋膜张肌。

屈肌组：臂二头肌、臂肌。

4.后肢肌肉观察

(1)作用于髋关节的肌肉

伸肌组:臀肌、股二头肌、半腱肌、半膜肌。

屈肌组:股阔筋膜张肌。

(2)作用于膝关节的肌肉

伸肌组:股四头肌。

屈肌组:腘肌。

5.全身主要肌沟观察

(1)颈部　颈静脉肌沟。

(2)背腰部　髂肋肌沟。

(3)前肢　桡沟、尺沟及前臂正中沟。

(4)后肢　股二头肌沟、腓沟、小腿内、外侧肌沟。

作业

1.在动物全身肌肉分布图上标示主要肌肉名称。

2.在动物全身肌肉分布图上标示主要肌沟位置及名称。

第三章
被皮系统

【知识目标】

- 了解毛、角、皮脂腺、汗腺等皮肤衍生物的结构特点。
- 掌握皮肤、蹄、乳腺的构造。

【技能目标】

- 能用一定手法准确定位皮内、皮下。
- 识别动物蹄主要结构。

【思政目标】

- 树立人与自然和谐共生理念，遵守野生动物保护条例，维护国家利益至上，人民利益高于一切，二者相辅相成。

被皮系统包括皮肤和皮肤衍生物。皮肤衍生物包括毛、蹄、枕、角、乳腺、皮脂腺、汗腺等。

第一节　皮　肤

皮肤覆盖于动物体表，由复层扁平上皮和结缔组织构成，内含大量血管、淋巴管、汗腺及丰富的感受器。一般分为表皮、真皮和皮下组织 3 层(图 3-1)。

一、表皮

表皮为皮肤的最表层，由复层扁平上皮构成，最表面扁平细胞角化成角质层，且长期受摩擦和压力的部位，角质层增厚成为“老茧”；表皮内无血管、淋巴管，但神经末梢丰富。表皮所需营养由真皮层供给。

二、真皮

真皮位于表皮深层，是皮肤最厚也是最主要的一层，由致密结缔组织构成，坚韧且富有弹性，皮革就是由真皮鞣制而成的，临床做皮内注射，就是把药物注入真皮内。真皮内含有丰富的血管、淋巴管和神经，能营养皮肤并感受外界刺激。此外，真皮内还有汗腺、皮脂腺、毛囊等结构。

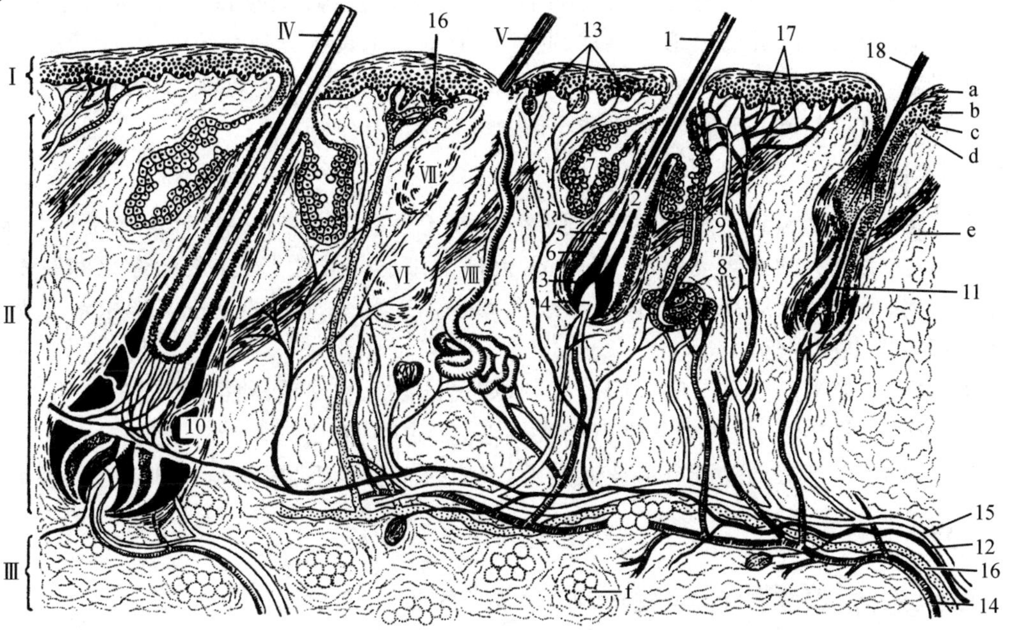

Ⅰ.表皮　Ⅱ.真皮　Ⅲ.皮下组织　Ⅳ.触毛　Ⅴ.被毛　Ⅵ.毛囊　Ⅶ.皮脂腺　Ⅷ.汗腺
1.毛干　2.毛根　3.毛球　4.毛乳头　5.毛囊　6.根鞘　7.皮脂腺断面　8.汗腺断面
9.竖毛肌　10.毛囊内的血窦　11.新毛　12.神经　13.皮肤的感受器　14.动脉
15.静脉　16.淋巴管　17.血管丛　18.脱落的毛　a.表皮角质层　b.颗粒层
c.生发层　d.真皮乳头层　e.网状层　f.皮下组织层内的脂肪组织

图 3-1　皮肤结构的半模式图

三、皮下组织

皮下组织位于皮肤的最深层，由疏松结缔组织和脂肪组织构成。皮下组织中脂肪组织的多少是动物营养状况的标志。由于皮下组织疏松，使皮肤具有一定的活动性，并能形成皱褶。临床上做皮下注射，就是把药物注入皮下组织中。

第二节　皮肤衍生物

一、毛

（一）毛的种类及毛流

毛有粗毛和细毛之分。牛、猪、马多为粗毛，羊为细毛，在动物体的某些部位还有一些特殊的长毛，如牛、马、羊唇部的触毛，公山羊颏部的髯，猪颈背部的猪鬃。毛在体表按一定方向排列，称为毛流。

(二)毛的结构

毛是表皮的衍生物,由角化的上皮细胞构成,分毛干和毛根 2 部分。露在皮肤外面称为毛干,埋在真皮和皮下组织内的称为毛根。毛根外面包有上皮组织和结缔组织构成毛囊。毛根的末端与毛囊紧密相连,并膨大形成毛球,此处的上皮细胞具有分裂增殖能力,是毛的生长点。毛球底部凹陷,并有结缔组织伸入,伸入毛球内部的结缔组织称为毛乳头。毛乳头内富有血管和神经,毛球可通过毛乳头获得营养物质(详见图 3-1)。

(三)换毛

毛有一定寿命,生长到一定时期就会脱落,为新毛所代替,这个过程称为换毛。当毛生长到一定时期时,毛乳头的血管萎缩,血流停止,毛球的细胞停止生长,并逐渐退化和萎缩,最后与毛乳头分离,毛根逐渐脱离毛囊,向皮肤表面移动。毛乳头周围的上皮又增殖形成新毛,最后旧毛被新毛推出而脱落。

持续性换毛:换毛不受季节和时间的限制,如马的鬃毛和尾毛、猪鬃、绵羊的细毛。

季节性换毛:每年春、秋两季各进行一次换毛,如驼毛、兔毛。

混合性换毛:大部分动物既有持续性换毛,又有季节性换毛,因而是一种混合性换毛。

二、蹄

蹄是牛、羊、猪、马等有蹄类动物指(趾)端着地的部分,由皮肤衍变而成。其结构与皮肤相似,也有表皮、真皮和少量的皮下组织。表皮因角化而构成蹄匣,无血管和神经;真皮含有丰富的血管和神经,呈鲜红色,感觉灵敏,通常称为肉蹄。

(一)牛(羊)蹄的结构

牛、羊为偶蹄动物,每个指(趾)端有 4 个蹄,直接与地面接触的 2 个称为主蹄,不与地面接触的 2 个称为悬蹄。主蹄位于 3、4 指(趾)的远端,两蹄的空隙称为蹄间隙。蹄由蹄匣和肉蹄 2 部分组成(图 3-2)。

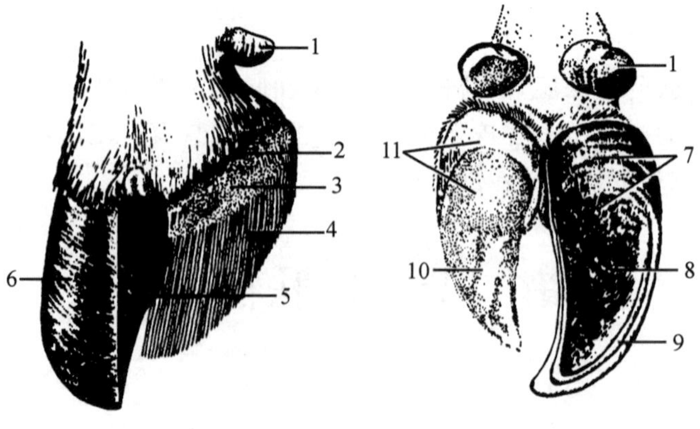

1. 悬蹄 2. 肉缘 3. 肉冠 4. 肉壁 5. 蹄壁角质的轴面 6. 蹄壁角质的远轴面
7. 蹄球 8. 蹄底 9. 白线 10. 肉底 11. 肉球

图 3-2 牛蹄(左图为蹄背面,右图为蹄底面)

(引自陈功义,2010)

1.蹄匣

蹄匣由表皮衍生而成，高度角质化，分为角质壁、角质底和角质球3部分。

(1)角质壁　角质壁分为轴面和远轴面。轴面凹，仅后部与对侧主蹄相接；远轴面凸，前端向轴面弯曲并与轴面一起形成角质壁，表面有数条与冠状缘平行的角质轮，其内面有很多较窄的角小叶。角质壁近端有一条颜色稍淡的环状带，称为蹄冠。蹄冠与皮肤连接部分形成一条柔软的窄带，称为蹄缘，蹄缘柔软而有弹性，可减少蹄匣对皮肤的压力。

角质壁由外、中、内3层结构组成。外层又称釉层，它由角化的扁平细胞构成，幼年明显，成年时常脱落。中层或冠状层是最厚的一层，主要由平行排列的角质小管构成。内层或小叶层主要由许多平行排列的角小叶构成，小叶较柔软，并与肉蹄的肉小叶嵌合。

(2)角质底　角质底是蹄与地面相对而平坦的部分，内有许多小孔，容纳肉蹄的乳头。蹄白线位于蹄底缘，由蹄壁角小叶层向蹄底伸延而成，是装蹄铁时下钉的标志。

(3)角质球　角质球呈半球形隆起，位于蹄底的后方，角质层较薄，富有弹性。

2.肉蹄

肉蹄位于蹄匣的内面，由真皮及皮下组织构成，富有血管和神经，呈鲜红色，分为肉壁、肉底和肉球3部分。

(1)肉壁　肉壁与蹄骨的骨膜紧密结合，分肉缘、肉冠和肉叶3部分。

①肉缘：由致密结缔组织与骨膜相接，表面有细而短的乳头，插入角质缘的小孔中，以滋养蹄缘。

②肉冠：肉冠是肉蹄较厚的部分，皮下组织发达，表面有较长的乳头插入蹄冠沟的小孔中，以滋养角质壁。

③肉叶：表面有平行排列的肉小叶嵌入角质小叶中。肉叶无皮下组织，与骨膜紧密相连。

(2)肉底　与角质底相对应，乳头小，插入角质底的小孔中。肉底也无皮下组织，与骨膜紧密相连。

(3)肉球　皮下组织发达，含有丰富的弹性纤维，构成指(趾)端的弹力结构。

(二)猪蹄的特征

猪为偶蹄动物，有2个主蹄和2个悬蹄，结构与牛蹄相似。蹄内有完整的指(趾)节骨(图3-3)。

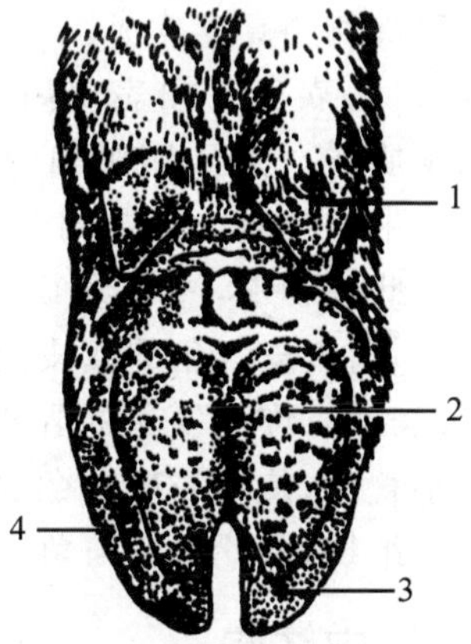

1.悬蹄　2.蹄球　3.蹄底　4.蹄壁

图3-3　猪蹄的底面

(三)马蹄的特征

(1)蹄匣　蹄匣是蹄的角质层，由蹄壁、蹄底和蹄叉组成。蹄壁构成蹄匣的背侧壁和两侧壁，结构与牛相似；蹄底为着地略凹陷的部分；蹄叉呈楔形，位于蹄底的后方，角质层较厚，富有弹性(图3-4)。

(2)肉蹄　由真皮组成，形态与蹄匣相似，含有丰富的血管和神经。

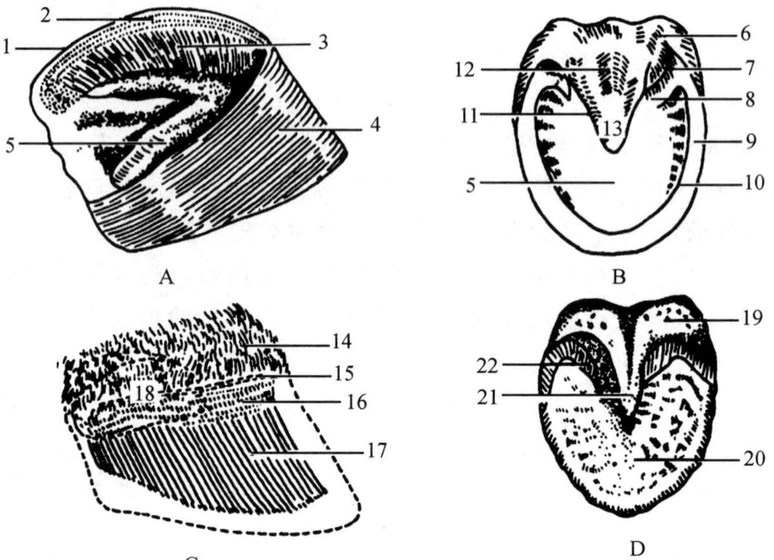

A. 蹄匣　B. 蹄匣底面　C. 肉蹄　D. 肉蹄底面

1. 蹄缘　2. 蹄冠沟　3. 蹄壁小叶层　4. 蹄壁　5. 蹄底　6. 蹄球　7. 蹄踵角　8. 蹄支　9. 底缘　10. 白线　11. 蹄叉侧沟　12. 蹄叉中沟　13. 蹄叉　14. 皮肤　15. 肉缘　16. 肉冠　17. 肉壁　18. 蹄软骨　19. 肉球　20. 肉底　21. 肉叉　22. 肉支

图 3-4　马蹄

三、角

角是反刍动物额骨角突表面覆盖的皮肤衍生物，分为角基、角体、角尖 3 部分(图 3-5)，由角表皮和角真皮构成。

(1)角表皮　角表皮高度角质化，形成坚硬的角质鞘。角质鞘由角质小管和管间角质构成。牛的角质小管排列非常紧密，角真皮乳头伸入此小管中，管间角质很少，羊角则相反。

(2)角真皮　角的真皮直接与角突骨膜相连，其表面有许多发达的乳头。这些乳头伸入角质小管中，使角质鞘和角真皮紧密结合。角无皮下组织，因此角鞘与角突结合牢固。

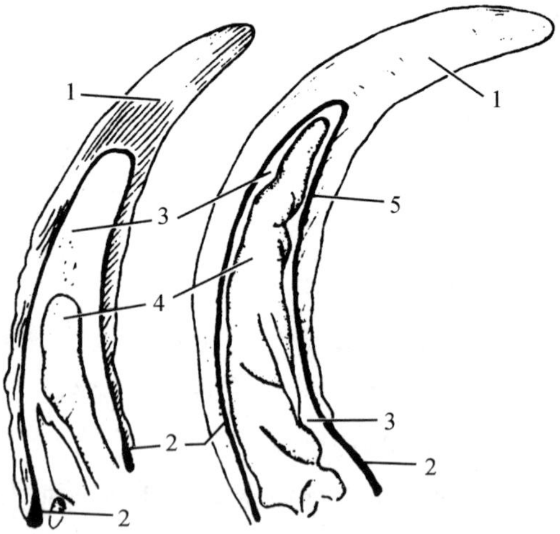

1. 角尖　2. 角根　3. 额骨角突　4. 角腔　5. 角真皮

图 3-5　牛角纵切面

(引自肖传斌，2001)

四、皮肤腺

皮肤腺包括汗腺、皮脂腺和乳腺。

(一)汗腺

汗腺位于真皮和皮下组织内，排泄管一般开口于毛囊，无毛区直接开口于皮肤表面。牛的汗腺以面部和颈部最为显著，其他部位则不发达。猪的汗腺也比较发达，但以蹄间分布为最密。绵羊和马的汗腺最发达，几乎分布于全身皮肤。

（二）皮脂腺

动物除指枕、乳头、鼻唇镜的皮肤没有皮脂腺外，全身均有皮脂腺分布。马的皮脂腺最发达，牛、羊次之，猪的皮脂腺不发达。皮脂腺分泌物有润滑皮肤和被毛的作用，保持皮肤的柔韧，防止干燥。绵羊的皮脂与汗液混合形成脂汗，可影响羊毛的弹性及坚固性。

（三）乳腺

乳腺为哺乳动物所特有的皮肤腺。

1. 牛的乳房

（1）形态位置　牛的乳房有各种不同的形态，但都由 4 个乳腺结合成一个整体，位于两股之间的耻骨区的腹下壁，可分为紧贴于腹壁的基部、中间的体部和游离的乳头部 3 部分，牛乳房由 1 条较明显的纵沟和不明显的横沟将乳房分为 4 个乳丘，每个乳丘上有 1 个乳头。

（2）组织构造　乳房由皮肤、筋膜和实质构成。乳房的皮肤薄而柔软，在乳房的后部与阴门裂之间，有 1 条明显的带有线状毛流的皮肤褶，称为乳镜。乳镜是泌乳能力大小的标志，乳镜越宽，产乳量越高。皮肤深层为浅筋膜和深筋膜，深筋膜位于浅筋膜的深层，形成乳房悬韧带，将乳房悬吊在腹壁的下面，深筋膜的结缔组织伸入实质将乳腺实质分为许多腺小叶。乳腺的实质由分泌部和导管部组成，分泌部包括腺泡和分泌小管。导管部由许多小的输乳管汇合成较大的输乳管，较大的输乳管汇合成乳道，开口于乳头上方的乳池，最后经乳头管开口于外界。每 1 个乳丘具有 1 个树状的实质系统，牛乳房有 4 个这样的系统，互相间不相通。每个乳头只有 1 个乳头管的开口（图 3-6）。

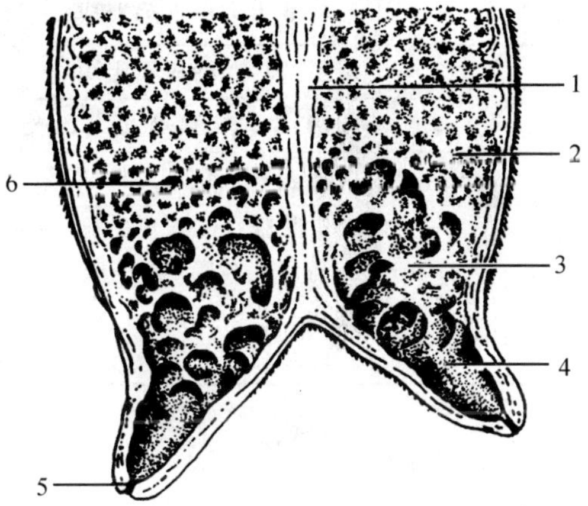

1. 乳房中隔　2. 腺小叶　3. 乳池腺部
4. 乳池乳头部　5. 乳头管　6. 乳道

图 3-6　牛乳房的构造（纵切面）

2. 羊的乳房

羊的乳房有 2 个乳丘，呈圆锥形，有 1 对圆锥形乳头，乳头基部有较大的乳池，每个乳头上有 1 个乳头管的开口。

3. 猪的乳房

猪的乳房位于胸部和腹正中部的两侧，乳房的数目依品种而异，一般 5～8 对，每个乳头上有 2～3 个乳头管。

4. 马的乳房

马的乳房呈扁圆形，位于两股之间，被纵沟分成左、右 2 部分，有 1 对左、右扁平的乳头。乳头乳池小，并被隔成前后 2 部分，每个乳头上有 2 个乳头管的开口。

【本章要点速查】

表 3-1 被皮系统要点速查表

被皮系统			学习要点归纳
皮肤	表皮	结构	复层扁平上皮,表层细胞角化成角质层
		特点	无血管和淋巴管,具丰富的神经末梢
	真皮	结构	最厚,致密结缔组织,内有毛囊、竖毛肌、汗腺、皮脂腺以及丰富的血管、淋巴管和神经
		特点	富有韧性及弹性
	皮下组织	结构	疏松结缔组织,含大量脂肪;在身体有些部位还以皱褶、黏液囊形式存在
		特点	具有保温、贮能、缓冲机械压力作用
皮肤的衍生物	毛	毛流	毛在畜体表面呈一定方向排列形成毛流
		结构	1. 分为毛干(露于皮肤外)和毛根(长于真皮、毛囊内)。 2. 毛球(毛根末端膨大部)是毛生长点,毛乳头(毛球底部凹陷部)富血管和神经,供营养使毛生长。 3. 毛囊为表皮下陷形成,一侧有竖毛肌
	蹄	结构	蹄匣、肉蹄、蹄皮下组织
		分类	偶蹄:牛、羊、猪等,第 3、4 指(趾)端发达;单蹄:马,只有发达的第 3 指着地
	角		由角表皮及角真皮构成;角质鞘,有环状角轮
	皮肤腺		1. 皮肤腺:汗腺、皮脂腺、乳腺及特殊皮肤腺(如肛门腺、包皮腺、鼻唇镜腺等)。 2. 马汗腺发达;牛汗腺以面部最为显著;猪汗腺以蹄间分布为最密;犬和猫汗腺不发达。 3. 绵羊和马皮脂腺发达。皮脂腺可分泌皮脂润泽皮毛

【练一练 测一测】

一、名词解释

1. 皮肤衍生物 2. 蹄白线 3. 换毛 4. 乳镜 5. 毛的生长点

二、选择题

1. 表皮生发层的组成为(　　)。

A. 单层立方上皮　　B. 单层矮柱状或立方形细胞

C. 数层立方形细胞　　D. 数层形态不同的细胞

2. 被皮中无血管分布的结构是(　　)。

A. 表皮　　B. 真皮　　C. 蹄匣　　D. 肉蹄

3. 大量出汗时,可导致(　　)。

A. 排尿量减少　　B. 机体水分丢失减少

C. 机体水分丢失增多　　D. 无机盐丢失增多

4. 下列部位没有皮脂腺的是(　　)。

A. 鼻唇镜　　B. 颈部皮肤　　C. 乳腺　　D. 尾部皮肤

5. 汗腺最发达的动物是(　　)。

A. 马　　B. 猪　　C. 牛　　D. 羊

三、填空题

1. 皮肤的组织结构可分为________、________和________ 3 层。

2. 表皮位于皮肤最表层，由角化的复层扁平上皮构成，表皮内无________和________，但有丰富的________。

3. 表皮可分为________、________、________和________ 4 层。

4. 角可分为角基、角体、角尖 3 部分，组织结构由________和________构成。

5. 皮内注射是将药物注射到______，皮下注射是将药物注射到________。

6. 牛蹄由________和________ 2 部分组成。

7. 皮肤腺包括________、________和________。

8. 肉蹄位于蹄匣的内面，由________及________构成，富有________和________，呈鲜红色。

9. 蹄组织中，蹄匣是由皮肤的________衍生而来，肉蹄是由皮肤的________衍生而来。

四、简答题

1. 简述皮肤的分层及结构。

2. 简述毛的结构。

3. 简述牛、羊蹄的基本结构。

4. 简述牛乳房的组织结构。

参考答案

【实验实训】

一、皮肤的组织构造观察

目的与要求　认识皮肤的组织构造。

材料与用品　皮肤切片、显微镜。

方法和步骤

1. 低倍镜观察

分辨出表皮、真皮和皮下组织的一般构造。

2. 高倍镜观察

(1)表皮　复层扁平上皮组织构成。

(2)真皮　观察致密结缔组织，毛囊、毛囊内的毛根、毛球等结构，皮脂腺及汗腺。

(3)皮下组织　观察疏松结缔组织、血管、脂肪细胞。

作业

绘制皮肤组织结构图，并标示各部分名称。

二、蹄构造观察

目的与要求　通过实验，使学生认识蹄的形态及一般构造。

材料与用品　马、牛蹄标本。

方法和步骤

1. 马蹄(单蹄)观察

(1)蹄匣　找到蹄缘、蹄冠、蹄壁、蹄底及蹄叉等结构并进行观察。

(2)肉蹄　找到与角质蹄相应的肉缘、肉冠、肉壁、肉底和肉叉。

(3)蹄白线　在蹄底,角小叶与蹄壁冠状层内层交织有一条白色线条,为马装蹄铁时的标志。

2. 牛蹄(偶蹄)观察

牛蹄为偶蹄,每肢的指(趾)端有 2 个主蹄和 2 个悬蹄。主蹄位于第 3 指(趾)和第 4 指(趾)端,分为蹄匣和肉蹄。

作业

在动物蹄构造图上标示各部分名称。

第四章 消化系统

【知识目标】

- 掌握反刍动物及单胃动物消化系统的组成。
- 掌握消化器官的位置、形态和构造。
- 掌握肝、胃、小肠的组织学结构。
- 了解体腔与浆膜腔的构成。

【技能目标】

- 能在活体上识别各消化器官的体表投影。
- 能在显微镜下识别肝、小肠的组织学结构。
- 识别动物体表部位、方位及解剖剖面。
- 能在活体上进行腹腔的分区,在标本上识别体腔的构成。

【思政目标】

- 培养学生养成良好生活、饮食、杜绝浪费的习惯,弘扬人文情怀,服务“健康中国”的大爱理念。

第一节 内脏概论

一、内脏概念

广义上的内脏指机体内部的器官,狭义上的内脏是指大部分位于体壁腔(胸腔、腹腔、骨盆腔)内的器官,一般包括消化、呼吸、泌尿和生殖 4 个系统,它们的共同特征是每个器官都直接或间接地以一端或两端与外界环境相通,主要功能是保证动物体新陈代谢及种族延续。如消化系统经消化和吸收作用,摄取营养物质,为机体的新陈代谢提供物质基础,最后以粪便的形式排出代谢废物。呼吸系统经鼻孔与外界相通,机体新陈代谢所需氧气从呼吸器官经血管输送到全身各部，代谢废气二氧化碳经血液循环至呼吸系统排出。泌尿系统通过尿道外口与外界相通，将机体代谢的大部分溶于水中的废物排出体外。生殖系统经尿道外口（雄性）或阴门（雌性）通外界，主要起繁殖作用，繁衍种族。

二、内脏器官结构特点

根据内脏器官的基本结构，可将其分为中空性器官和实质性器官 2 类。

（一）中空性器官

内脏器官中，消化道、呼吸道、泌尿和生殖道各器官属中空性器官，其结构特点是器官中央都有管腔，管壁结构一般由内向外分为黏膜层、黏膜下层、肌肉层、外膜层（或浆膜，若有单层扁平上皮贴于其上称为浆膜）。见图 1-24 和表 4-1。

表 4-1　中空性器官的一般组织学构造

中空性器官	黏膜层	上皮：由不同上皮组织构成；胃、肠为单层柱状上皮；呼吸道为假复层柱状纤毛上皮；口腔、食管、肛门、阴门为复层扁平上皮；膀胱、尿道、输尿管为变移上皮。		内
		固有膜：由结缔组织构成，有些器官还有淋巴组织或腺体。		↓
		黏膜肌层：薄层平滑肌。		↓
	黏膜下层：由疏松结缔组织构成，内有较大血管、淋巴管及神经丛，有些器官此层有腺体，如十二指肠腺。			↓
	肌肉层（一般地）	内环行肌层	两层间有结缔组织和神经丛；口腔、咽、食管和肛门管壁为横纹肌，其余各段均为平滑肌。	↓
		外纵行肌层		↓
	外膜（浆膜）层：由薄层疏松结缔组织构成，在胃、肠等器官外膜表面被覆单层扁平上皮，故称浆膜。其表面光滑湿润，有减少脏器间摩擦的作用。			外

（二）实质性器官

实质性器官没有明显的空腔，借导管与有腔器官相连。实质性器官的血管、神经、淋巴管及其导管等出入处的凹陷称之为门，如肝门、肺门、肾门等。实质性器官结构如表 4-2 所示。

表 4-2　实质性器官组织学构造

实质性器官	被膜：结缔组织，伸入实质内部，分隔实质为许多小叶。	
	实质：一般由小叶构成，叶内结构一般为	细胞群（如肝细胞索）
		单层上皮结构（如肺泡和曲精小管）
		单层上皮结构和细胞群（如胰腺外分泌部腺胞与胰岛）
	间质：被膜伸入而形成的叶间结缔组织，如肝的叶间结缔组织与汇管区。	

三、体腔与浆膜腔

（一）体腔

体腔是为容纳大部分内脏器官的腔隙，分为胸腔、腹腔和骨盆腔。前部为胸腔，中间为腹腔，腹腔延续为骨盆腔。胸腔壁为胸廓，由骨骼、肌肉和皮肤围成，呈截顶的圆锥形，顶向前，称为胸前口，由第 1 胸椎、第 1 对肋和胸骨柄组成；锥底向后，称为胸后口，由最后胸椎、肋弓和胸骨的剑状软骨组成，膈将其与腹腔分隔开。胸腔内有心、肺、食管和血管等结构；腹腔和胸腔间以膈为界，由部分胸壁和软腹壁共同围成。腹腔内有胃、肠、肝、胰、肾、输尿管、卵巢、输卵管和子宫的前部等器官。骨盆腔容积最小，前口为腹腔的延续，由荐骨岬、髂骨和耻骨的前缘围成，后口由尾椎、髂骨、荐坐韧带、坐骨弓等结构围成。内有直肠、输尿管和膀胱，雄性有输精管、尿生殖道骨盆部和副性腺，雌性有子宫后部和阴道。其中，腹腔由于容积大，腔内容纳脏器多，为便于确切叙述腹腔各脏器的位置，一般用两个假想横切面将腹腔分为腹前、腹中和腹后 3 部分。如图 4-1 所示，通过最后肋骨后缘的最突出点和髋结节前缘各做一个横断面，将腹腔划分为腹前部、腹中部和腹后部 3 部分。

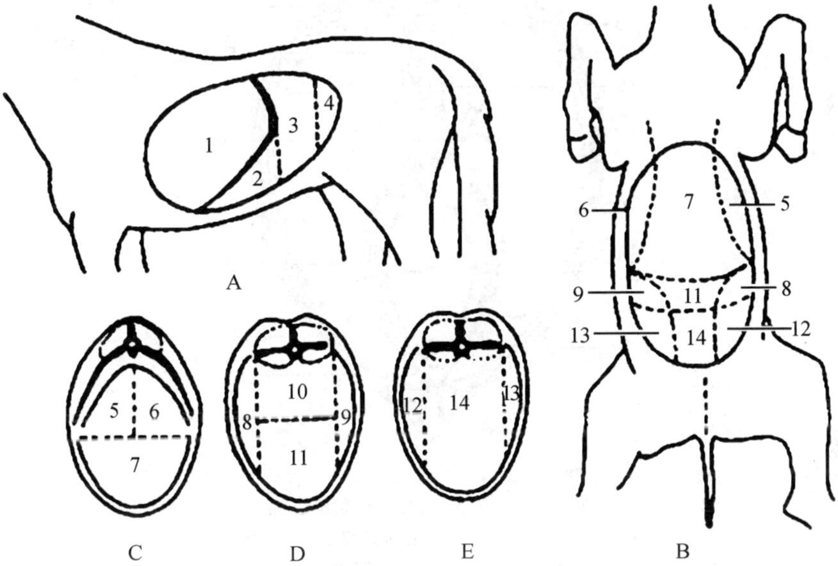

A. 侧面观　B. 腹面观　C. 腹前部横切面　D. 腹中部横切面　E. 腹后部横切面

1. 季肋部　2、7. 剑状软骨部　3. 腹中部　4. 腹后部　5. 左季肋部　6. 右季肋部　8. 左髂部　9. 右髂部　10. 腰部　11. 脐部　12. 左腹股沟部　13. 右腹股沟部　14. 耻骨部

图 4-1　腹腔分区

(1)腹前部　以肋弓为界，背侧部称为季肋部，腹侧部称为剑状软骨部；背侧部又以正中矢面为界分为左、右季肋部。

(2)腹中部　沿腰椎横突两侧顶点各做一个侧矢面，将腹中部分为左、右髂部和中间部；中间部可分为背侧的腰部和腹侧的脐部。

(3)腹后部　把腹中部的两个侧矢面平行后移，使腹后部分为左、右腹股沟部和中间的耻骨部。

(二)浆膜腔

浆膜是衬于体腔内面的双层薄膜，由间皮组织构成，光滑而透明；贴于体腔内壁者称为浆膜壁层；折转包裹于脏器表面者称为浆膜脏层；两层之间的腔隙为浆膜腔，腔内有少量浆液，有减少脏器间运动时摩擦力的作用。浆膜腔分为胸膜腔和腹膜腔，胸腔内的浆膜腔称为胸膜腔，腹腔和骨盆腔内的浆膜腔称为腹膜腔。

1. 胸膜及胸膜腔

胸腔内的浆膜称为胸膜，盖于肺表面的部分称为胸膜脏层，壁层衬贴于胸腔壁，且据衬贴部位又分为胸壁内面的肋胸膜、胸腔面的膈胸膜和纵隔胸膜；胸膜壁层和脏层在肺根处互相移行共同围成左右 2 个胸膜腔(图 4-2)。

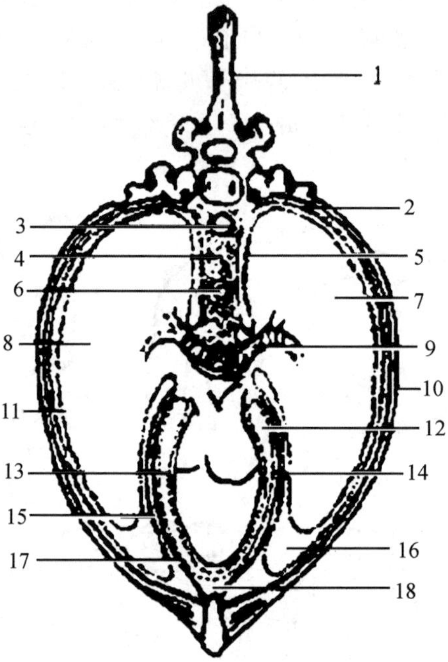

1. 胸椎　2. 肋胸膜　3. 主动脉　4. 纵隔　5. 纵隔胸膜　6. 食管　7. 左肺　8. 右肺　9. 气管
10. 肋骨　11. 肺胸膜　12. 心包腔　13. 心包浆膜脏层　14. 心包浆膜壁层
15. 心包胸膜　16. 胸膜腔　17. 心包纤维层　18. 胸骨心包韧带

图 4-2　胸腔横断面(示胸膜、胸膜腔)

2. 纵隔

纵隔位于左、右胸膜腔之间，两侧面为纵隔胸膜，内含有心脏、食管、气管、大血管和神经、胸导管和淋巴结等。

3. 腹膜和腹膜腔

贴在腹腔和骨盆腔壁内表面的部分称为腹膜壁层；壁层从腔壁折转而覆盖于内脏器官外表面的称为腹膜脏层，壁层与脏层之间的腔隙称为腹膜腔。腹膜形成不同的腹膜褶，大多数为双层腹膜构成，内含结缔组织、脂肪、淋巴结及分布于脏器的血管、淋巴管和神经等。如表 4-3 和图 4-3 所示。

表 4-3　腹膜褶类型及分布

名称	构成	特点	示例
系膜	连于腹腔顶壁和肠管间	宽厚	空肠系膜
网膜	连于胃与其他脏器间	宽薄	大网膜、小网膜
韧带	连于腹腔、骨盆腔壁与脏器，或脏器与脏器间	短窄	回盲韧带、子宫阔韧带

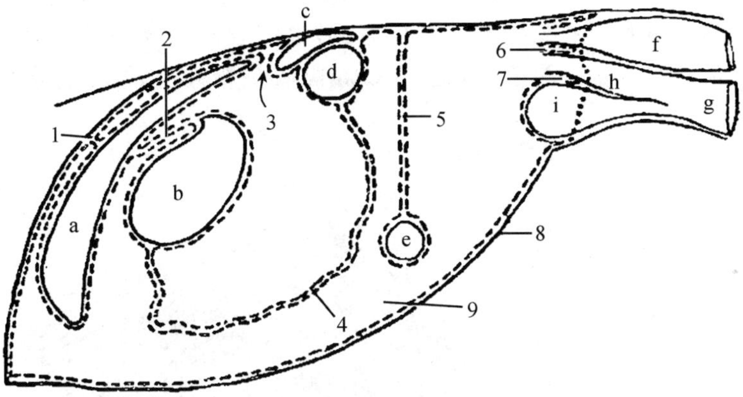

a. 肝　b. 胃　c. 胰　d. 结肠　e. 小肠　f. 直肠　g. 阴门　h. 阴道　i. 膀胱
1. 冠状韧带　2. 小网膜　3. 网膜囊孔　4. 大网膜　5. 肠系膜　6. 直肠生殖陷凹
7. 膀胱生殖陷凹　8. 腹膜壁层　9. 腹膜腔

图 4-3　腹腔和腹膜腔模式图

（引自陈功义，2010）

第二节　消化系统

消化系统（图 4-4）由消化管和消化腺组成。消化管包括口腔、咽、食管、胃、小肠（十二指肠、空肠 和回肠）、大肠（盲肠、结肠和直肠）、肛门。消化腺主要由唾液腺、肝、胰等组成。

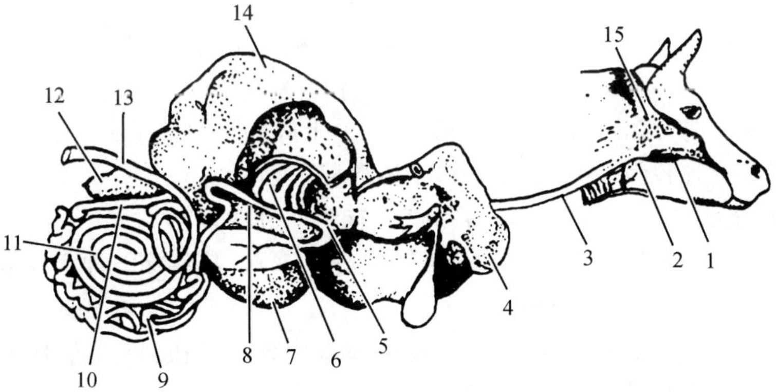

1. 口腔　2. 咽　3. 食管　4. 肝　5. 网胃　6. 瓣胃　7. 皱胃　8. 十二指肠　9. 空肠
10. 回肠　11. 结肠　12. 盲肠　13. 直肠　14. 瘤胃　15. 腮腺

图 4-4　牛消化系统模式图

（引自陈功义，2010）

一、口腔

口腔是消化系统的起始部，由唇、颊、硬腭、软腭、口腔底、舌、齿、齿龈及唾液腺组成（图 4-5）。

具有采食、咀嚼、辨味、吞咽和分泌等功能。其前壁为唇,两侧壁为颊,顶壁为硬腭,底壁为口腔底和舌,后壁为软腭。口腔前有口裂与外界相通,后以咽峡与咽腔相通。唇、颊和齿弓之间的腔隙为口腔前庭,齿弓以内部分为固有口腔。口腔黏膜呈粉红色,常有色素沉着,黏膜上皮为复层扁平上皮。

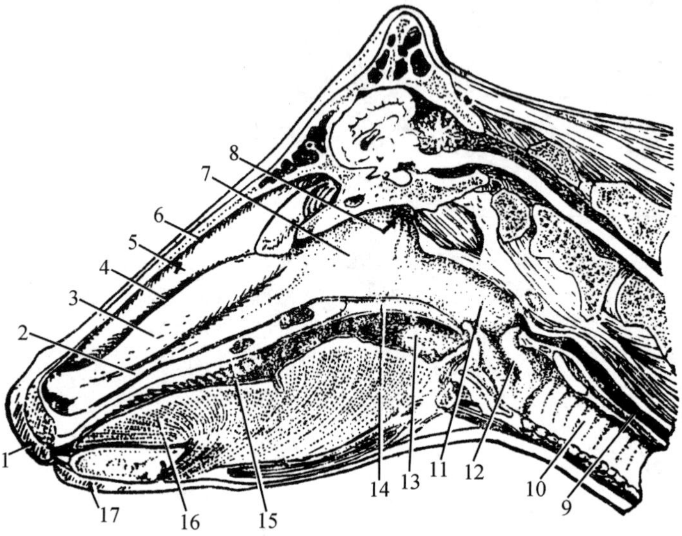

1.上唇 2.下鼻道 3.下鼻甲 4.中鼻道 5.上鼻甲 6.上鼻道 7.鼻咽部
8.咽鼓管咽口 9.食管 10.气管 11.喉咽部 12.喉 13.口咽部
14.软腭 15.硬腭 16.舌 17.下唇

图 4-5 牛头纵剖面

(引自陈功义,2010)

(一)唇

唇构成口腔最前壁,其游离缘共同围成口裂,分上唇和下唇 2 部分。上唇和下唇汇合处称为口角。唇黏膜深层有唇腺,腺管直接开口于唇黏膜表面。

(1)牛唇 较坚实、宽厚、不灵活。唇黏膜上有角质乳头,口角处较长,尖端向后。上唇中部和两鼻孔之间的无毛区称为鼻唇镜。鼻唇镜内有鼻唇腺,常分泌一种水样液体,使鼻唇镜保持湿润状态,常作为牛是否健康的标志。

(2)羊唇 薄而灵活,上唇中部有一条浅缝,唇表面密生被毛,并掺杂有长的触毛。左、右两鼻孔之间形成无毛的鼻镜。

(3)猪唇 运动不灵活,唇腺少而小。上唇宽厚,与鼻端一起形成吻突,下唇小而尖。口裂很大,口角与 3～4 前臼齿相对。

(4)马唇 运动灵活,是采食的主要器官。唇的皮肤上密生被毛,并掺杂有粗长的触毛。唇的黏膜内常分布有腺体,表面可见黑色素沉着。

(二)颊

颊构成口腔的侧壁,内衬黏膜,外被皮肤。在颊黏膜上有颊腺和腮腺管的开口。牛的颊黏膜上,有许多尖端向后的圆锥状乳头,而猪、马的颊黏膜较平滑。

(三)硬腭和软腭

(1)硬腭　构成固有口腔的顶壁。硬腭黏膜厚而坚实,上皮高度角质化。硬腭向后延续为软腭。硬腭的正中矢面上有一条纵行的腭缝,腭缝的两侧各有一些横行的腭褶,腭褶上有角质化的锯齿状乳头,有利于食物的磨碎。

(2)软腭　构成口腔的后壁,表面被覆复层扁平上皮,背侧面与鼻腔黏膜相连。马的软腭较发达,平均长约 15 cm,向后下方延伸,其游离缘围绕于会厌基部,将口咽部与鼻咽部隔开,故马不能用口呼吸,病理情况下逆呕时逆呕物从鼻腔流出。

(四)口腔底和舌

(1)口腔底　大部分被舌占据,前部以下颌骨切齿部为基础,表面被覆有黏膜。口腔底前部舌尖下面有一对突出物称为舌下肉阜,为颌下腺管的开口处。

(2)舌(图 4-6 至图 4-8)　舌主要由舌肌构成,附着在舌骨上,表面被覆有黏膜,占据固有口腔的大部分。分舌尖、舌体和舌根 3 部分。在舌尖与舌体交界处的腹侧,有黏膜褶与口腔底相连,称为舌系带(牛、猪 2 条,马 1 条)。舌系带两侧有舌下肉阜(猪无),是颌下腺的开口处,中兽医称之为"卧蚕",具有重要的临床诊断意义。在舌根背侧的固有膜内有由大量淋巴组织构成的舌扁桃体;牛舌体的背后部有一椭圆形隆起称为舌圆枕。黏膜上分布有舌乳头及感觉味道的味蕾。

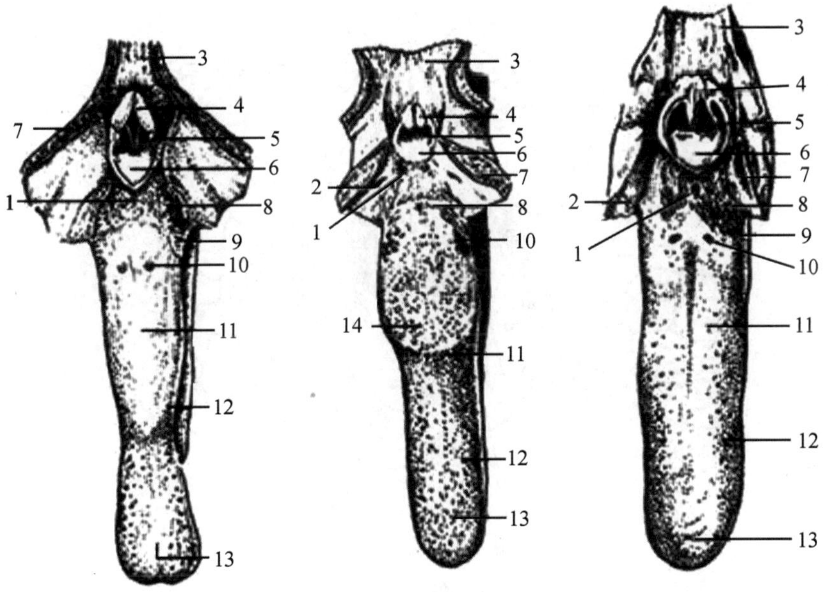

A. 马舌　B. 牛舌　C. 猪舌

1. 舌扁桃体　2. 腭扁桃体及窦(牛)　3. 食管　4. 勺状软骨　5. 喉口　6. 会厌　7. 软腭　8. 舌根　9. 叶状乳头　10. 轮廓乳头　11. 舌体　12. 菌状乳头　13. 舌尖　14. 舌圆枕(牛)

图 4-6　舌

(引自周定刚,2010)

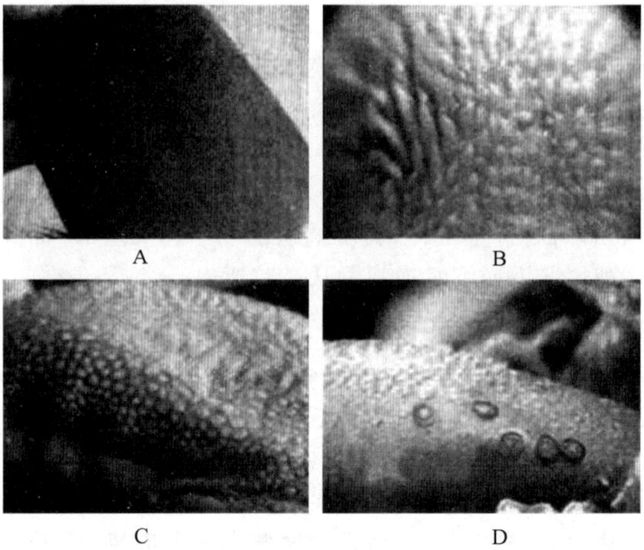

A. 丝状乳头　B. 锥状乳头　C. 菌状乳头　D. 轮廓乳头

图 4-7　舌乳头

（引自周定刚，2010）

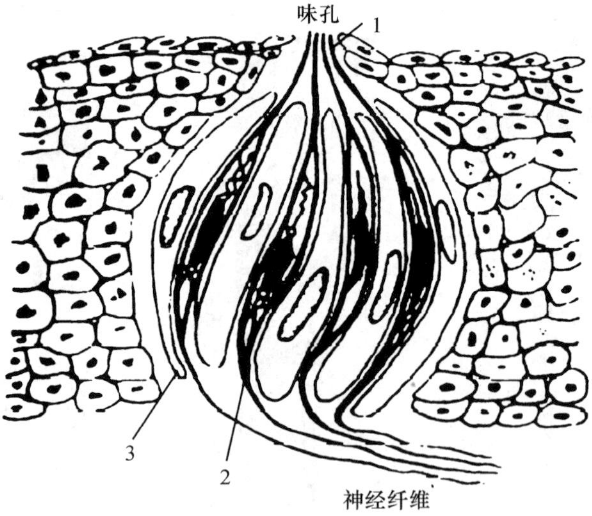

1. 味毛　2. 味觉细胞　3. 支持细胞

图 4-8　味蕾的结构

（引自周定刚，2010）

（五）齿

齿是体内最坚硬的器官，具有采食和咀嚼作用，镶嵌于上、下颌骨的齿槽内，因其排列成弓形，所以又分别称为上齿弓和下齿弓。每一侧的齿弓由前向后顺序排列为切齿、犬齿和臼齿。其中切齿由内向外又依次称为门齿、内中间齿、外中间齿、隅齿。臼齿可分为前臼齿和后臼齿。

1. 齿式

动物齿的排列方式称为齿式。

$$\text{齿式}=2\left(\frac{\text{切齿·犬齿·前臼齿·后臼齿}}{\text{切齿·犬齿·前臼齿·后臼齿}}\right)$$

齿在动物的一生中，一般都是在出生后逐个长出的。除后臼齿外，其余齿到一定年龄时均按一定顺序进行脱换。脱换前的齿称为乳齿，一般个体较小，颜色乳白，磨损较快；脱换后的齿相对较大，坚硬，颜色较白，称为恒齿。在实践中，常根据齿出生和更换的时间次序来估测动物的年龄。动物的齿式如下。

(1)恒齿式

$$\text{牛}:2\left(\frac{0\quad 0\quad 3\quad 3}{4\quad 0\quad 3\quad 3}\right)=32$$

$$\text{猪}:2\left(\frac{3\quad 1\quad 4\quad 3}{3\quad 1\quad 4\quad 3}\right)=44$$

$$\text{马}(♂):2\left(\frac{3\quad 1\quad 3\quad 3}{3\quad 1\quad 3\quad 3}\right)=40$$

$$\text{马}(♀):2\left(\frac{3\quad 0\quad 3\quad 3}{3\quad 0\quad 3\quad 3}\right)=36$$

(2)乳齿式

$$\text{牛}:2\left(\frac{0\quad 0\quad 3\quad 0}{4\quad 0\quad 3\quad 0}\right)=20$$

$$\text{猪}:2\left(\frac{3\quad 1\quad 3\quad 0}{3\quad 1\quad 3\quad 0}\right)=28$$

$$\text{马}:2\left(\frac{3\quad 0\quad 3\quad 0}{3\quad 0\quad 3\quad 0}\right)=24$$

2. 齿龈

齿龈指被覆于齿颈及邻近骨表面的黏膜，与口腔黏膜相延续，无黏膜下层，与齿根部的齿周膜紧密相连，并随齿伸入齿槽内，移行为齿槽骨膜。齿龈内神经分布少而血管多，呈淡红色，有固定齿的作用。

3. 齿的形态结构

齿在外形上可分为齿冠、齿颈和齿根 3 部分，埋于齿槽内的部分称齿根，露于齿龈外的称为齿冠，介于两者之间被齿龈覆盖的部分称为齿颈，上、下齿冠相对的咬合面称为磨面(图 4-9)。

齿壁由齿质、釉质和齿骨质构成(图 4-10)。齿质位于内层，呈淡黄色，是构成齿的主体。在齿冠部齿质的外面包以光滑、坚硬、乳白色的釉质，含钙盐 97%左右，是体内最坚硬的组织。在齿根部齿质的外面则被覆有略带黄色的齿骨质，结构类似骨组织。齿的中心部为齿髓腔，腔内有富含神经、血管的齿髓。齿髓的作用是生长齿质和营养齿组织，发炎时会引起剧烈的疼痛。

齿可分为长冠齿和短冠齿。牛切齿属短冠齿，齿冠呈铲形。齿颈明显，呈圆柱状。齿根圆细，嵌入齿槽内不甚牢固，老年动物齿槽常松动。切齿齿冠磨损后的磨面(咀嚼面)外周一圈为釉质，中央为齿质，当磨损到齿髓腔时齿质会出现黄褐色齿星。齿星是齿髓腔周围的新生齿质，初为圆形，后逐渐变为方形。长冠齿在磨面上有被覆釉质的齿漏斗，又称齿坎或齿窝。臼齿属于长冠齿，齿冠较长，部分埋于齿槽内，随着磨面的磨损而不断生长推出。齿颈不明显。齿根较短，形成较晚。

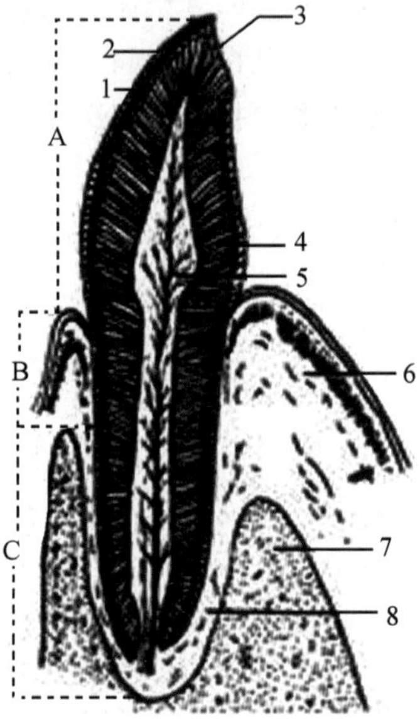

1. 齿骨质　2. 釉质　3. 咀嚼面　4. 齿质
5. 齿髓腔　6. 齿龈　7. 下颌骨　8. 齿周膜
A. 齿冠　B. 齿颈　C. 齿根

图 4-9　牛切齿(短冠齿)的构造

(引自董常生，2001)

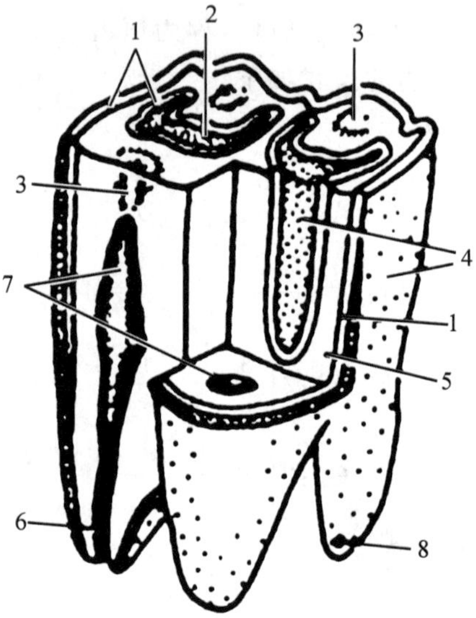

1. 釉质　2. 齿坎　3. 齿星　4. 齿骨质
5. 齿质　6. 齿根管　7. 齿腔　8. 齿根尖孔

图 4-10　牛臼齿(长冠齿)的构造

(引自董常生，2001)

(1)牛齿　无上切齿，代之以坚硬角质化的齿垫。下切齿的齿冠呈铲形，齿根细圆，脱换有一定规律，常作为年龄鉴定的依据。乳切齿一般可保留到 2 岁左右。恒门齿最先出现为 2 岁，2.5 岁时内中间恒齿出现，3 岁时外中间恒齿出现，4 岁左右隅恒齿出现，14 岁后齿冠全部磨损。

(2)猪齿　除犬齿为长冠齿外，其余均为短冠齿。切齿为单形齿，上切齿较小，方向近垂直，排列较疏。下切齿较大，方向近水平，排列紧密。犬齿很发达。

(3)马齿　齿冠长且深入齿槽内，磨面上有一漏斗状齿窝。窝内填充食物残渣，腐败变质后呈黑色，因而称为黑窝(又称齿坎)。当齿磨损后，可在磨面上见到内外两圈明显的釉质褶。它们之间为齿质，以后随着年龄的增长，齿冠磨损加大，黑窝逐渐消失，齿质暴露，成为一黄褐色的斑痕，称为齿星。因此常可根据马切齿的出齿、换齿、齿冠磨损情况、齿星出现等判定马的年龄。

(六)唾液腺

唾液腺(图 4-11)是导管开口于口腔，能分泌唾液的腺体。主要有腮腺、颌下腺和舌下腺。

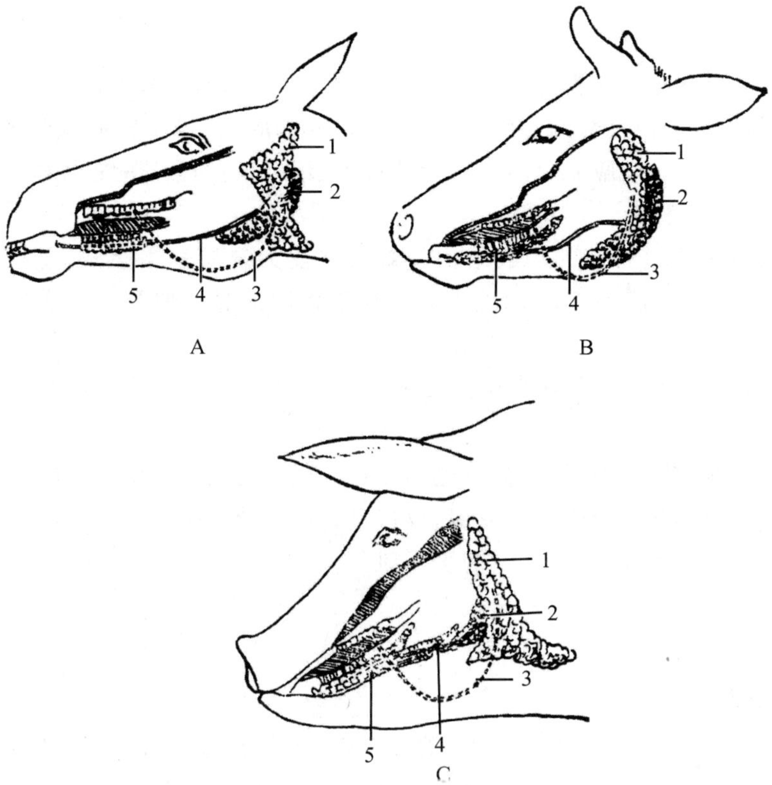

A. 马　B. 牛　C. 猪

1. 腮腺　2. 颌下腺　3. 腮腺管　4. 颌下腺管　5. 舌下腺

图 4-11　唾液腺模式图

（引自肖传斌，2001）

(1)腮腺　位于耳根下方，下颌骨后缘。腮腺管起于腺体前缘，经下颌向前延伸，至下颌骨血管切迹处绕至面部，穿过颊肌在与第 3 上前臼齿相对处，开口于颊黏膜上的唾液乳头。

(2)颌下腺　位于下颌骨内侧，后部被腮腺所覆盖。开口于舌下肉阜。

(3)舌下腺　位于舌体和下颌骨之间的黏膜下，淡黄色。开口于舌下黏膜褶上。

二、咽

咽位于口腔、鼻腔的后方，喉和食管的前上方，是呼吸道和消化管相交叉的部位，可分鼻咽部、口咽部和喉咽部 3 部分。咽有 7 个孔与周围邻近器官相通，鼻咽部前上方经 2 个鼻后孔通鼻腔、前下方经咽峡通口腔、后背侧经食管口通食管、后腹侧经喉口通气管、两侧壁各一耳咽管口通中耳。

咽壁由黏膜、肌层和外膜 3 层构成。黏膜衬于咽腔内面，内含有咽腺和淋巴组织。咽的肌肉为横纹肌，有缩小和开张咽腔的作用，参与吞咽、反刍、逆呕和嗳气等活动。外膜为颊咽筋膜的延续，是包围在咽肌外的一层纤维膜。

三、食管

食管是将食物由咽运送入胃的一条肌质性管道，分为颈、胸和腹 3 段。颈段起始于喉和气管背侧，至颈中部逐渐转向气管的左侧，经胸腔前口入胸腔；胸段又转向气管的背侧并继续向后延伸，经纵隔到达膈肌，经膈肌上的食管裂孔进入腹腔后转为腹段；腹段很短，直接与胃的贲门相连接。

食管管壁具有消化道管壁的一般结构。黏膜上皮为复层扁平上皮。黏膜下层很发达，含有丰富的食管腺，能分泌黏液，润滑食管，有利于食团通过。肌层一般由横纹肌和平滑肌组成。

牛(羊)的肌层比较特殊，食管肌层全由横纹肌构成，较薄，主要分为内环行肌、外纵行肌两层。

猪的食管短而直，其颈段沿气管的背侧向后行，不发生偏转。食管始端、末端较粗，中间段管径较细。食管壁肌层几乎全部为横纹肌，仅接近胃的部分为平滑肌。

马的食管前 4/5 为横纹肌，后 1/5 为平滑肌。

四、胃

(一)胃的形态和位置

胃为消化管的膨大部分，位于腹腔内，前接食管，入口处为贲门，后部以幽门通十二指肠。具有暂时贮存食物、进行初步消化和推送食物进入十二指肠的作用。贲门和幽门处有括约肌，可以控制食物的通过。胃可分为多室胃(牛、羊)和单室胃(猪、马)2 种类型(图 4-12)。多室胃又称为反刍胃，可分为瘤胃、网胃、瓣胃和皱胃 4 个室。前 3 个室合称为前胃，黏膜内无腺体。皱胃又称为真胃，黏膜内有腺体，可以分泌消化液。胃壁的结构分为黏膜、黏膜下层、肌层和浆膜。

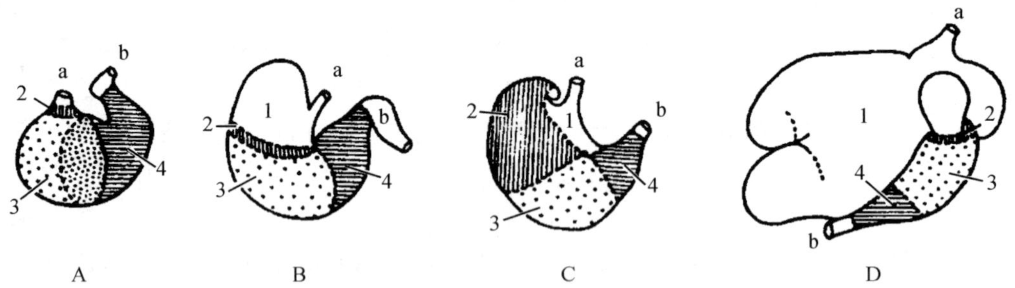

A. 犬　B. 马　C. 猪　D. 反刍动物

a. 食管　b. 十二指肠

1. 无腺部(反刍动物为前胃部)　2. 贲门腺区　3. 胃底腺区　4. 幽门腺区

图 4-12　动物胃的类型及其黏膜分区

1. 牛(羊)的胃

牛(羊)的胃为多室胃，依次为瘤胃、网胃、瓣胃和皱胃(图 4-13)。前 3 个胃没有腺体分布，主要起贮存食物和发酵、分解粗纤维的作用，临床上常称为前胃。皱胃黏膜内分布有消化腺，能分泌胃液，具有化学性消化作用，所以又称为真胃。

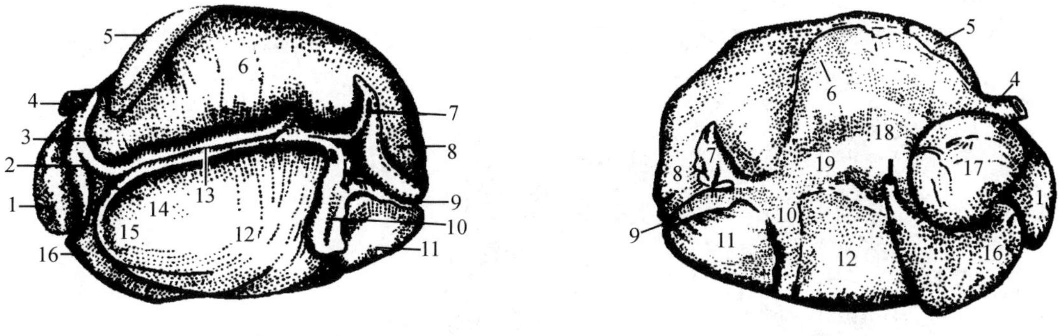

A. 左侧 B. 右侧

1. 网胃 2. 瘤网胃沟 3. 瘤胃房 4. 食管 5. 脾 6. 瘤胃背囊 7. 背侧冠状沟 8. 后背盲囊 9. 后沟 10. 腹侧冠状沟 11. 后腹盲囊 12. 瘤胃腹囊 13. 左纵沟 14. 前沟 15. 瘤胃隐窝 16. 皱胃 17. 瓣胃 18. 十二指肠 19. 右纵沟

图 4-13 牛的胃

（引自董常生，2001）

(1)瘤胃 瘤胃最大，成年牛约占 4 个胃总容积的 80%。呈前后稍长、左右略扁的椭圆形，占据整个腹腔的左半部和右半部的一部分。其前端与第 7～8 肋间(隙)相对，后端达骨盆腔前口。左面与脾、膈肌和腹壁相邻，称为壁面；右面与瓣胃、皱胃、肠、肝、胰等器官相邻，称为脏面。

瘤胃的前、后两端各有一条明显的左、右伸延的沟，分别称为前沟和后沟。两条沟分别沿瘤胃的左、右侧伸延，形成了较浅的左纵沟和右纵沟，它们围成的环状沟，将瘤胃分为背囊和腹囊。较明显的后背冠状沟和后腹冠状沟将背囊和腹囊的后部分为后背盲囊和后腹盲囊。背囊和腹囊的前部只有较浅的前背冠状沟，前背盲囊不明显，其基部称为瘤胃前庭，有贲门与食管相连，向前以瘤网口与网胃相通，瘤网口很大。在与瘤胃各沟相对应的内侧面，有光滑的肉柱。

瘤胃壁的黏膜呈棕黑色或棕黄色，无腺体，表面有密集的长约 1 cm 的瘤胃乳头，内含有丰富的血管。但在肉柱和瘤胃前庭黏膜上无乳头。

(2)网胃 网胃是 4 个胃中最小且位置最靠前的一个胃，占 4 个胃容积的 5%(牛)。网胃呈梨状，是瘤胃背囊向前下方的延续部分，与第 6～8 肋骨相对。网胃与心包之间仅以膈肌相隔，当牛吞食尖锐物体停留在网胃中时，常可穿通胃壁引起创伤性网胃炎，严重时还可穿过膈肌而刺破心包，引发创伤性心包炎。

网胃黏膜呈黑褐色，形成许多高低不等的薄板状皱褶，并连接成多边形小房，呈蜂巢状，故又称为蜂巢胃。在皱褶上密布角质乳头。

(3)食管沟 食管沟由两个隆起的黏膜厚褶组成，沟的两侧缘有黏膜褶，称为唇，两唇之间为沟底(图 4-14)。沟唇起于瘤胃贲门,沿瘤胃前庭和网胃右侧壁伸延到网瓣口,扭转成螺旋状。两唇稍呈交叉状,当幼年动物吸吮乳汁或水时,可通过食管沟两唇闭合后形成的管道,经瓣胃底直达皱胃。犊牛的食管沟发育完全,可合并成管,乳汁可由贲门经食管沟和瓣胃直达皱胃。随着年龄的增大、饲料性质的改变,食管沟闭合的功能逐渐减退。成年牛的食管沟闭合不严。

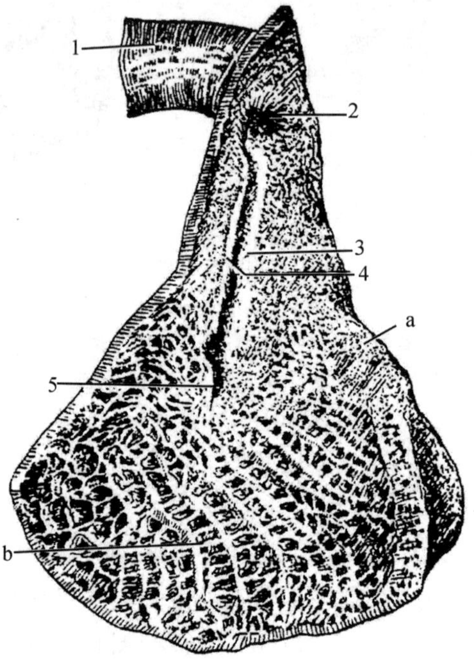

a. 瘤网褶 b. 网胃黏膜

1. 食管 2. 贲门 3. 食管沟右唇 4. 食管沟左唇 5. 网瓣口

图 4-14 牛的食管沟

(引自陈功义,2010)

(4)瓣胃 牛的瓣胃占 4 个胃总容积的 7%～8%,羊则是 4 个胃中最小的。瓣胃呈两侧稍扁的椭圆形,位于右季肋部,与第 7～11(12)肋间隙相对,肩关节水平线通过瓣胃中线。

瓣胃黏膜表面由角质化的复层扁平上皮覆盖,并形成百余片大小、宽窄不同的叶片,叶片分大、中、小和最小 4 级,呈有规律地相间排列,故又称为百叶胃。在瓣胃底壁上有一瓣胃沟,前接网瓣孔与食管沟相连,使网瓣口与瓣皱口相通,一些小颗粒饲料和液体自网胃经瓣胃沟直接进入皱胃。

(5)皱胃 皱胃的容积占 4 个胃总容积的 7%～8%,前部粗大称为胃底部,与瓣胃相连;后部狭窄称为幽门部,与十二指肠相接。整个胃呈长囊状,位于剑状软骨部和右季肋部,与第 8～12 肋骨相对。皱胃后部弯向后上方,小弯朝上与瓣胃相邻,大弯朝下与腹腔底壁相邻。

皱胃黏膜形成 13～14 条平滑而柔软的、纵行的黏膜褶,它们由瓣皱口呈螺旋状向幽门方向延伸。黏膜表面被覆单层柱状上皮，黏膜内有腺体，按其位置和颜色分为贲门腺区（色较淡）、胃底腺区（色深红）和幽门腺区（色黄），可分泌消化液，对食物进行消化。

［附］犊牛胃的特点

初生犊牛因吃奶，皱胃特别发达，瘤胃和网胃相加的容积约等于皱胃的一半（图 4-15）。10～12 周龄时，由于瘤胃逐渐发育，皱胃仅为其容积的一半，此时，瓣胃因无功能，仍然很小。4 个月后，随着消化植物性饲料能力的出现，瘤胃、网胃和瓣胃迅速增大，瘤胃和网胃相加的容积约达瓣胃和皱胃的 4 倍。到 1 岁多时，瓣胃和皱胃的容积几乎相等，4 个胃的容积达到成年的比例。

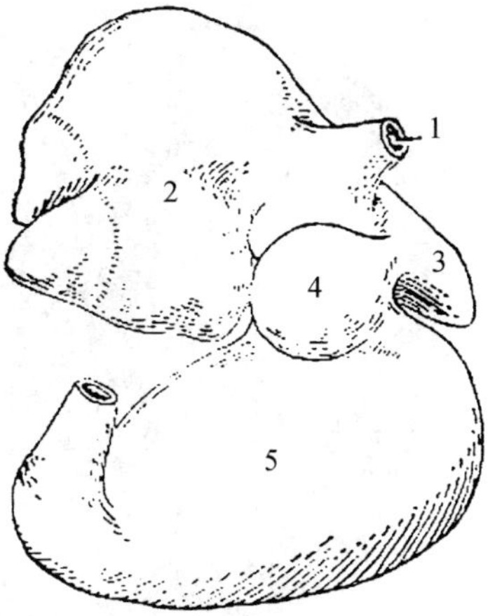

1. 食管　2. 瘤胃　3. 网胃
4. 瓣胃　5. 皱胃

图 4-15　犊牛胃（右侧）

（引自陈功义，2010）

2. 猪的胃

猪胃为单室混合胃，容积 5～7 L，呈弯曲的囊状。横位于腹前部，大部分在左季肋部，小部分在右季肋部。胃的凸缘称为大弯，凹缘称为小弯。胃大弯与左腹壁相贴，相当于第 11～12 肋骨。胃的前面称为膈面，与肝脏、膈肌相邻；后面称为脏面，与大网膜、肠、肠系膜和胰等相接触。猪胃左侧特别发达，并有一明显的隆突，称为胃憩室。在幽门的小弯处，有一纵长的鞍状隆起，称为幽门圆枕，它与对侧的唇形隆起相对，有关闭幽门的作用。

3. 马的胃

马胃为单室混合胃，形态与猪胃相似。大部分位于左季肋部，小部分位于右季肋部。胃盲囊靠近左侧膈肌脚，和第 16～17 肋上部相对。胃左侧圆形向后上方突出部分，称为胃盲囊。

（二）单室胃的组织构造

胃壁由内向外分为黏膜、黏膜下层、肌层和浆膜。

（1）黏膜　黏膜由上皮、固有层和黏膜肌层组成。

根据黏膜内有无腺体而分为有腺部和无腺部 2 大部分（图 4-16、图 4-17）。有腺部黏膜有腺体，相当于多室胃的皱胃，其表面形成许多凹陷，称为胃小凹（窝），是胃腺的开口。无腺部的黏膜上皮为复层扁平上皮，颜色苍白，黏膜无腺体，相当于多室胃的前胃。

根据其位置、颜色和腺体的不同，有腺部又分为贲门腺区、幽门腺区和胃底腺区。其中贲门腺区和幽门腺区主要有黏液细胞分泌碱性黏液，以润滑和保护胃黏膜。胃底腺区最大，位于胃底部，是分泌胃消化液的主要部位，其细胞主要有 4 种。①主细胞：数量较多，可分泌胃蛋白酶原、胃脂肪酶、凝乳酶（幼年动物），参与消化。②壁细胞（盐酸细胞）：数量较少，夹在主细胞之间，分泌盐酸。③颈黏液细胞：一般成群地分布在腺体的颈部，分泌黏液，保护胃黏膜。④亲银细胞：广泛存在于动物的消化道，具有内分泌的功能。

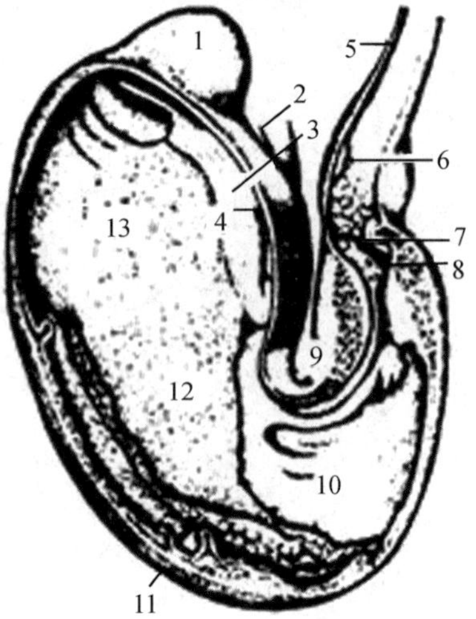

1. 胃憩室 2. 食管 3. 无腺部 4. 贲门 5. 十二指肠
6. 十二指肠憩室 7. 幽门 8. 幽门圆枕
9. 胃小弯 10. 幽门腺区 11. 胃大弯
12. 胃底腺区 13. 贲门腺区

图 4-16 猪胃黏膜

(引自董常生,2001)

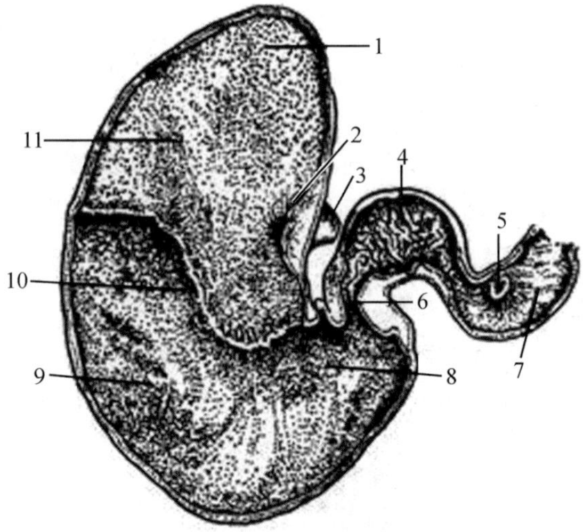

1. 胃盲囊 2. 贲门 3. 食管 4. 十二指肠壶腹
5. 十二指肠憩室 6. 幽门 7. 十二指肠肝门曲
8. 幽门腺区 9. 胃底腺区 10. 褶缘 11. 无腺部

图 4-17 马胃黏膜

(引自董常生,2001)

(2)黏膜下层 胃的黏膜下层很厚,由疏松结缔组织构成,含有较大的血管、淋巴管和神经丛。

(3)肌层 胃的肌层很厚,可分为 3 层。内层为斜行肌,仅分布于无腺部,在贲门部最发达,形成贲门括约肌;中层为环形肌,很发达,在胃的幽门部特别增厚,形成强大的幽门括约肌;外层为不完整的纵行肌,主要分布于胃的大弯和小弯处。

(4)浆膜 浆膜为最外层,光滑而湿润,被覆于胃的表面。

五、肠

(一)肠的形态和位置

肠是细长的管道,前连胃的幽门,后端止于肛门,可分大肠和小肠 2 部分。

小肠可分为十二指肠、空肠和回肠。十二指肠位于右季肋部和腰部,位置较为固定,其弯曲所形成的半个圈或整个圈,称为十二指肠袢,由胃的幽门起,先在腹腔右侧腰下部向后行,在肠系膜前动脉根部转向左侧,再向前行,移行为空肠,有胆(肝)管和胰管通入十二指肠始段。空肠是最长的一段,前连十二指肠,后连回肠,在伸延过程中,形成许多迂曲的肠环,并以肠系膜固定于腹腔顶壁,空肠系膜很长,所以空肠的活动范围大。回肠是小肠的末段,肠管较直,不形成迂曲的肠环。前连空肠,后连盲肠,回肠进入盲肠的入口,称为回盲口。回肠以回盲韧带与盲肠相连。

大肠可分为盲肠、结肠和直肠。草食动物的盲肠特别发达。多数动物盲肠位于腹腔右侧。有的动物的结肠可分为大结肠和小结肠。直肠位于骨盆腔内,前连结肠,后端以肛门与外界相通,在骨盆腔中,其直径增大部,称为直肠壶腹,以直肠系膜连于骨盆腔顶壁。

1. 牛(羊)的肠(图 4-18)

(1)小肠 十二指肠从胃的幽门起始后,向前上方伸延,在肝的脏面形成"乙"状弯曲。然后再向后上方伸延，到髋结节的前方，折转向左前方伸延，形成一弯曲，再向前方伸延，到右肾腹侧，移行为空肠。

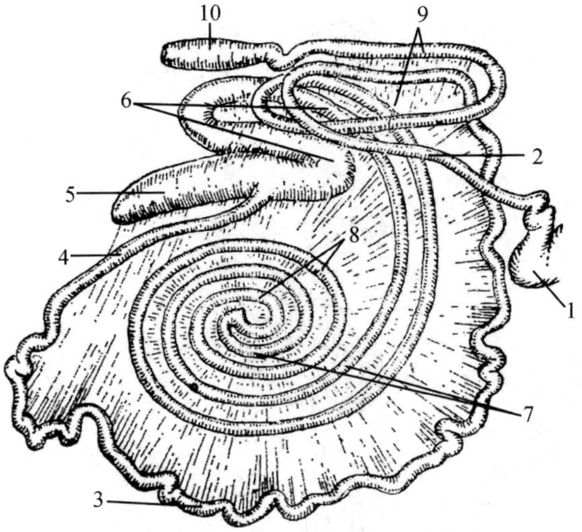

1. 皱胃　2. 十二指肠　3. 空肠　4. 回肠　5. 盲肠　6. 结肠初袢
7. 结肠旋袢向心回　8. 结肠旋袢离心回　9. 结肠终袢　10. 直肠

图 4-18　牛肠袢模式图

（引自陈功义，2010）

空肠位于腹腔右侧，在结肠圆盘周围形成许多迂曲的肠环，借助于空肠系膜悬吊在结肠圆盘周围。

回肠较短，长约 50 cm，从空肠最后卷曲起，直向前上方伸延至盲肠腹侧，开口于盲肠。回盲口位于盲肠与结肠交界处，在回肠进入盲肠的开口处，黏膜形成回盲瓣。

（2）大肠　盲肠管径较大，呈长圆筒状，位于右髂部，起于回盲口，沿右髂部的上部向后伸延，盲端可达骨盆腔入口处，前端移行为结肠，两者之间以回盲口为界。盲肠与结肠相通的口，称为盲结口。

结肠借总肠系膜附着于腹腔顶壁。可分为初袢、旋袢和终袢 3 部分。初袢起自盲结口，整个初袢形成“乙”状弯曲；旋袢位于瘤胃右侧，呈一扁平的圆盘状，分为向心回和离心回。向心回是初袢的延续，以顺时针方向向内旋转约 2 圈（羊约 3 圈）至中心曲。离心回自中心曲起，按相反方向旋转约 2 圈（羊约 3 圈），移行为终袢。

直肠位于骨盆腔内，不形成直肠壶腹。

（3）肛门　位于尾根的下方，一般不向外突出。

2. 猪肠（图 4-19）

（1）小肠　十二指肠较长，起始部形成“乙”状弯曲。胆总管的开口距幽门 2.5 cm 处的十二指肠憩室，而胰管的开口距幽门约 10 cm。

空肠形成许多迂曲的肠环，以较长的空肠系膜与总肠系膜相连。空肠大部分位于腹腔右半部。

回肠较短，开口于盲肠与结肠的交界处。

（2）大肠　盲肠呈短而粗的圆锥状盲囊，一般在腹腔左髂部。回肠突入盲肠和结肠之间的部分，呈圆锥状，称为回盲瓣，其口称为回盲口。

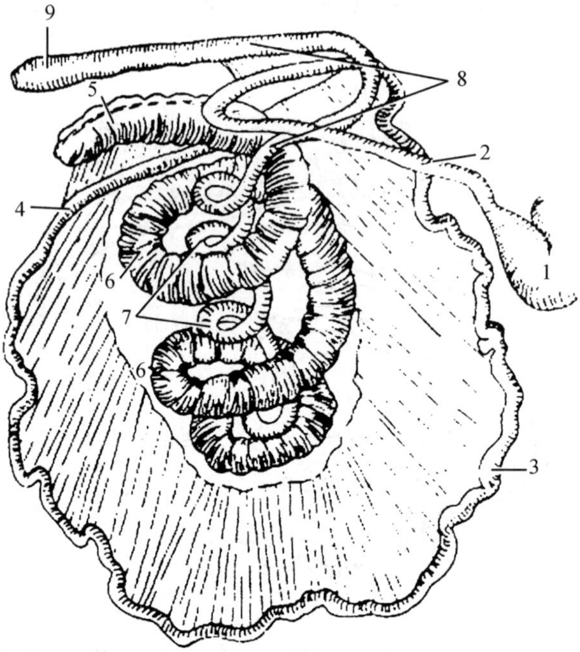

1.胃　2.十二指肠　3.空肠　4.回肠　5.盲肠　6.结肠旋袢向心回
7.结肠旋袢离心回　8.结肠终袢　9.直肠

图 4-19　猪肠模式图

(引自陈功义,2010)

结肠由盲结口开始,在结肠系膜中盘曲呈圆锥状或哑铃状,称为旋袢。旋袢可分为向心回和离心回,向心回按顺时针方向旋转三圈半或四圈半到锥顶,然后转为离心回;离心回按逆时针方向旋三圈半或四圈半,然后转为终袢。终袢在荐骨岬处连直肠。

直肠形成直肠壶腹。

(3)肛门　不向外突出,在肛门周围有括约肌分布。

3.马肠

(1)小肠　小肠包括十二指肠、空肠和回肠3部分。

十二指肠长约1 m,位于右季肋部和腰部。

空肠长约22 m,形成许多迂曲的肠环,借助于前肠系膜悬吊在前位腰椎的下方。

回肠长约1 m,以回盲韧带与盲肠相连。

(2)大肠(图4-20)　大肠包括盲肠、结肠和直肠。

盲肠外形呈逗点状,长约1 m,位于腹腔右侧,从右髂部的上部起,沿腹侧壁向前下方伸延达剑状软骨部。可分为盲肠底(或盲肠头)、盲肠体和盲肠尖3部分。

结肠可分为大结肠和小结肠。大结肠特别发达,长约3 m,占据腹腔的大部分,呈双层蹄铁形,可分为4段3个弯曲,从盲结口开始,顺次为右下大结肠→胸骨曲→左下大结肠→骨盆曲→左上大结肠→膈曲→右上大结肠。小结肠长约3 m,借后肠系膜连于腰椎腹侧。直肠比牛的长而粗,长约30 cm。后段管径增大,形成直肠壶腹。

(3)肛门　呈圆锥状,突出于尾根之下。

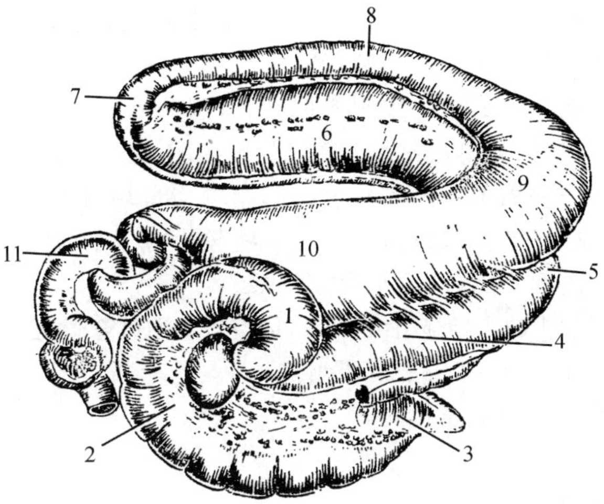

1.盲肠基　2.盲肠体　3.盲肠尖　4.右下大结肠　5.胸骨曲　6.左下大结肠
7.骨盆曲　8.左上大结肠　9.膈曲　10.右上大结肠　11.小结肠

图 4-20　马的大肠

（引自陈功义，2010）

(二)肠的组织构造

1.小肠的组织结构

肠壁分黏膜、黏膜下层、肌层和浆膜 4 层。

(1)黏膜　小肠黏膜形成许多环形皱褶和微细的肠绒毛，突入肠腔内，以增加与食物接触的面积(图 4-21、图 4-22)。

1.绒毛　2.肠腺　3.固有层　4.黏膜肌层

图 4-21　小肠黏膜层

（引自王树迎，2000）

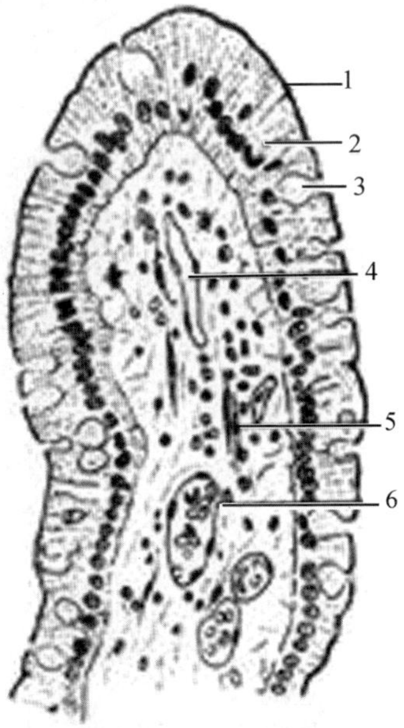

1.纹状缘　2.肠上皮　3.杯状细胞
4.中央乳糜管　5.平滑肌　6.毛细血管

图 4-22　小肠绒毛纵切

（引自王树迎，2000）

①上皮：被覆于黏膜和绒毛的表面，由单层柱状上皮构成，上皮细胞之间夹有杯状细胞和内分泌细胞，柱状细胞游离面有明显的纹状缘。

②固有层：由富含网状纤维的结缔组织构成，固有层内除有大量的肠腺外，还有毛细血管、淋巴管、神经和各种细胞成分（如淋巴细胞、嗜酸性粒细胞、浆细胞和肥大细胞等）。固有层中央有一条粗大的毛细淋巴管（绵羊有两条），它的起始端为盲端，称为中央乳糜管。中央乳糜管管壁由一层内皮细胞构成，无基膜，通透性很大，一些较大分子的物质可进入管内。

③黏膜肌层：一般由内环、外纵两层平滑肌组成。

(2)黏膜下层　黏膜下层由疏松结缔组织构成。内有较大的血管、淋巴管、神经丛及淋巴小结等。

(3)肌层　肌层由内环、外纵 2 层平滑肌组成。

(4)浆膜　小肠浆膜与胃的浆膜相同。

2. 大肠的组织构造

大肠也由 4 层构成（图 4-23）。

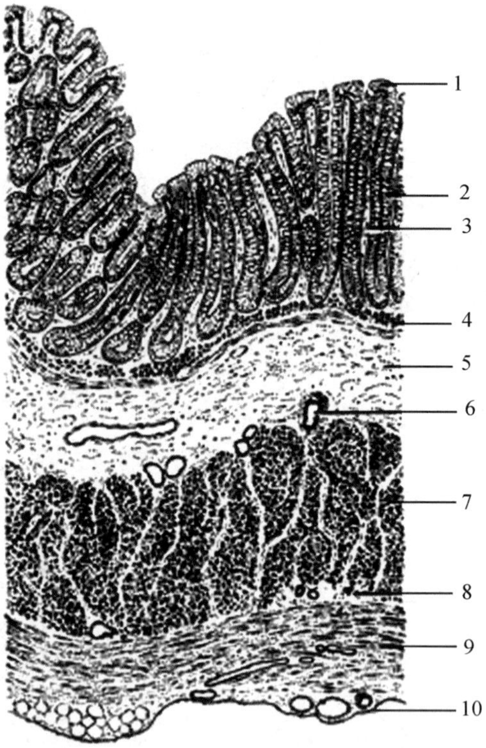

1. 上皮　2. 肠腺　3. 固有层　4. 黏膜肌层　5. 黏膜下层　6. 血管
7. 内环肌　8. 肌间神经丛　9. 外纵肌　10. 浆膜

图 4-23　大肠纵切

（引自王树迎，2000）

(1)大肠黏膜没有环形皱襞，黏膜表面没有绒毛。

(2)黏膜上皮中杯状细胞多，无纹状缘。

(3)大肠腺比较发达，直而长。杯状细胞较多，分泌碱性黏液，中和粪便发酵的酸性产物。分泌物不含消化酶，但有溶菌酶。

(4)孤立淋巴小结较多,集合淋巴小结却很少。

(5)肌层特别发达。

六、肝

(一)肝的形态位置

肝呈红褐色,是动物体内最大的腺体。

肝位于腹前部,膈肌的后方,大部分偏右侧或全部位于右侧。呈扁平状,颜色为红褐色。背侧一般较厚,腹侧缘薄而锐。在腹侧缘上有深浅不同的切迹,将肝分成大小不等的肝叶。膈面隆突,脏面凹,中部有肝门。门静脉和肝动脉经肝门入肝,胆汁的输出管和淋巴管经肝门出肝。肝各叶的输出管合并在一起形成肝管。没有胆囊的动物,肝管和胰管一起开口于十二指肠。有胆囊的动物,胆囊的胆囊管与肝管合并,称为胆管,开口于十二指肠。

肝的表面被覆有浆膜,并形成左右冠状韧带、镰状韧带、圆韧带、三角韧带与周围器官相连。

1. 牛(羊)肝

牛肝略呈长方形,被胃挤到右季肋部,被胆囊和圆韧带分为左、中、右 3 叶(图 4-24)。左叶在第 6~7 肋骨相对处,右叶在第 2~3 腰椎下方,分叶不明显,中叶被肝门分为上方的尾叶和下方的方叶。尾叶有 2 个上突,一个叫乳头突,另一个叫尾状突,突出于右叶以外。胆管在十二指肠的开口距幽门 50~70 cm。

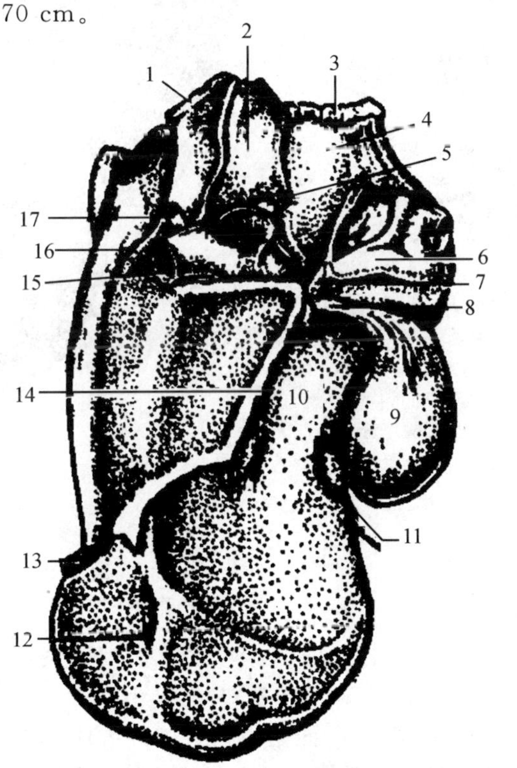

1.肝肾韧带 2.尾状突 3.右三角韧带 4.肝右叶 5.肝门淋巴结 6.十二指肠 7.胆管 8.胆囊管 9.胆囊 10.方叶 11.肝圆韧带 12.肝左叶 13.左三角韧带 14.小网膜 15.门静脉 16.后腔静脉 17.肝动脉

图 4-24 牛肝(脏面)

(引自马仲华,2002)

2.猪肝(图 4-25)

猪肝较发达,中央部厚,周围边缘薄,大部分位于腹前部的右侧,左缘与第 9～10 肋间隙相对;右缘与最后肋间隙的上方相对;腹缘位于剑状软骨后方,距离剑状软骨 3～5 cm。肝被 3 条深的切迹分为左外叶,左内叶、右内叶和右外叶。猪肝的小叶间结缔组织发达,所以肝小叶很明显,在肝的表面,用肉眼看得很清楚。胆囊位于右内叶的胆囊窝内,胆管开口于距幽门 2～5 cm 处的十二指肠憩室。

3.马肝(图 4-26)

马肝的特点是分叶明显,没有胆囊。大部分位于右季肋部,小部分位于左季肋部,其右上部达第 16 肋骨中上部,左下部与第 7～8 肋骨的下部相对。肝的背缘钝,腹侧缘薄锐。在肝的腹侧缘上有两个切迹,将肝分为左、中、右 3 叶。肝脏的输出管为肝总管,由肝左管和肝右管汇合而成,开口于十二指肠憩室。

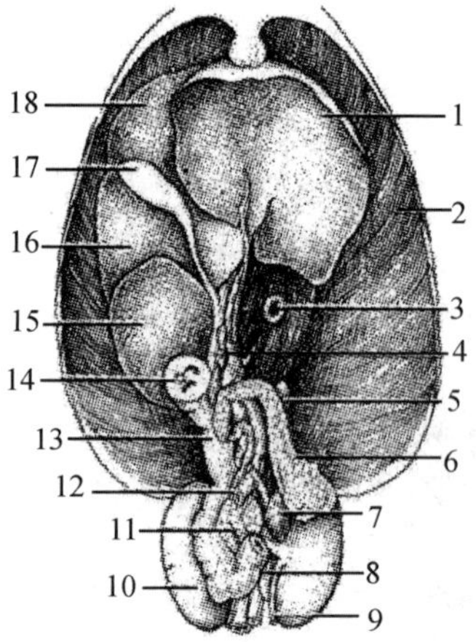

1.左外叶 2.膈 3.食管 4.胆管 5.胃淋巴结 6.胰左叶 7.肾上腺 8.肾淋巴结 9.输尿管 10.右肾 11.胰中叶 12.门静脉 13.十二指肠 14.幽门 15.右外叶 16.右内叶 17.胆囊 18.左内叶

图 4-25 猪肝脏和胰脏

(引自陈功义,2010)

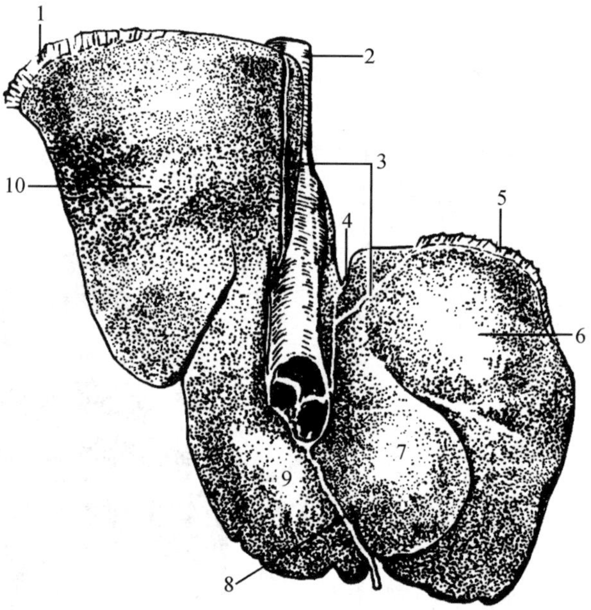

1.右三角韧带 2.后腔静脉 3.左、右冠状韧带 4.食管切迹 5.左三角韧带 6.左外叶 7.左内叶 8.镰状韧带 9.中叶(方叶) 10.右叶

图 4-26 马肝(壁面)

(引自董常生,2001)

(二)肝的组织构造

肝的表面大部分被覆一层浆膜,其深面是由富含弹性纤维的结缔组织构成的纤维囊,纤维囊结缔组织随血管、神经、淋巴管和肝管等出入肝实质内,构成肝的支架,并将肝分隔成许多肝小叶。

1.肝小叶(图 4-27)

肝小叶为肝的基本单位,呈不规则的多面棱柱状体。每个肝小叶的中央沿长轴都贯穿着一条中央静脉。肝细胞以中央静脉为轴心呈放射状排列，切片上则呈索状，称为肝细胞索，而实际上是一些肝细胞呈单行排列构成的板状结构，又称肝板。肝板互相吻合连接成网，网眼内为窦状隙。窦状隙极不规则，并通过肝板上的孔彼此沟通。

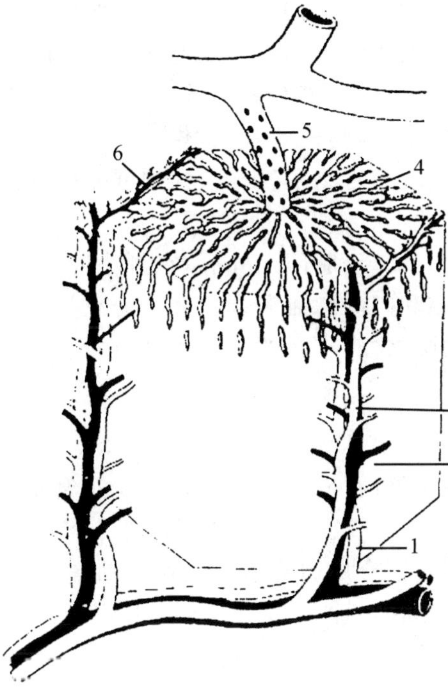

1.小叶间动脉　2.小叶间静脉　3.小叶间胆管　4.肝血窦　5.中央静脉　6.终末支

图 4-27　肝小叶模式图

（引自陈功义，2010）

(1)肝细胞　肝细胞呈多面形，胞体较大，界线清楚。胞核圆而大，位于细胞中央(常有双核细胞)，核膜清楚。

(2)窦状隙　窦状隙为肝小叶内血液通过的管道(即扩大的毛细血管或血窦)，位于肝板之间。窦壁由扁平的内皮细胞构成，核呈扁圆形，突入窦腔内。此外，在窦腔内还有许多体积较大、形状不规则的星形细胞，以突起与窦壁相连，称为枯否细胞。这种细胞是体内单核巨噬细胞系统的组成部分。

(3)胆小管　胆小管直径 0.5～1.0 μm，由相邻肝细胞的细胞膜围成。胆小管位于肝板内，并互相通连成网，从肝小叶中央向周边部行走，胆小管在肝小叶边缘与小叶内胆管连接。

2.门管区

由肝门进出肝的 3 个主要管道(门静脉、肝动脉和肝管)，以结缔组织包裹，总称为肝门管。3 个管道在肝内分支，并在小叶间结缔组织内相伴而行，分别称为小叶间静脉、小叶间动脉和小叶间胆管。在门管区内还有淋巴管神经伴行。

(三)肝的血液循环

进入肝的血管有门静脉和肝动脉。

(1)门静脉　它收集了来自胃、脾、肠、胰的血液,汇合成门静脉,经肝门入肝,在肝小叶间分支形成小叶间静脉,再分支成终末分支,开口于窦状隙,然后血液流向小叶中心的中央静脉。门静脉血由于主要来自胃肠,所以血液内既含有经消化吸收来的营养物质,又含有消化吸收过程中产生的毒素、代谢产物及细菌、异物等有害物质。其中,营养物质在窦状隙处可被吸收、贮存或经加工、改造后再排入血液中,运到机体各处,供机体利用;而代谢产物,有毒、有害物质,则可被肝细胞结合或转化为无毒、无害物质,细菌、异物可被枯否氏细胞吞噬。因此,门静脉属于肝脏的功能血管。

(2)肝动脉　它来自腹主动脉。经肝门入肝后,在肝小叶间分支形成小叶间动脉,并伴随小叶间静脉分支后,进入窦状隙和门静脉血混合。部分分支还可到被膜和小叶间结缔组织等处。这支血管由于是来自主动脉,含有丰富的氧气和营养物质,可供肝细胞物质代谢使用,所以是肝脏的营养血管。

(四)胆汁排出途径

肝细胞分泌的胆汁排入胆小管内。在肝小叶边缘,胆小管汇合成短小的小叶内胆管。小叶内胆管穿出肝小叶,汇入小叶间胆管。小叶间胆管向肝门汇集,最后形成肝管出肝,直接开口于十二指肠(在马)或与胆囊管汇合成胆管后再通入十二指肠内(在牛、羊和猪等)。

肝的血液循环和胆汁排出途径:

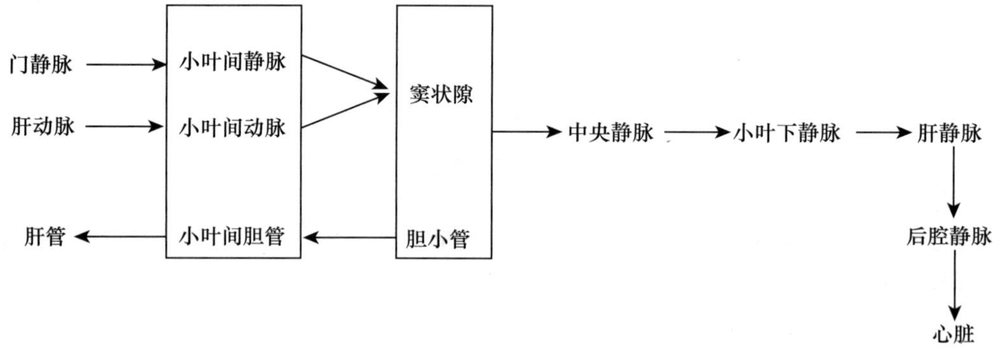

七、胰

(一)胰的形态和位置

胰呈淡红黄色,形状很不规则,近似三角形。位于腹腔背侧,靠近十二指肠。胰可分为3个叶,靠近十二指肠的部分称为中叶(胰头),左侧的部分称为左叶,右侧的部分称为右叶。胰的输出管有的动物(牛、猪)有一条,有的动物(马、犬)有两条,其中一条称为胰管,另一条称为副胰管。

1. 牛(羊)的胰(图 4-28)

牛胰呈不正的四边形,分叶不明显,位于右季肋部和腰部。胰头靠近肝门附近。左叶背侧附着于膈肌脚,腹侧与瘤胃背囊相连。右叶较长,向后伸延到肝尾状叶附近,背侧与右肾连接,腹侧与十二指肠和结肠为邻。

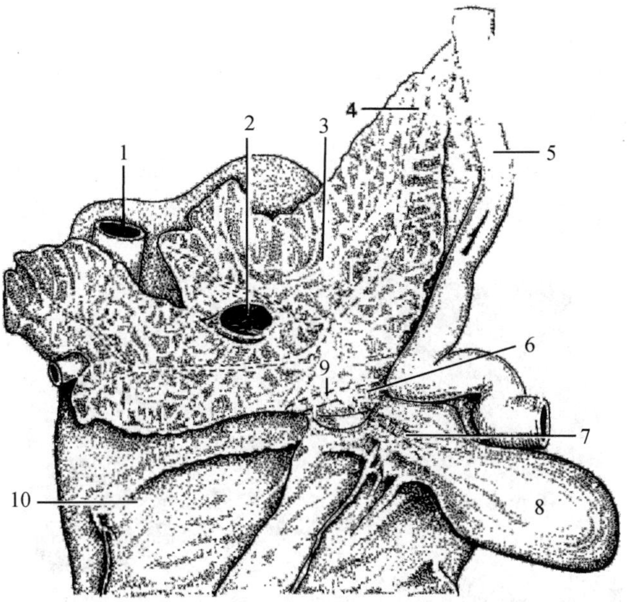

1.后腔静脉　2.门静脉　3.胰　4.胰管　5.十二指肠　6.胆管　7.胆囊管　8.胆囊　9.肝管　10.肝

图 4-28　牛胰(腹侧面)

(引自马仲华,2002)

2.猪胰(图 4-29)

猪胰由于脂肪含量较多,故呈灰黄色,略呈三角形。胰头稍偏右侧,位于门静脉和后腔静脉腹侧,右叶沿十二指肠向后方伸延到右肾的内侧缘;左叶位于左肾的下方和脾的后方,整个胰位于最后两胸椎和前两个腰椎的腹侧。胰管由右叶末端发出,开口于距幽门 10～12 cm 处的十二指肠内。

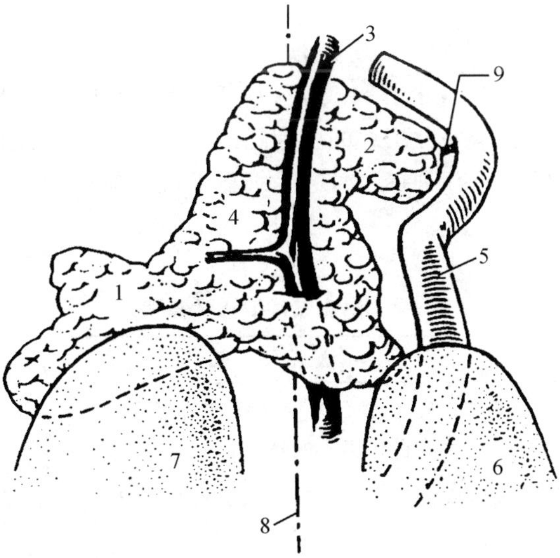

1.胰左叶　2.胰右叶　3.门静脉　4.胃脾静脉　5.十二指肠降部

6、7.右、左肾前极　8.正中平面近侧位置　9.胰管

图 4-29　猪胰(背侧面)

(引自董常生,2001)

3. 马胰

马胰呈扁三角形，呈淡红色，横位于腹腔顶壁的下面，大部分位于右季肋部。

(二)胰的组织学构造

胰表面结缔组织被膜比较薄。结缔组织伸入腺内，将腺实质分隔成许多小叶。胰具有外分泌和内分泌 2 种功能，所以胰的实质也分外分泌部和内分泌部(图 4-30)。

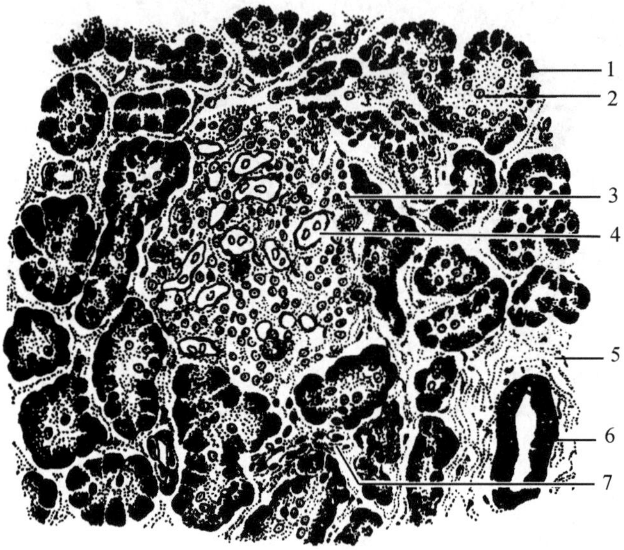

1. 腺泡　2. 泡心细胞　3. 胰岛　4. 毛细血管　5. 小叶间结缔组织　6. 小叶间导管　7. 闰管

图 4-30　胰的组织构造

(引自王树迎，2000)

(1)外分泌部　外分泌部属消化腺。分腺泡和导管两部分，占腺体的绝大部分。腺泡分泌液称为胰液，一昼夜可分泌 6～7 L(牛、马)或 7～10 L(猪)，经胰管注入十二指肠。

(2)内分泌部　内分泌部位于外分泌部的腺泡之间，由大小不等的细胞群组成，形似小岛，故名胰岛。胰岛细胞分泌胰岛素和胰高血糖素，经毛细血管进入血液，有调节血糖代谢的作用。

【本章要点速查】

表 4-4　消化系统要点速查表

名称	学习要点归纳		
内脏概述	概念		内脏：消化、呼吸、泌尿、生殖 4 个系统的各器官 结构分类：中空性器官和实质性器官
	结构类型	中空	如：消化道各器官黏膜层、黏膜下层、肌肉层、外膜(浆膜)层
		实质	被膜＋实质
	体腔		皮肤、肌肉、骨骼围成：胸腔、腹腔、骨盆腔
	浆膜腔		体腔内的浆膜围成：胸膜脏、壁层围成胸膜腔，腹膜脏、壁层围成腹膜腔 腹膜褶类型：系膜、网膜、韧带

续表 4-4

名称			学习要点归纳
中空性器官——消化道	口腔		1. 唇—前壁：牛唇与鼻构成鼻唇镜，有鼻唇腺可分泌水样液体；猪唇与鼻构成吻突；马唇采食灵活 2. 颊—侧壁：正常粉红色、光滑（牛有锥状乳头）、湿润；上有颊腺开口和腮腺开口 3. 腭—顶壁：前硬腭后软腭；牛、羊硬腭前端黏膜形成齿垫 4. 舌：表面覆以黏膜，舌背侧黏膜有舌乳头；分舌尖、舌体和舌根；舌腹侧有舌系带；舌根背侧黏膜内有舌扁桃体 5. 齿：分切齿、犬齿及臼齿；动物齿的排列方式为齿式；齿分为齿冠、齿颈和齿根；由齿质、釉质及齿骨质构成
	咽		七窍：前上方—两鼻后孔；前方—口腔；后上方—食道口；后下方—喉口；左、右—耳咽管口
	食道		颈段位于喉气管背侧；中段移至气管左侧；胸前口处移至气管背侧；牛食道肌层全为横纹肌
	胃		1. 贲门—食道，幽门—十二指肠 2. 单室胃：无腺区、贲门腺区、胃底腺区、幽门腺区；马、兔、犬、猪 3. 复胃：瘤胃—网胃—瓣胃—皱胃（真胃）；食管沟：网胃与贲门间隆起的黏膜厚褶（食管沟唇）闭合成沟
	小肠		1. 组成：十二指肠—空肠—回肠 2. 组织学构造：黏膜（单层柱状纤毛上皮、固有层—内有小肠腺、黏膜肌层）—黏膜下层（疏松结缔组织，十二指肠有十二指肠腺）—肌层（内环行层、外纵行层）—浆膜（外膜—疏松结缔组织＋单层扁平上皮）
	大肠		组成：盲肠（牛右髂部、马右髂部至剑状软骨部）—结肠：分升、横、降 3 段（牛右腹腔顶壁，马有 4 段 3 弯曲，猪左腹部）—直肠（猪、马有直肠壶腹，牛无）
	肛门		内层黏膜—中层肌肉层（内括约肌：平滑肌；外括约肌：横纹肌）—外层皮肤（皮脂腺和汗腺）
实质性器官——消化腺	壁外腺	唾液腺	3 大对唾液腺：腮腺（开口于第 3 上臼齿所对颊膜）—颌下腺（开口舌下肉阜）—舌下腺（开口于舌下黏膜褶）
		肝脏	1. 位置：大部分右季肋部；肝门：有门静脉、肝动脉、神经、淋巴管、肝管出入；肝门下方有胆囊（马无胆囊） 2. 组织学构造：肝小叶（中央静脉、肝细胞索、窦状隙）＋汇管区（结缔组织、小叶间动脉、小叶间静脉、小叶间胆管）
		胰腺	1. 位置形态：牛胰—右季肋部和腰部、4 叶；有胰管开口于十二指肠；胰头、左叶与右叶 2. 组织构造：被膜伸入实质分小叶（外分泌部—腺泡分泌胰液；内分泌部—胰岛）

续表 4-4

名称			学习要点归纳
实质性器官——消化腺	壁内腺	胃腺	贲门腺区、幽门腺区—主要分泌黏液；胃底腺区—分泌胃液主要部位（主细胞、壁细胞、颈黏液细胞、亲银细胞）
		肠腺	1. 小肠腺：固有层、单管状腺（柱状细胞、杯状细胞、潘氏细胞、未分化细胞和内分泌细胞） 2. 十二指肠腺：十二指肠黏膜下层、管泡状腺、低柱状细胞 3. 大肠腺：固有层、上皮富杯状细胞

【练一练　测一测】

一、填空题

1. 消化系统包括________和________ 2 部分。
2. 消化管主要包括________、________、________、________、________、________和肛门。
3. 消化腺包括________和________。
4. 消化管管壁的组织结构由内向外分别为________、________、________和________ 4 层。
5. 动物的唾液腺主要有________、________和________ 3 对。
6. 网胃的黏膜形成许多网格状的皱褶，皱褶上密布角质乳头，故又称________。
7. 咽是________和________的共同通道。
8. 动物的胃可分为________和________ 2 大类。
9. 牛的瓣胃约与________至________肋间隙下半部分相对。
10. 牛的结肠可分为________、________和________ 3 段。
11. 牛（羊）的胃为多室胃，分为________、________、________和皱胃。

二、选择题

1. 不具有胆囊的动物是（　　）。
A. 马　　B. 牛　　C. 猪　　D. 羊
2. 多室胃又称为反刍胃，见于（　　）。
A. 马　　B. 牛　　C. 猪　　D. 犬
3. 瘤胃呈前后稍长，左右略扁的椭圆形大囊，几乎占据整个腹腔（　　）。
A. 左侧　　B. 右侧　　C. 前部　　D. 后部
4. 皱胃是一端粗一端细的扁长囊，位于（　　）。
A. 右季肋部　　B. 左季肋部　　C. 剑状软骨部　　D. 脐部
5. 牛的空肠大部分位于（　　）。
A. 左季肋部　　B. 右季肋部　　C. 右髂部　　D. 右腹股沟部
6. 网胃呈梨形，位于（　　）。
A. 右季肋部　　B. 剑状软骨部　　C. 左季肋部　　D. 季肋部

7. 牛的瓣胃是两侧稍扁的球形，位于(　　)。

A. 右季肋部　　B. 左季肋部　　C. 剑状软骨部　　D. 脐部

8. 下列动物中，结肠呈圆盘状的是(　　)。

A. 马　　B. 兔　　C. 猪　　D. 牛

三、判断题

1. 口腔的前壁为唇，侧壁为颊，顶壁为硬腭，底为下颌骨和舌。(　　)

2. 牛的肝位于右季肋部，分为左外叶、左内叶、右内叶和右外叶。(　　)

3. 颊构成口腔的两侧壁，主要由咬肌构成，外覆皮肤，内衬黏膜。(　　)

4. 硬腭构成固有口腔的顶壁，向后延续为软腭。(　　)

5. 牛的小肠可分为十二指肠、空肠和回肠 3 部分，大部分位于左季肋部、左髂部和左腹股沟部。(　　)

6. 牛舌可分为圆枕，舌体和舌尖。(　　)

7. 牛舌黏膜面上丝状乳头，锥状乳头和豆状乳头均有味蕾。(　　)

8. 食管可分为头、颈、胸和腹 4 段。(　　)

9. 成年牛的瘤胃占胃总容积的 80%，几乎占据整个腹腔左侧。(　　)

10. 网胃又称百叶胃，位于右季肋部。(　　)

四、简答题

1. 骨盆腔内包含哪些器官？

2. 腹腔是如何划分的？

3. 简述消化管管壁的组成。

4. 牛胃的体表投影位置如何？

5. 简述小肠和大肠组织构造上的差异。

6. 犊牛为什么不能用桶直接进行喂乳？

7. 中空性器官的一般组织学构造是怎样的？

参考答案

【实验实训】

一、小肠、肝脏组织结构观察

目的与要求　通过实验，熟悉中空性器官和实质性器官的结构特点，掌握小肠、肝脏的组织学结构。

材料与用品　显微镜，马十二指肠横切片，猪肝切片，显微镜专用油。

方法和步骤

1. 马十二指肠组织结构观察

(1)肉眼观察马十二指肠组织切片　外形为半圆形。

(2)低倍镜下观察马十二指肠的 4 个层次结构　低倍镜下可见马十二指肠全层由 4 个层次构成：内层为黏膜层，中部有染色较浅的黏膜下层、肌肉层，其结构分 2 个小层次，最外为染色更浅的浆膜层。

(3)高倍镜下观察马十二指肠

黏膜层:最内有单层柱状纤毛上皮,游离面右见粉红色纤毛层;固有层富含结缔组织,部分固有层结缔组织与上皮层向肠腔形成指状的突起——小肠绒毛;固有层深部分布有单层上皮构成的肠腺,染色较深;薄层的平滑肌在小肠腺下方构成黏膜肌层。

黏膜下层:内可见大量疏松结缔组织,有部分脂肪细胞,还有染色较浅由单层上皮组织构成管泡状的十二指肠腺。

肌肉层:由内环形肌为完整肌纤维,细胞核蓝紫色,胞质和胞膜为粉红色,外层为平滑肌组织横断面。

浆膜层:由一薄层疏松结缔组织和最外层的单层扁平上皮构成。

2.猪肝脏组织切片观察

(1)低倍镜观察　低倍镜下可见形状不规则的粉红色片区,是为肝小叶,肝小叶间有较明显的叶间结缔组织;几个小叶间可见由结缔组织及小管构成的汇管区。

(2)高倍镜下观察　每一个肝小叶中央有中央静脉的横切面;围绕中央静脉呈索状排列的肝细胞索。肝细胞呈近乎六边形,大多数有一个细胞核,核呈蓝紫色,胞膜及胞质呈粉红色;肝细胞索间有不规则裂隙——肝窦状隙,内隐约可见毛细血管。

汇管区有疏松结缔组织,由立方上皮构成的小叶间胆管,管壁较薄管腔开阔的小叶间静脉及管壁较厚管腔较窄而不规则的小叶间动脉。

作业

绘制马十二指肠及猪肝脏组织结构图,并标注各部分结构名称。

二、消化器官形态构造和位置观察

目的与要求　通过实验,使学生认识反刍动物和单胃动物(以猪为代表)消化系统的组成及其相互关系。掌握主要消化器官的形态结构特点。

材料与用品

动物消化器官标本,牛(羊)、猪的胃、肠、肝、胰模型,牛、羊内脏及猪内脏标本或模型。

方法和步骤

1.观察口腔

在标本上观察口腔的结构,注意区别牛(羊)口腔结构与猪的区别。

2.观察食管

在标本上观察食管的各段位置,注意与气管等器官的关系。

3.观察胃

(1)在标本或模型上观察牛(羊)胃(瘤胃、网胃、瓣胃、皱胃)和猪胃的形态位置。

(2)在切开展示胃黏膜的标本上观察各胃黏膜的形态特征。

(3)观察贲门、幽门、牛(羊)胃的瘤网胃口、网瓣胃口、瓣胃沟、瓣皱胃口、食管沟的形态位置及各胃间的关系。

4.观察肠

(1)观察十二指肠、空肠、回肠的形态位置及其与胃、大肠等其他消化器官的关系。注意区别牛(羊)肠与猪肠的形态位置关系。

(2)观察十二指肠上胆管与胰管开口位置。

(3)观察盲肠,牛结肠的人为分段(初袢、旋袢、终袢),猪旋袢的向心回、离心回和终袢。观察直肠的形态及位置,与其他器官的位置关系。观察猪直肠壶腹的存在。

5.观察肝脏

观察肝的形态位置及结构,肝门(肝门静脉、肝动脉和肝管)、肝膈面上的肝静脉开口于后腔静脉的情况,胆囊的形态位置,牛(羊)肝和猪肝的区别。

6.观察胰腺

观察胰的形态位置及结构,观察牛(羊)胰与猪胰的区别。

作业

1.填图:在牛、猪的胃肠和肝模式图上标示各部分构造名称,并在教师指导下通过自学马、犬等其他动物的消化器官构造,进行填图。

2.绘制牛和猪的大肠、小肠组成与走向图。

第五章
呼吸系统

【知识目标】

- 了解呼吸系统的组成。
- 掌握呼吸道各器官的大体结构及肺、气管、支气管的组织学构造。
- 掌握呼吸器官的形态、位置。

【技能目标】

- 能识别肺、喉、气管正常的形态、位置和构造。
- 能在动物体上找出肺的体表投影位置。
- 能在显微镜下识别肺的组织构造。

【思政目标】

- 激发学生的民族自豪感和疫情防控人人有责的社会责任意识，让学生认识到吸烟危害，培养健康生活习惯。

动物在生命活动过程中，必须不断地从外界吸入氧，呼出二氧化碳，这种气体交换的过程称为呼吸。呼吸主要是通过呼吸系统来完成的。

呼吸系统由鼻、咽、喉、气管、支气管和肺等器官，以及胸膜和胸膜腔等辅助装置组成（图 5-1）。鼻、咽、喉、气管和支气管是气体进出肺的通道，称为呼吸道。肺是气体交换的器

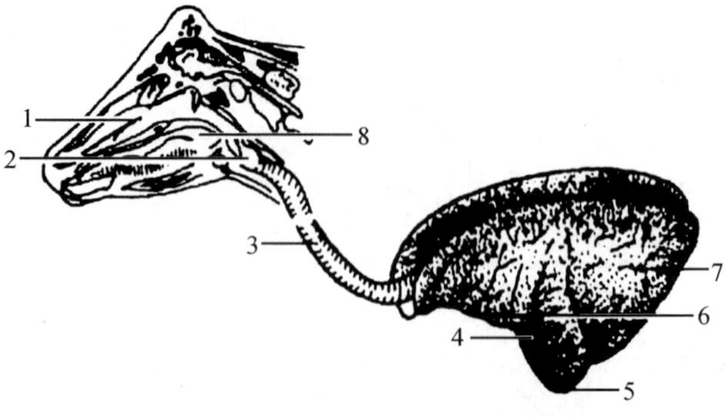

1.鼻腔　2.喉　3.气管　4.心切迹　5.左肺中叶　6.左肺前叶前部　7.左肺后叶　8.咽

图 5-1　牛呼吸系统模式图

官，呼吸道和肺在辅助装置的协助下共同完成呼吸功能。

一、鼻

鼻既是气体出入肺的通道，又是嗅觉器官，对发音也有辅助作用。包括鼻腔和副鼻窦。

（一）鼻腔

鼻腔是呼吸道的起始部，前端经鼻孔与外界相通，后端经鼻后孔与咽相通，腹侧由硬腭与口腔隔开，正中由鼻中隔将鼻腔分成左、右不相通的两部分（黄牛的两侧鼻腔在后 1/3 部是相通的）。左、右鼻腔可分鼻孔、鼻前庭和固有鼻腔。

鼻孔是鼻腔的入口，由内外侧鼻翼围成。牛的鼻孔小，呈不规则的椭圆形，鼻翼厚而不灵活。两鼻孔间与上唇中部的皮肤形成鼻唇镜。犬鼻镜部无腺体，其分泌物来源于鼻腔内的鼻外侧腺。鼻前庭为鼻腔前部衬有皮肤的部分，即由鼻翼所围成的内腔。鼻泪管开口于鼻前庭。

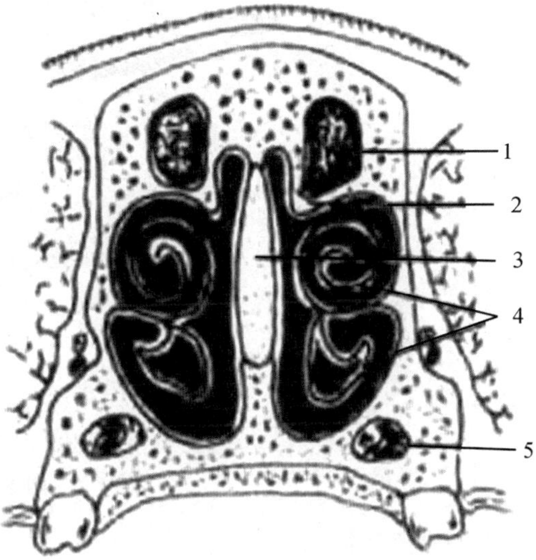

1. 上鼻甲窦　2. 上鼻道　3. 鼻中隔
4. 鼻甲　5. 齿槽腔

图 5-2　猪鼻腔（平第 3～4 前臼齿）横断面

固有鼻腔（图 5 2）位于鼻前庭之后，在每半个鼻腔的侧壁上，附着有上、下两个纵行的鼻甲骨，将鼻腔分成上、中、下 3 个鼻道。上鼻道较窄，通鼻黏膜的嗅区，中鼻道通副鼻窦，下鼻道最宽，直接经鼻后孔与咽相通。上、中、下鼻甲骨与鼻中隔之间的间隙为总鼻道，与上述 3 个鼻道相通。

鼻黏膜被覆于固有鼻腔内面，分为呼吸区和嗅区。呼吸区占鼻腔的大部分，呈粉红色，上皮为假复层柱状纤毛上皮，杯状细胞较多，上皮纤毛的摆动，有助于排出黏液和排出吸入的灰尘。固有膜由结缔组织构成，含有丰富的血管和腺体等，能温暖、湿润、清洁吸入的空气。嗅区位于鼻腔的后上方，上皮细胞间有嗅细胞，具有嗅觉作用。犬、猫嗅区黏膜含大量嗅细胞，嗅觉极灵敏。

（二）副鼻窦

详见第二章“运动系统”。

二、咽

详见第四章第二节“消化系统”。

三、喉

喉既是空气进出肺的通道，又是发声的器官。喉位于下颌间隙的后方，在头颈交界处的腹侧，前方与咽相通，后端与气管相接。喉壁主要由喉软骨、喉黏膜和喉肌构成（图 5-3）。

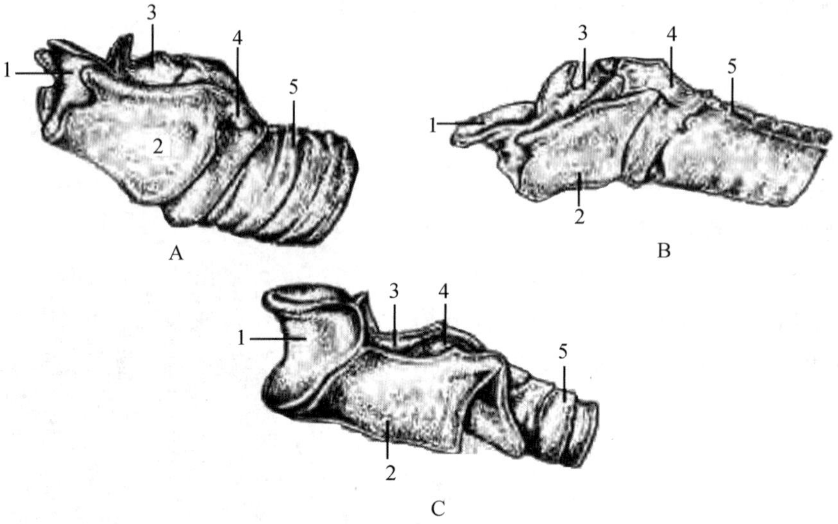

A. 牛　B. 马　C. 猪

1. 会厌软骨　2. 甲状软骨　3. 勺状软骨　4. 环状软骨　5. 气管软骨

图 5-3　喉软骨

(一)喉软骨

喉软骨是由 1 块环状软骨、1 块甲状软骨、1 块会厌软骨和 1 对勺状软骨共 4 种 5 块软骨组成,构成喉的支架,各喉软骨借关节、韧带彼此相连,共同构成喉的软骨基础,其中会厌软骨和 1 对勺状软骨围成喉口。

(二)喉腔和喉黏膜

喉腔为由软骨围成的管状腔,前端以喉口通咽,后端与气管相通。喉口由会厌软骨、勺状软骨围成。在喉中部的侧壁上有一对明显的黏膜褶称为声带,两侧声带之间的狭窄裂隙称为声门裂。喉黏膜由上皮和固有膜构成的,有丰富的感觉神经末梢,受到刺激会引起咳嗽,从而将异物排出。被覆于喉前庭和声带的上皮为复层扁平上皮,喉后腔的上皮为假复层柱状纤毛上皮。固有膜含有喉腺,可分泌黏液,有润滑声带的作用。

(三)喉肌

喉肌属于横纹肌,与吞咽、呼吸及发声等运动有关。

四、气管和支气管

(一)形态和位置

气管和支气管为连接喉与肺之间的管道,是由"U"形软骨环作为支架的长管,可分颈段和胸段。颈段前端与喉相连,向后沿颈腹侧正中线进入胸腔,转为腹段,在心基上方分为右尖叶支气管,随后又分出左、右 2 条主支气管(马属动物仅有左、右支气管),分别进入左、右肺。

(二)组织学结构

气管壁由黏膜层、黏膜下层、外膜组成(图 5-4)。

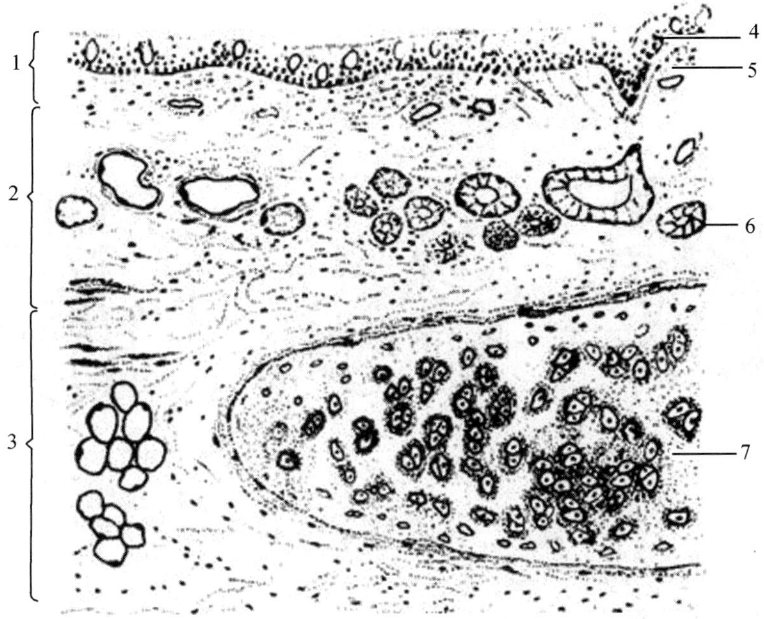

1. 黏膜层 2. 黏膜下层 3. 外膜 4. 上皮 5. 固有层 6. 气管腺 7. 透明软骨

图 5-4 气管

1. 黏膜层

黏膜层分为上皮和固有膜。上皮为假复层柱状纤毛上皮，夹杂着大量的杯状细胞。固有膜由疏松结缔组织构成，其中弹性纤维较多，深部纤维大都呈纵行排列。

2. 黏膜下层

黏膜下层由疏松结缔组织构成，与固有膜之间无明显的界线。其中含有丰富的血管、神经、脂肪细胞和气管腺。气管腺为混合腺，腺体的分泌物排入管腔，与杯状细胞分泌的黏液共同在黏膜表面形成黏液层，可黏附异物和细菌，并可溶解吸入的有害气体。

3. 外膜

外膜是气管的支架，由透明软骨和结缔组织构成。“U”形软骨环的缺口朝向背侧，缺口之间有弹性纤维膜连接，膜内有平滑肌束，可使气管适度舒缩。

五、肺

(一)肺的形态和位置

肺位于胸腔内，左右各 1 个，通常右肺略大于左肺。健康的肺呈粉红色，质地柔软而富有弹性。左右肺一起的形状类似圆锥形，锥底朝向后方。

左右肺各具有 3 个面和 2 个缘。肋面，与胸腔侧壁接触，有肋骨压迹；其后称为膈面，凹，贴膈肌；内侧为纵隔面，较平，与纵隔相接，有心压迹及食管和大血管的压迹。心压迹后方有肺门，有支气管、肺动脉、肺静脉、淋巴管和神经出入，上述这些结构被结缔组织包在一起，称为肺根。

肺因叶间深裂而分叶，因畜种不同有较大差异(图 5-5)。一般分 7 叶，左肺分为 3 叶，由前向后顺次排列为前叶(尖叶)、中叶(心叶)和后叶(膈叶)。右肺分为 4 叶：前叶(尖叶)、中叶(心叶)、后叶(膈叶)和纵隔面上的副叶。牛、猪右尖叶分为第一尖叶和第二尖叶；马肺分叶较不明显。

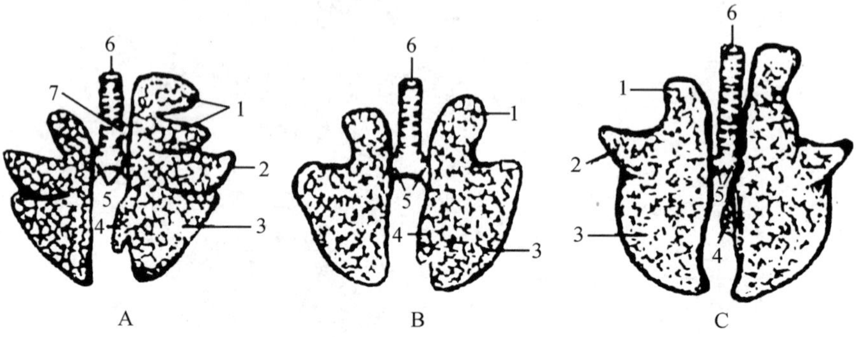

A. 牛　B. 马　C. 猪

1. 前叶　2. 中叶　3. 后叶　4. 副叶(中间叶)　5. 主支气管　6. 气管　7. 右肺尖叶支气管

图 5-5　几种动物肺的分叶模式图

(二)肺的组织学构造

肺的表面覆有一层浆膜(胸膜脏层)，浆膜由薄层疏松结缔组织和覆盖在表面的一层间皮组成。浆膜深面的结缔组织伸入肺内，将肺实质分隔成众多肉眼可见的肺小叶。肺小叶间是结缔组织构成的肺间质。

肺小叶是以肺内小支气管为轴心，由更细的呼吸性细支气管和所属的肺泡管、肺泡囊、肺泡构成的相对独立的肺结构体，一般呈锥体形，锥底朝肺表面，锥尖朝肺门。家畜小叶性肺炎即是肺以肺小叶为单位发生的病变。

肺的实质由肺内各级支气管和无数肺泡组成。支气管由肺门进入肺内，反复分支，形成树枝状，称为支气管树，支气管再分支，统称为小支气管。小支气管分支到管径为 1 mm 以下时，称为细支气管，细支气管再分支，管径为 0.35～0.5 mm 时，称为终末细支气管，终末细支气管继续分支为呼吸性细支气管，管壁上出现肺泡，开始有呼吸功能，呼吸性细支气管再分支为肺泡管，肺泡管再分为肺泡囊，肺泡管和肺泡囊上有更多的肺泡。

终末细支气管以上的各级支气管是空气进出的通道称为导管部。呼吸性细支气管以下有肺泡存在，能进行气体交换，称为呼吸部。

1. 肺的导管部

导管部的组织结构与气管、支气管基本相似，只是管径逐渐变小，管壁变薄。

(1)黏膜　其厚度随支气管分支，管径变小而逐渐变薄。软骨环逐渐变成软骨片，并逐渐减小或消失，而平滑肌相对增加，当管腔缩小时，黏膜表面纵行皱褶也逐渐显著。

①上皮：绝大部分为假复层柱状纤毛上皮，柱状细胞逐渐减少。到终末细支气管时，上皮变为单层柱状或立方纤毛上皮，杯状细胞已消失。

②固有膜：随着支气管分支、管径变小而逐渐变薄。

③肌层：肌纤维随支气管分支、管径变小而相对增多，由分散的平滑肌束逐渐形成一完整的环行肌层。

(2)黏膜下层　随支气管分支、管径变小而逐渐变薄，腺体数量也逐渐减少，到细支气管时腺体已经消失。

(3)外膜 软骨是不规则的软骨片,数量也逐渐减少。到细支气管时,软骨完全消失。

综上所述,细支气管的组织结构基本与小支气管相似,只是管径变小,管壁变薄,腺体和软骨已经消失,平滑肌则相对增多。到终末细支气管时,上皮变为单层柱状或立方纤毛上皮,杯状细胞已消失,平滑肌形成一完整的环行肌层。由于到细支气管壁无软骨片支撑,当某些病因引起管壁平滑肌痉挛时,管腔发生闭塞,便发生呼吸困难。

2.肺的呼吸部

(1)呼吸性支气管 开始具有气体交换的作用,其上段管壁仍为单层立方纤毛上皮,以后逐渐移行为单层立方上皮,纤毛消失,接近肺泡开口处移行为单层扁平上皮。上皮下有薄层固有膜,内有弹性纤维和分散的平滑肌纤维。

(2)肺泡管 肺泡管的管壁有许多肺泡的开口,表面为单层立方上皮或扁平上皮。

(3)肺泡囊 肺泡囊是由数个肺泡围成的公共腔体,呈梅花状,囊壁为肺泡壁。

(4)肺泡 肺泡是气体交换的场所,呈半球状,一面开口于肺泡囊、肺泡管或呼吸性支气管,另一面借肺泡隔与相邻肺泡连接。肺泡隔内有丰富的毛细血管网和少量的纤维。此外,在肺泡腔或肺泡隔内还有一种大而圆的吞噬细胞,称为隔细胞或尘细胞,能吞噬进入肺内的细菌和异物。相邻肺泡间借肺泡孔相通,有沟通和平衡相邻肺泡内气体的作用。但在肺部感染时,病原菌也可经此孔扩散、蔓延。肺泡与血液之间进行气体交换必须经过肺泡上皮及其基膜、毛细血管基膜及内皮等结构,这些结构合称气-血屏障,也称呼吸膜,是肺部进行气体交换的先决条件(图 5-6、图 5-7)。

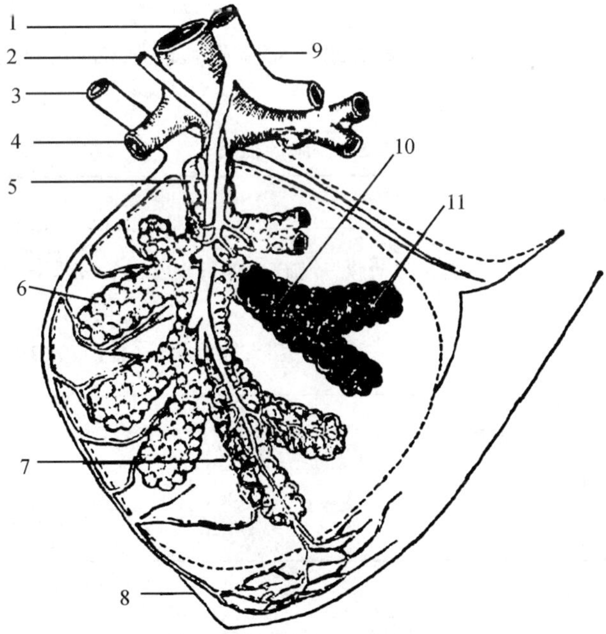

1.细支气管 2.支气管动脉 3.肺静脉 4.终末细支气管 5.呼吸性细支气管
6.肺泡 7.毛细血管网 8.肺胸膜 9.肺动脉 10.肺泡管 11.肺泡囊

图 5-6 牛肺小叶结构模式图

(引自山西省畜牧兽医学校,1979)

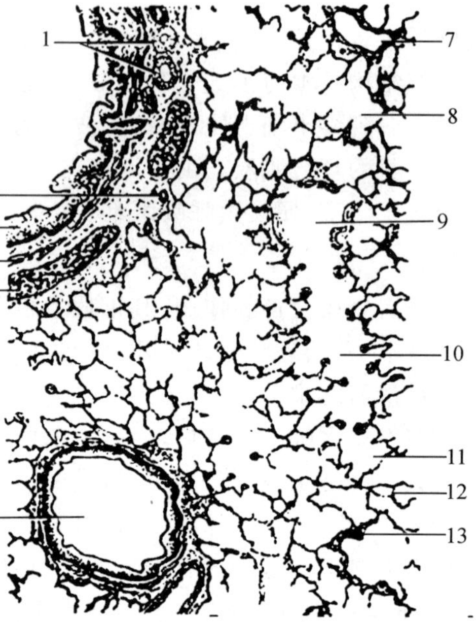

1. 混合腺　2. 支气管动脉　3. 上皮　4. 平滑肌　5. 透明软骨　6. 细支气管　7. 肺小静脉
8. 肺泡囊　9. 呼吸性细支气管　10. 肺泡管　11. 肺泡囊　12. 肺泡壁　13. 尘细胞

图 5-7　肺的组织结构

(三)肺的血管

肺的血管有 2 类:一类为完成气体交换的肺动脉和肺静脉,另一类为营养肺的支气管动脉和支气管静脉(表 5-1)。

表 5-1　肺的血管

类别	名称	功能	走　向
功能性血管	肺动脉 肺静脉	完成气体交换	右心室→肺动脉→(肺门)伴行小支气管分支→包绕肺泡毛细血管网 汇集↓ 左心房←几支肺静脉←(肺门)大支肺静脉←小支肺静脉
营养性血管	支气管动脉 支气管静脉	营养肺	主动脉分支→支气管动脉→(肺门)伴行支气管树而分支→毛细血管网 汇集↓ 右心房←奇静脉←支气管静脉

六、胸膜和纵隔

详见第四章第一节中体腔与浆膜腔的相关内容。

【本章要点速查】

表 5-2　呼吸系统要点速查表

呼吸系统			学习要点归纳
呼吸道	鼻	鼻腔	鼻孔、鼻前庭和固有鼻腔
		鼻旁窦	上颌窦、额窦、蝶腭窦(马)、筛窦
	咽	七窍	两耳咽管口、两鼻后孔、喉口、食道口、口腔
	喉	结构	喉黏膜、喉软骨(会厌软骨 1、甲状软骨 1、勺状软骨 2、环状软骨 1)、喉肌
	气管与支气管		背侧不完全闭合的透明软骨环借结缔组织连接而成
肺	肺形态结构	分叶	尖叶(前叶)、心叶(中叶)、膈叶(后叶),牛、猪等还有副叶;马:尖叶+心膈叶
		三面两缘	肋面、纵隔面、膈面;背缘(钝而圆)、腹缘(锐而薄)
		组织学构造	1. 被膜:浆膜(肺胸膜);伸入实质,将实质分为许多肺小叶和间质 2. 肺小叶:导管部(小支气管、细支气管、终末细支气管)+呼吸部(呼吸性细支气管、肺泡管、肺泡囊、肺泡) 3. 支气管树:导管部统称为支气管树

【练一练　测一测】

一、名词解释

1. 支气管树　2. 副鼻窦　3. 声带　4. 肺小叶　5. 固有鼻腔　6. 肺根

二、填空题

1. 喉软骨包括________、________、________和________。

2. 纵隔位于________之间,由两侧的________胸膜和夹于其间的器官及________组织构成。

3. 气管壁的组织学结构由________层、________层和________层构成。

4. 胸膜是由一层________和一层________组织形成的浆膜。分别覆盖在肺的________表面和衬贴于胸壁的________表面。

5. 肺的三面为________面、________面和________面;两缘为________缘和________缘。

6. 鼻旁窦包括________、________、________和________。窦有________的作用。

7. 喉由________、________和________等组成。

8. 鼻黏膜被覆于________,可分为________区和________区。

三、简答题

1. 简述牛(羊)、马和猪肺在结构上有哪些不同。

2. 什么叫胸膜、胸膜腔和纵隔?

3. 简述呼吸系统的组成。

4. 简述肺的组织学结构。

参考答案

【实验实训】

一、识别呼吸器官的形态构造

目的与要求 认识家畜呼吸器官的形态结构;掌握肺的体表投影。

材料与用品 牛、马、猪头部标本,从喉至肺的离体呼吸器官标本,活体马、牛。

方法和步骤 教师指导和学生分组操作相结合。

1. 呼吸器官的观察

(1)鼻、咽的观察 用头部标本观察鼻中隔、鼻甲骨、鼻道、鼻黏膜各区、额窦、上颌窦和咽。

(2)喉、气管和支气管的观察 用离体呼吸器官标本观察喉软骨、喉黏膜、喉口、气管软骨环、气管黏膜、支气管、支气管黏膜。

(3)肺的观察 用离体标本和胸腔新鲜标本观察肺的颜色、位置关系,肺的三面和两缘,心压迹、心切迹、肺门,触摸肺的质地,分辨肺的分叶和肺小叶。

(4)纵隔、胸膜和胸膜腔观察 用胸腔新鲜标本观察纵隔、各区胸膜及胸膜腔。

2. 体表投影的确定

在胸壁两侧确定肺后缘线、肺背缘线和左心切迹,用粉笔划出肺投影区的轮廓。

作业 绘制动物躯干部图,用线条标示出气管、支气管和肺的位置图。

二、识别肺的组织构造

目的与要求 能在显微镜下识别肺组织主要结构。

材料与用品 显微镜,猪肺切片。

方法和步骤

1. 低倍镜观察

肺的被膜为浆膜,实质由无数肺泡和散在其间的支气管组成。

2. 高倍镜观察

(1)小支气管 层次结构类似气管,但外膜层已成小的软骨片,上皮为假复层纤毛柱状上皮,有杯状细胞。固有层深面有分散的平滑肌纤维束。

(2)细支气管 管腔较小,黏膜有小皱襞,上皮移行为单层柱状纤毛上皮,上皮外有少量结缔组织和完整的环行平滑肌纤维。

(3)终末细支气管 管腔更小,腔面有少量皱襞或缺如。上皮为单层柱状上皮或立方上皮,上皮外有薄层平滑肌。

(4)呼吸性细支气管 管壁薄,管壁上出现散在的肺泡,上皮为单层柱状或单层立方形,上皮外有少量结缔组织和很薄的平滑肌层。

(5)肺泡管 许多肺泡囊的共同开口。局部肺泡管呈膨大状,其表面有单层立方上皮覆盖。上皮外有平滑肌。

(6)肺泡囊 肺泡囊是许多肺泡的共同开口。

(7)肺泡与肺泡隔 肺泡呈不规则形囊泡状,肺泡壁由单层扁平细胞和立方细胞组成。肺泡隔内含丰富的毛细血管及少量结缔组织。

作业 绘制肺组织学结构图,并标注各部分结构名称。

第六章
泌尿与生殖系统

【知识目标】

- 掌握牛、猪等动物泌尿生殖系统的组成以及各器官的形态位置和结构。
- 掌握牛、猪等动物睾丸及其阴囊的形态位置和结构。
- 掌握牛、猪等动物卵巢及子宫的形态位置和结构。
- 了解睾丸及卵巢的组织学结构。

【技能目标】

- 能确定泌尿生殖器官在体表的投影区域。
- 能区分牛、猪等动物泌尿生殖器官的形态和结构特征。

【思政目标】

- 培养学生崇尚科学、生命宝贵、人文关怀的精神与理念。

泌尿系统是体内重要的排泄系统，由肾、输尿管、膀胱和尿道组成(图 6-1)。肾主要作用是滤过血液、生成尿液和保持体内环境相对恒定。输尿管为输送尿液至膀胱的管道，膀胱暂时贮存尿液。尿道是排出尿液的管道。肾除了排泄功能外，在维持机体水、盐代谢，渗透压和酸碱平衡方面也起着重要作用。此外，肾还具有内分泌功能，能产生多种生物活性物质如肾素、前列腺素等，对机体的某些生理功能起着调节作用。

生殖系统包括雄性生殖器官和雌性生殖器官。主要功能是产生生殖细胞(精子或卵子)，繁殖新个体，使种族得到延续。此外，还分泌性激素，影响生殖器官的生理活动，并对促进第二性征的出现和维持第二性征都具有重要作用。

第一节　泌尿系统

泌尿系统的结构(视频)

一、肾

(一)肾的位置、形态及一般构造

肾是成对的实质器官。左、右各 1 个，一般呈豆形，红褐色。位于胸腰椎交界处横突腹面，

在腹主动脉和后腔静脉的两侧，一般呈“右前左后”(猪基本左右对称)位置。营养状况良好的动物，肾周围有脂肪包裹，称为肾脂肪囊。肾的表面包有由致密结缔组织构成的纤维膜，称为被膜。健康动物肾的被膜容易剥离。肾的内侧缘中部凹陷称为肾门，是肾动脉、肾静脉、淋巴管、神经和输尿管出入的地方。从肾门纵行切开，可见肾门向内通肾窦，肾窦是由肾实质围成的腔隙。窦内有肾乳头、肾盏、肾盂、血管、淋巴管和神经，在这些结构之间常有大量脂肪填充。

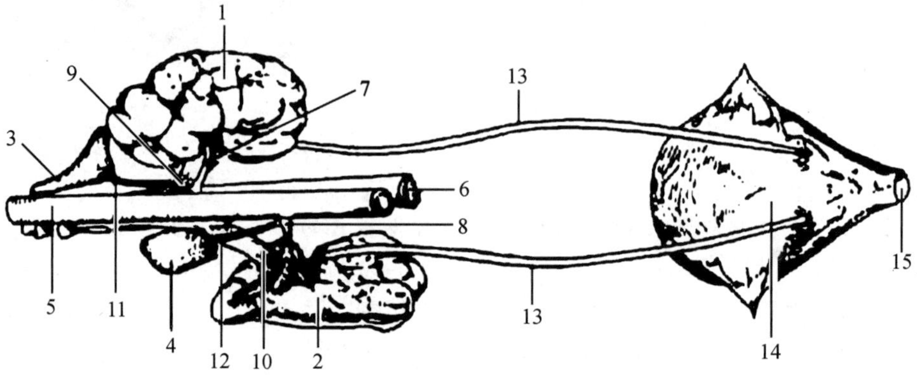

1. 右肾　2. 左肾　3. 右肾上腺　4. 左肾上腺　5. 腹主动脉　6. 后腔静脉　7. 右肾动脉　8. 左肾动脉　9. 右肾静脉　10. 左肾静脉　11. 右肾上腺动脉　12. 左肾上腺动脉　13. 输尿管　14. 膀胱　15. 尿道

图 6-1　牛泌尿系统

(引自周元军，2007)

(二)肾的类型及形态特征

肾由许多肾叶组成，动物种类不同，肾叶联合的程度不同，根据外形和内部结构不同，可分为 4 种类型(表 6-1、表 6-2 和图 6-2)。

表 6-1　哺乳动物肾类型

类　型	特　征
复肾	许多独立肾叶(小肾)构成，形似葡萄串状。这些肾叶又称为小肾；肾叶呈锥体形，外周的皮质为泌尿部，中央的髓质为排尿部，末端形成肾乳头，肾乳头被输尿管分支形成的肾盏包住。鲸、熊、海豚的肾为此种类型
有沟多乳头肾	肾的表面有许多区划肾小叶的沟，肾小叶的中段的皮质相融合；断面上可见到每个肾小叶仍形成各自的肾乳头，分别被输尿管分支形成的肾小盏包住，许多肾盏管汇合成 2 条收集管，再汇入输尿管。牛的肾为此种类型
平滑多乳头肾	各肾叶的皮质部愈合成一整体，肾表面光滑，但在断面上仍可见到显示各肾叶髓质部形成的肾锥体，锥体的末端为肾乳头，每个肾乳头都有肾小盏包住。肾小盏开口于肾大盏和肾盂。猪和人的肾为此种类型
平滑单乳头肾	肾表面光滑，整个肾的皮质和髓质完全融合在一起，肾乳头形成长嵴状的肾总乳头，突入肾盂，无肾盏。马、羊、犬和兔的肾为此种类型

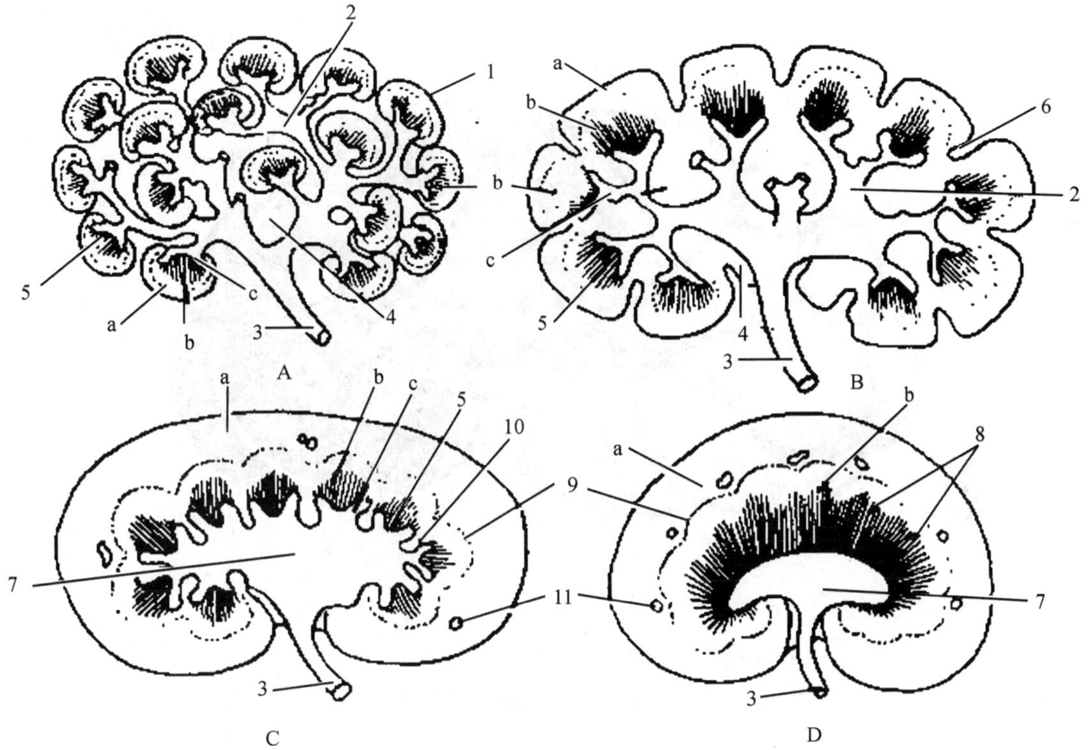

A. 复肾　B. 有沟多乳头肾　C. 平滑多乳头肾　D. 平滑单乳头肾

1. 肾小叶　2. 肾盏管　3. 输尿管　4. 肾窦　5. 肾乳头　6. 肾沟　7. 肾盂　8. 肾总乳头　9. 交界线　10. 肾柱　11. 切断的弓状血管

a. 皮质　b. 髓质　c. 肾盏

图 6-2　哺乳动物肾类型的半模式图

表 6-2　动物肾类型及形态特征

名称	类型	位　　置	特点
牛肾	有沟多乳头肾	右肾上下压扁椭圆形，第 12 肋间隙至第 2(3)腰椎横突腹面。 左肾呈三棱形，前端较小，后端大而钝圆，第 2～4 腰椎横突腹面，但因有肠系膜和瘤胃，故位置不固定(图 6-3)	表面有深浅不一的肾叶，无明显肾盂
羊肾	平滑单乳头肾	两肾均为豆形，右肾位于最后肋骨至第 2 腰椎体腹侧，左肾在瘤胃背囊的后方，第 4～5 腰椎下	
马肾	平滑单乳头肾	右肾略大，钝三角形，位于最后 2、3 胸椎及第 1 腰椎横突的腹侧，形成明显肝的肾压迹。 左肾豆形，位于最后胸椎与前 2(3)腰椎横突腹侧(图 6-4)	肾叶间皮质相融合，髓质也相融合。肾乳头融合成为肾嵴
猪肾	平滑多乳头肾	左、右肾为豆形，位置对称，位于最后胸椎和前 3 个腰椎横突腹侧	皮质融合，髓质分开，肾乳头单独存在，与肾小盏相对，汇入两个肾大盏，最后汇集于肾盂而延接为输尿管(图 6-5)
犬肾	平滑单乳头肾	左、右肾为豆形，位置较固定，右肾于前 3 个腰椎椎体腹侧，左肾变化大，胃空虚则 2～4 腰椎体腹侧，胃充盈则后移	肾盂还形成隐窝

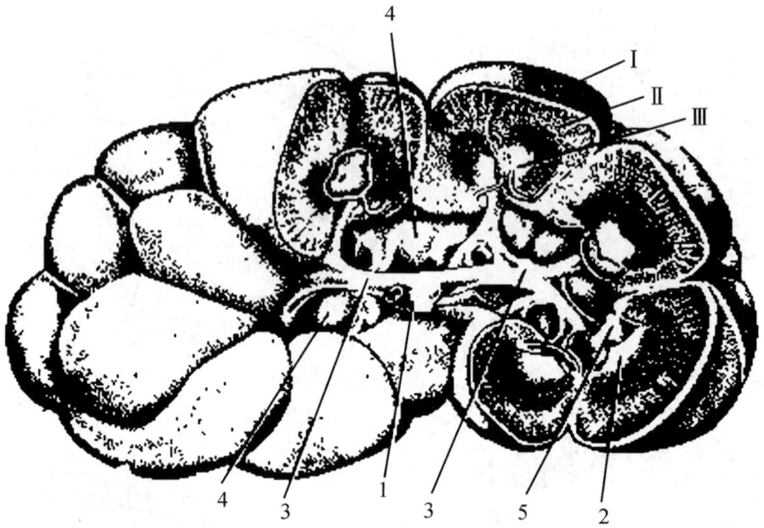

Ⅰ.纤维膜 Ⅱ.皮质 Ⅲ.髓质
1.输尿管 2.肾乳头 3.收集管 4.肾窦 5.肾小盏

图 6-3 牛肾的构造(部分剖开)

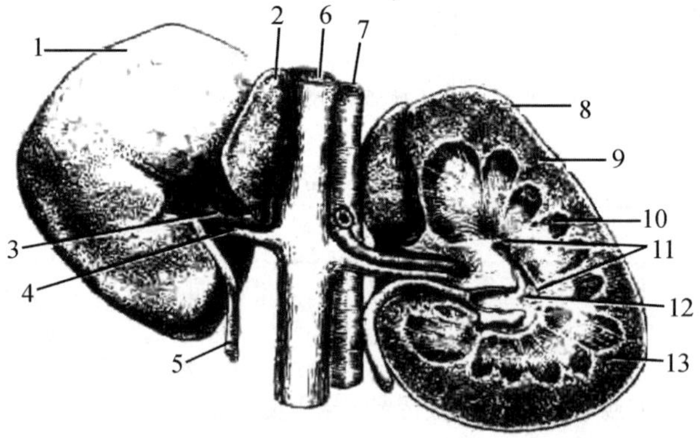

1.右肾 2.右肾上腺 3.肾动脉 4.肾静脉 5.输尿管 6.后腔静脉 7.腹主动脉
8.左肾 9.皮质 10.髓质 11.肾总乳头 12.肾盂 13.弓形血管

图 6-4 马肾(腹侧面,左肾剖开)

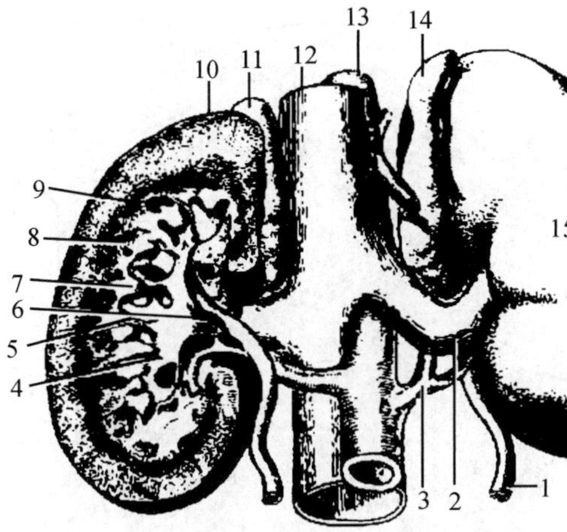

1.左输尿管　2.肾静脉　3.肾动脉　4.肾大盏　5 肾小盏　6.肾盂　7.肾乳头　8.髓质　9.皮质
10.右肾　11.右肾上腺　12.后腔静脉　13.腹主动脉　14.左肾上腺　15.左肾

图 6-5　猪肾(腹侧面,右肾剖开)

(三)肾的组织构造

肾由被膜和实质构成。

1.被膜

被膜由致密结缔组织构成。在肾表面由内向外,有 3 层被膜包裹。内层是薄而坚韧的纤维囊,在正常情况下易从肾表面剥离,但当肾发生某些病变时,与肾实质粘连,则不易剥离;中层为脂肪囊,位于纤维囊的外面;外层为肾筋膜,由腹膜外结缔组织发育而来。从肾筋膜深面发出很多小束,穿过脂肪囊连至纤维囊,对肾起固定作用。

2.肾实质

肾实质由若干肾叶构成,在肾切面上,每个肾叶可分为外周的皮质和深部的髓质,肾叶内有肾单位、集合小管系和富含血管的结缔组织。

皮质深入相邻两肾叶间向内嵌入肾锥体周围,形成肾柱。肾髓质色较淡,由若干肾锥体构成。肾锥体呈圆锥形,锥底朝向皮质,锥尖钝圆,伸向肾窦,称为肾乳头。肾锥体的纵切面可见肾小管呈放射状伸入皮质,称为髓放线。输尿管在肾窦内分为 2 条收集管,即肾大盏。收集管分出若干短支,每一短支再分出几个肾小盏,包住每个肾乳头。

(1)肾单位　肾单位是肾的基本结构和功能单位,由肾小体和肾小管构成(图 6-6 至图 6-9)。

肾小体分布于皮质,包括肾小球和肾小囊。肾小球被肾小囊包裹,实质上是一毛细血管球,它由入球小动脉进入肾小囊后分为数支,盘曲形成分叶状毛细血管球,然后又汇集成出球小动脉离开肾小囊。肾小囊是双层囊,内层称为脏层,由一种形态特殊的细胞,即足细胞组成,足细胞有反复分支的突起,突向囊腔,外层称为壁层,由单层扁平上皮构成,为立方上皮组织。两层之间的腔称肾小囊腔,直接延续为肾小管的近曲小管段。

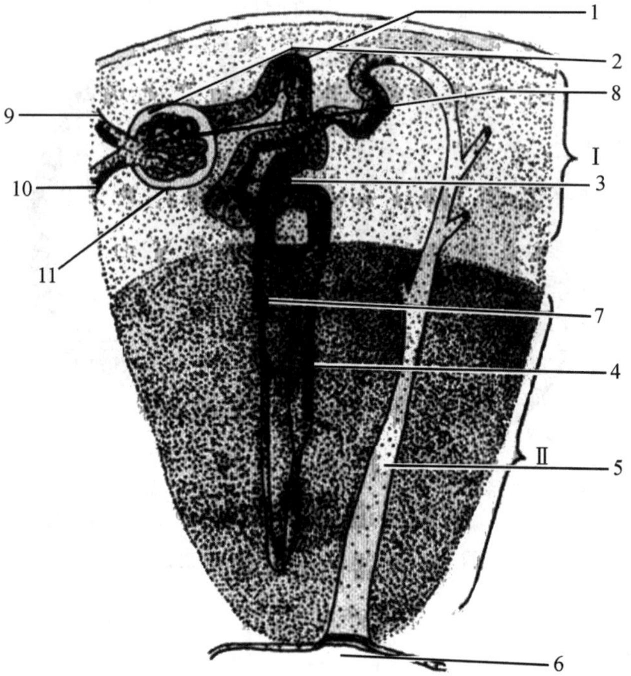

Ⅰ.肾皮质　Ⅱ.肾髓质

1.近曲小管　2.肾小囊　3.远曲小管　4.髓袢升支　5.髓质集合管　6.肾乳头

7.髓袢降支(细段)　8.肾小球　9.出球动脉　10.入球动脉　11.肾小体

图 6-6　肾单位模式图

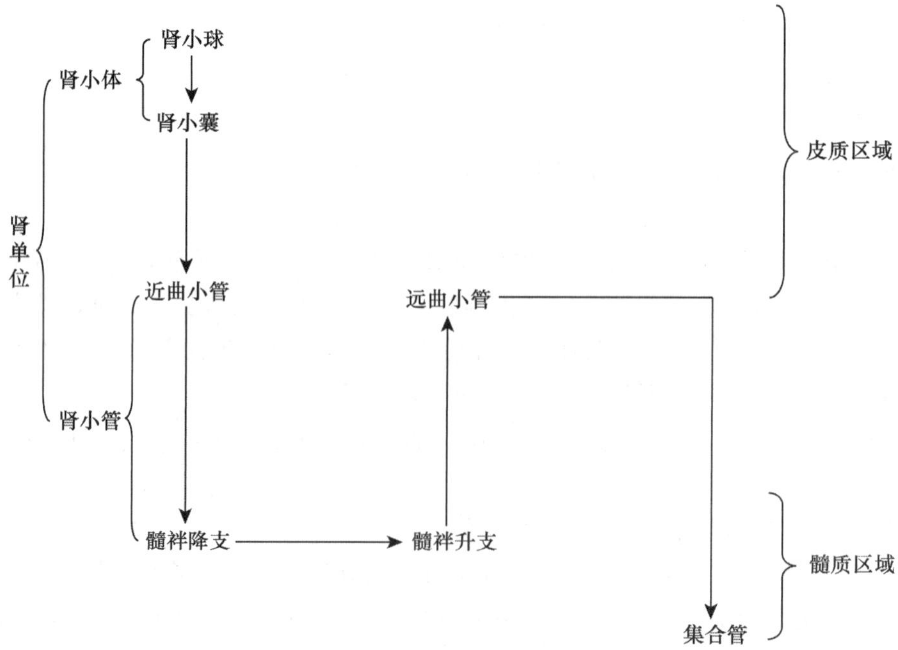

图 6-7　肾单位各部分结构关系图

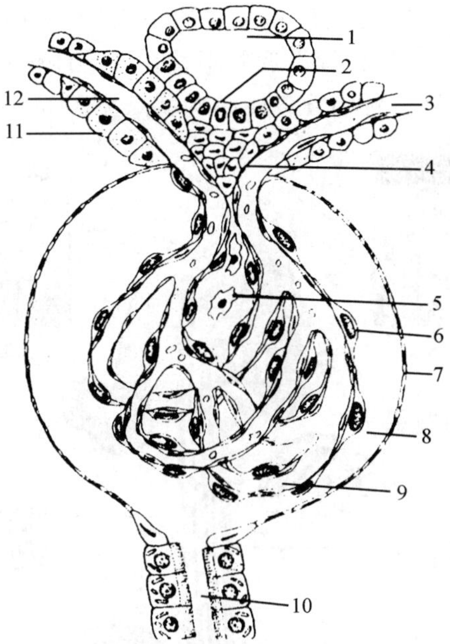

1.远曲小管　2.致密斑　3.出球小动脉　4.球外系膜细胞　5.球内系膜细胞　6.足细胞　7.肾小囊壁层
8.肾小囊腔　9.毛细血管　10.近曲小管　11.球旁细胞　12.入球小动脉

图 6-8　肾小体与球旁复合体立体模式图

（引自程会昌，2023）

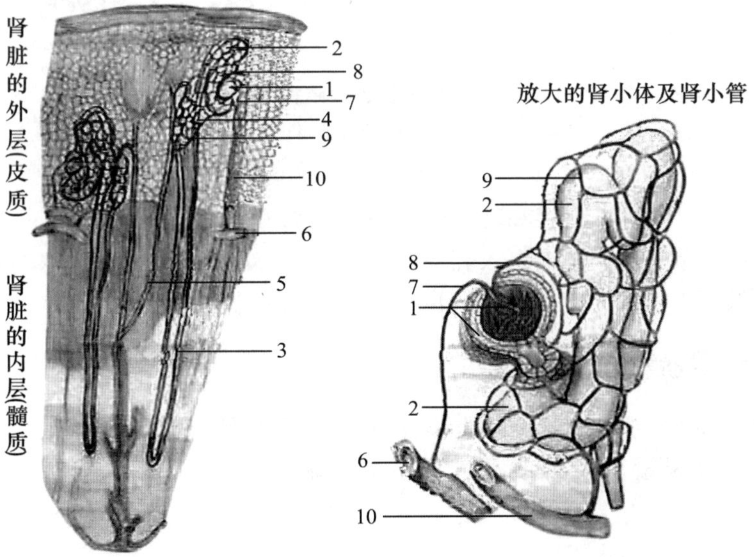

1.肾小体　2、3、4.各段肾小管　5.肾小管通肾盂　6.动脉　7.入球小动脉
8.出球小动脉　9.包围肾小管的毛细血管　10.静脉

图 6-9　肾脏的微细结构

肾小管是一条弯曲迂回于肾皮质部和髓质的小细管，顺序分为近曲小管、髓袢（降支、细段、升支）和远曲小管，末端汇入集合管。近曲小管在肾小体附近弯曲盘旋，远曲小管在皮质中较远离所属肾小体处弯曲盘绕。肾小管各段结构特点见图 6-10。

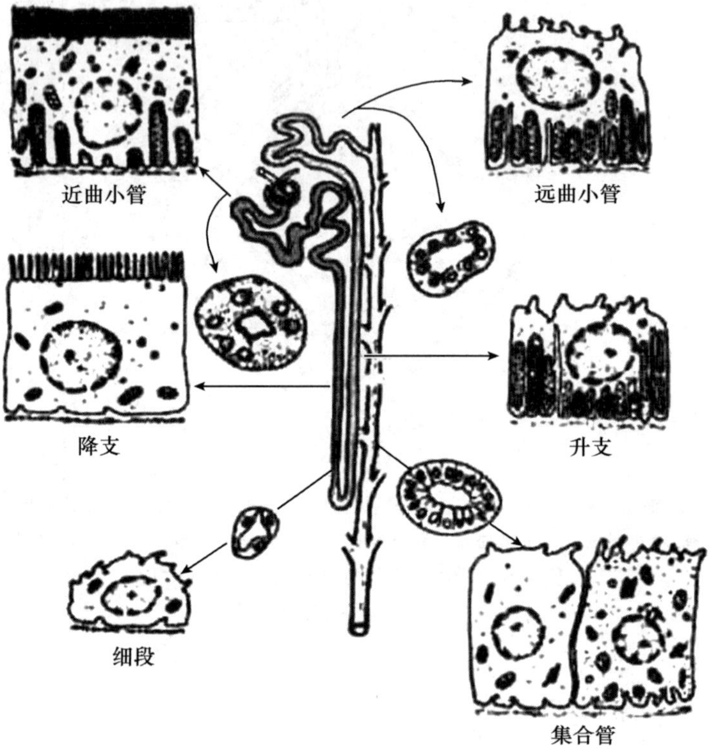

图 6-10　肾小管各段结构模式图

（引自腾可导，2006）

（2）集合小管系　包括集合管和乳头管。由数条肾单位的远曲小管在末端陆续汇合而成较粗的集合管，集合管在肾锥体内汇入乳头管，乳头管末端开口于肾乳头内的肾盏。集合管壁均由单层立方上皮或单层柱状上皮构成，具有良好的重吸收性能。

二、输尿管、膀胱和尿道

输尿管为输送尿液的一对细长的肌膜性管道。膀胱是暂时贮存尿液的器官，膀胱的形状、大小和位置随含尿量多少而改变。尿道起于膀胱颈的尿道内口，后段并入生殖道中（表 6-3）。

表 6-3　泌尿道组成

名称	走向与结构
输尿管	走向：牛起自 2 条集收管(图 6-11)；马、猪、羊起自肾盂；左、右输尿管沿腰椎腹侧向后伸延进入盆腔；斜向穿入膀胱壁并内延数厘米，开口于膀胱颈附近的黏膜面上。输尿管末端斜穿膀胱壁突入膀胱内，这种结构有利于防止尿液逆流
	输尿管壁为三层结构：黏膜(上皮层为变移上皮)、平滑肌层和外膜(图 6-12)
膀胱	位置：空虚或尿液少时，梨状，位于骨盆腔内；充盈时前半部分突入腹腔。公畜：位于直肠、生殖褶及精囊腺的腹侧；母畜：位于子宫的后部及阴道的腹侧
	结构：膀胱顶、膀胱体和膀胱颈。输尿管斜穿膀胱壁，并在壁内斜走一段，再开口于膀胱颈的背侧壁，以防止尿液自膀胱向输尿管逆流，膀胱颈延接尿道(图 6-13)
	位置：固定，膀胱正中韧带一腹面正中，连于骨盆腔底壁和膀胱腹侧之间的腹膜褶。膀胱侧韧带(膀胱脐侧褶)，连于膀胱两侧与骨盆腔侧壁之间，其游离缘各有一膀胱圆韧带，为胎儿脐动脉的遗迹。膀胱后部，由疏松结缔组织与周围器官联系，结缔组织内常有多量脂肪
	组织构造：膀胱壁由黏膜层、黏膜下层、肌层和浆膜(顶部和体部)外膜(膀胱颈部)4 层构成。有黏膜皱褶，黏膜上皮为变移上皮。肌层分为内纵行肌、中环行肌和外纵行肌 3 层平滑肌。以中环行肌最厚。在膀胱颈部环行肌层形成膀胱括约肌
尿道	公畜：起于膀胱颈的尿道内口，后段并入生殖道中。尿道外口在阴茎头的尿道突上，整个尿道细长而弯曲。除排尿功能兼有排精的作用故称尿生殖道；分尿生殖道骨盆部和尿生殖道阴茎部(详见雄性生殖器官)
	母畜：尿道外口隐藏在尿生殖前庭内的前端底壁，尿道较宽短而直，只有排尿作用
	尿道憩室：母畜尿道在阴道前庭尿道开口处的腹侧面有一凹陷，称尿道憩室。给牛导尿时切忌将导尿管误插入尿道憩室(图 6-14)

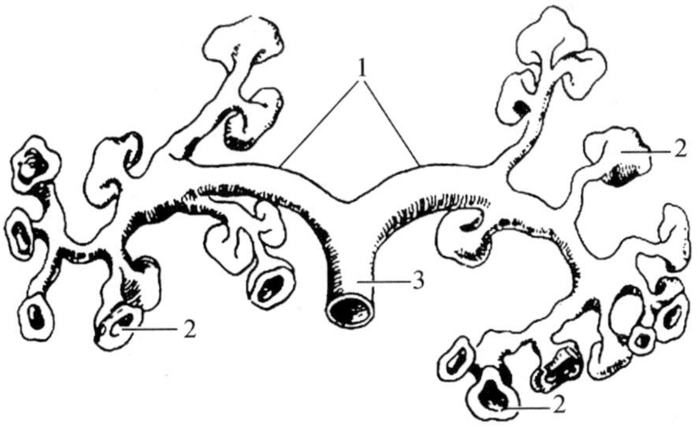

1. 收集管　2. 肾小盏　3. 输尿管

图 6-11　牛输尿管起始部和肾小盏的铸型

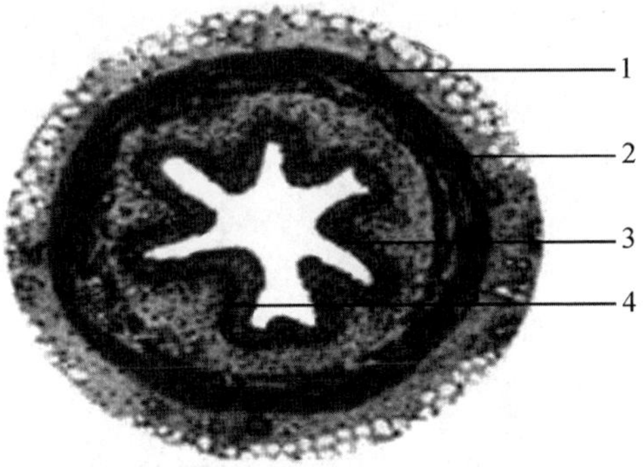

1. 外膜　2. 肌层　3. 变移上皮　4. 黏膜层

图 6-12　输尿管的结构模式图

(引自腾可导，2006)

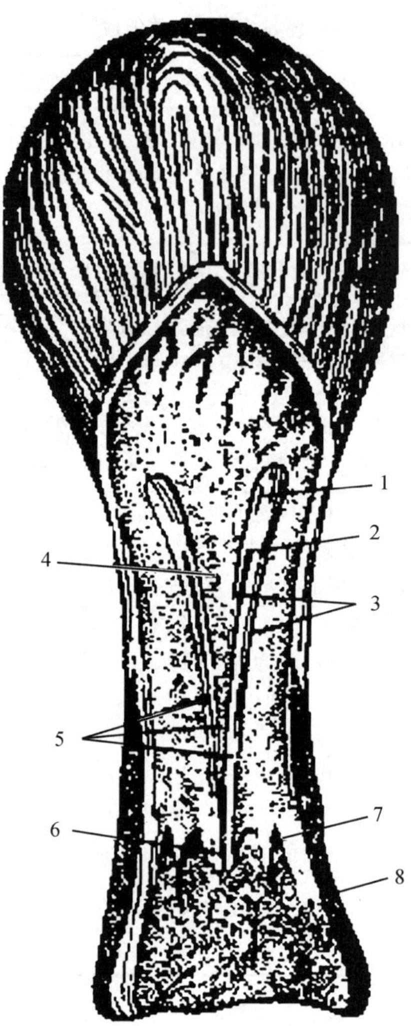

1.输尿管柱　2.输尿管开口　3.双层输尿管褶　4.膀胱三角　5.尿道褶　6.精阜　7.盲囊　8.尿生殖道管壁

图 6-13　公猪膀胱形态图

（引自北京农业大学，1961）

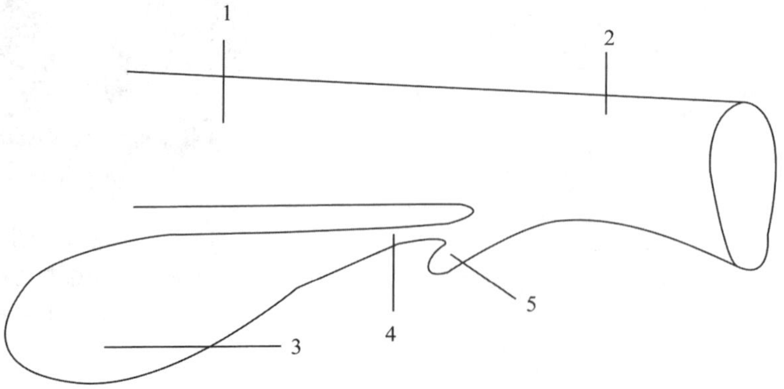

1.阴道　2.尿生殖前庭　3.膀胱　4.尿道　5.尿道憩室

图 6-14　母牛尿道憩室位置示意图

第二节　生殖系统

一、雄性生殖器官

雄性生殖器官由睾丸、附睾、输精管、精索、阴囊、尿生殖道、副性腺、阴茎和包皮组成(图 6-15)。

生命的奥秘——胚胎的发育过程(视频)

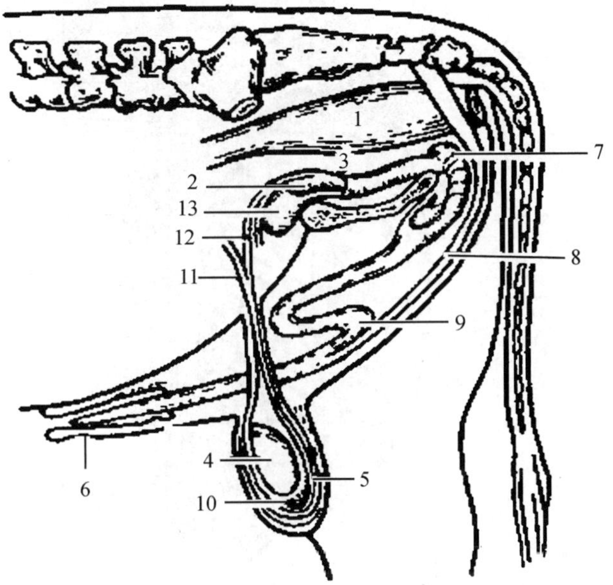

1. 直肠　2. 精囊腺　3. 前列腺　4. 睾丸　5. 阴囊　6. 包皮　7. 尿道球腺　8. 阴茎缩肌
9. 阴茎乙状弯曲　10. 附睾　11. 精索　12. 输精管　13. 膀胱

图 6-15　公牛生殖器官模式图

(一)睾丸和附睾

1. 睾丸和附睾的形态和位置

睾丸和附睾为成对的实质性器官,藏于阴囊内,左、右各 1 个。中间有阴囊纵隔隔开。在胚胎时期,睾丸位于腹腔内两肾附近。出生前后,睾丸和附睾一起经腹股沟管下降到阴囊内,这一过程称为睾丸下降。动物出生后,如果有一侧或两侧睾丸仍留在腹腔内,称为单睾或隐睾,其生殖能力较弱或无生殖能力,不宜作为种用。睾丸在阴囊内的方向各种动物有所区别(图 6-16)。

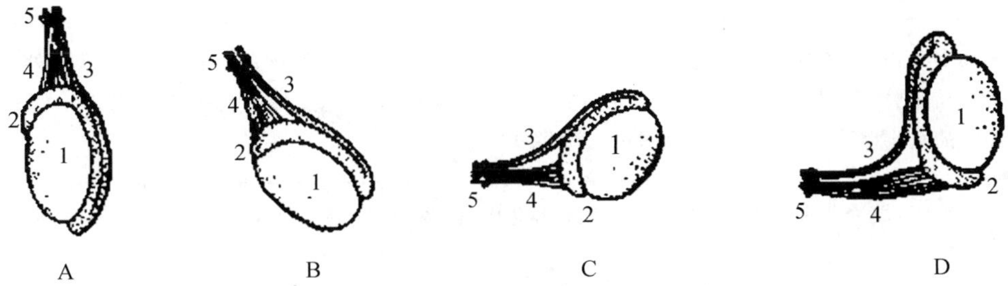

A. 牛、羊　B. 马　C. 犬　D. 猪
1. 睾丸　2. 附睾头　3. 附睾尾　4. 精索　5. 鞘环

图 6-16　各种动物睾丸在阴囊内的位置

睾丸呈左右稍扁椭圆形，附睾附着侧称为附睾缘，另一侧称为游离缘；血管出入的一端为睾丸头，另一端为睾丸尾与附睾尾相连，中间为睾丸体（图 6-17）。

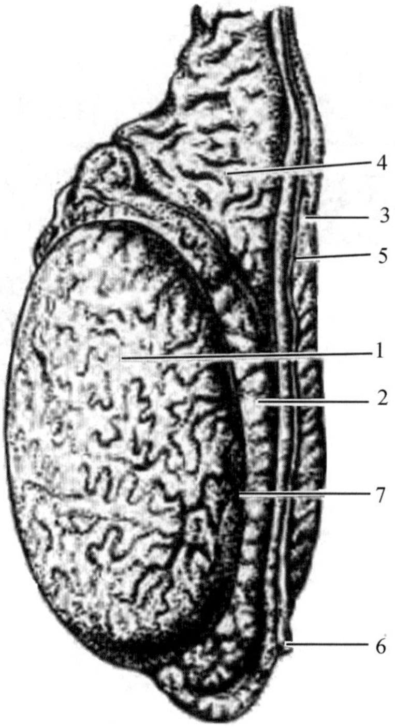

1.睾丸　2.附睾　3.输精管　4.精索　5.睾丸系膜　6.阴囊韧带　7.附睾窦

图 6-17　牛的睾丸和附睾（外侧面）

2.睾丸的组织结构

睾丸由被膜及实质构成（表 6-4，图 6-18）。

表 6-4　睾丸组织学结构

名称	结　构
被膜	大部分覆浆膜（固有鞘膜）→白膜（结缔组织）自睾丸头伸入睾丸实质沿纵轴形成睾丸纵隔→呈放射状排列的结缔组织隔称为睾丸小隔，分实质为许多锥形小叶
实质	睾丸小叶：每个睾丸小叶内有 2～3 条曲精小管，管壁为各级生精细胞。接近睾丸纵隔处曲精小管变直精小管且互相在纵隔内吻合成网状小管称为睾丸网→于睾丸头处接睾丸输出小管；6～12 条较粗的输出管穿出睾丸头的白膜，进入附睾头
	间质组织：填充于曲精小管间的结缔组织。含血管、淋巴管、神经纤维和睾丸特有间质细胞；间质细胞→雄激素（睾酮）

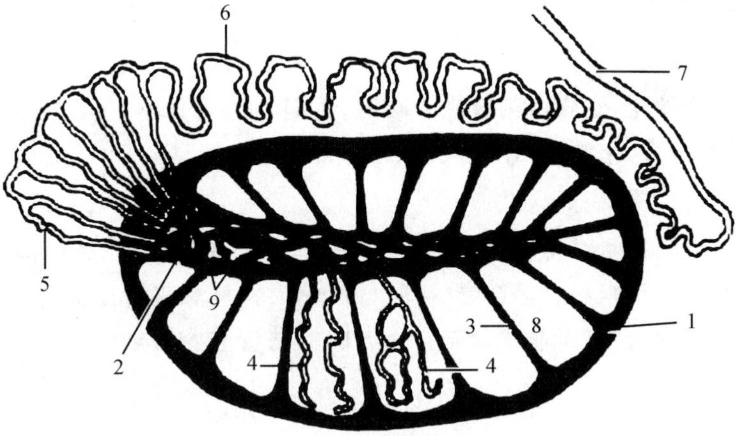

1.白膜　2.睾丸纵隔　3.睾丸间隔　4.曲精小管　5.输出小管
6.附睾管　7.输精管　8.睾丸小叶　9.睾丸网

图 6-18　睾丸和附睾结构模式图

曲精小管由 2 类细胞组成:生精细胞和支持细胞。生精细胞是形成精子的细胞,支持细胞起支持、营养和内分泌等作用。生精细胞包括精原细胞、初级精母细胞、次级精母细胞、精细胞和精子。各级生精细胞散布在支持细胞之间,镶嵌在其侧面。精子是一种形态很特殊的细胞,形似蝌蚪,分头和尾 2 部分。新形成的精子,其头部往往仍镶嵌在支持细胞的游离端,尾部朝向管腔。精子成熟后,脱离支持细胞进入管腔(图 6-19)。

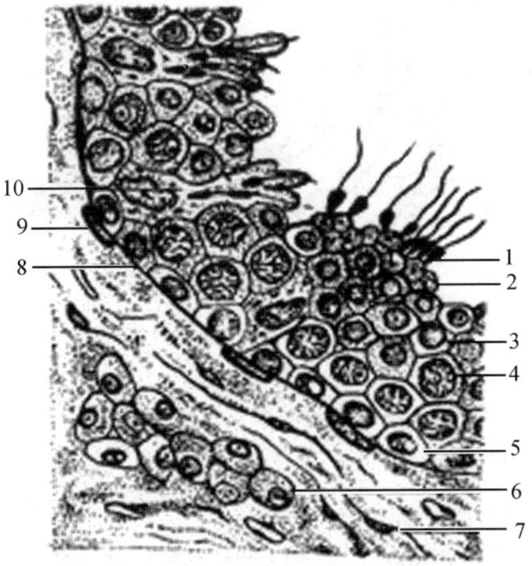

1.精子　2.精子细胞　3.次级精母细胞　4.初级精母细胞　5.精原细胞
6.间质细胞　7.结缔组织　8.基膜　9.肌样细胞　10.支持细胞

图 6-19　睾丸曲精小管及间质的显微结构

(二)输精管和精索

1. 输精管

输精管起始于附睾尾,经腹股沟管进入腹腔,再向后进入骨盆腔,在膀胱背侧形成输精管膨大部,称为输精管壶腹,末端开口于尿道起始部背侧壁的精阜上。

2. 精索

精索为一扁平近圆锥状结构,在睾丸背侧较宽,向上逐渐变细,出腹股沟管内环,沿腹腔后部底壁进入骨盆腔内。精索内有输精管、血管、淋巴管、神经和平滑肌束等,外包以固有鞘膜。牛、羊的输精管壶腹较小。猪无输精管壶腹。犬的输精管壶腹较细。马属动物的输精管壶腹最大。

(三)阴囊

阴囊为袋状腹壁囊,借助腹股沟管与腹腔相通,相当于腹腔的突出部,容纳睾丸、附睾和部分精索。阴囊壁由外向里有以下几层结构(图 6-20)。

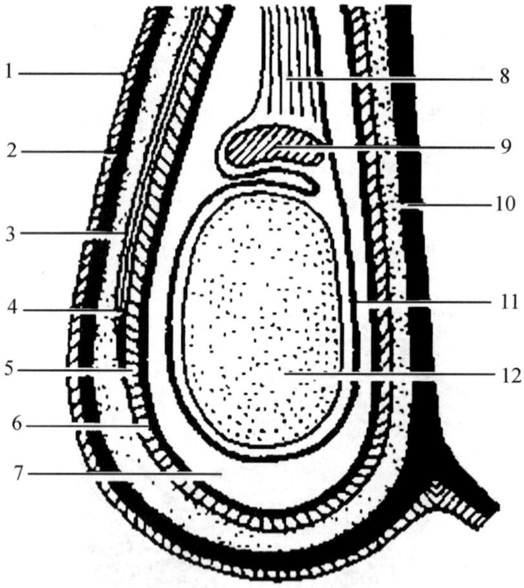

1. 阴囊皮肤 2. 肉膜 3. 精索外筋膜 4. 提睾肌 5、6. 总鞘膜 7. 鞘膜腔
8. 精索 9. 附睾 10. 阴囊中隔 11. 固有鞘膜 12. 睾丸

图 6-20 阴囊结构模式图

(1)阴囊皮肤 较薄皱褶,有少量细毛,阴囊正中有阴囊缝。

(2)肉膜 与阴囊皮肤紧贴,不易分离,由结缔组织和平滑肌组成。

(3)阴囊筋膜 位于肉膜深面,由腹壁深筋膜和腹外斜肌腱膜延伸而来。二者之间有提睾肌。

(4)鞘膜 包括固有鞘膜和总鞘膜 2 部分,两层间为鞘膜腔,有鞘膜液。固有鞘膜和总鞘膜之间折转形成的浆膜褶称为睾丸系膜。附睾尾与阴囊之间相连的睾丸系膜下端加厚的部分称为附睾尾韧带。鞘膜腔向上延续,进腹股沟管后变窄称鞘膜管,其管口与腹膜腔相通。若鞘膜管口未缩小,小肠可脱入鞘膜管或鞘膜腔内形成腹股沟疝或阴囊疝,要进行手术治疗。动物行去势手术时,切开阴囊壁后,必须剪阴囊韧带和睾丸系膜,才可将睾丸和附睾摘除。

(四)尿生殖道

雄性尿道兼有排尿和排精作用,故又称为尿生殖道。可分为骨盆部和阴茎部,两者间以坐骨弓为界。尿生殖道骨盆部为自膀胱颈到骨盆腔后口的一段,位于骨盆腔底壁与直肠之间;尿生殖道阴茎部是尿道经坐骨弓转到阴茎腹侧的一段,末端开口在阴茎头,开口处称为尿道外口。

(五)副性腺

家畜的副性腺包括精囊腺、前列腺和尿道球腺,有的动物还有壶腹腺。副性腺分泌物称为精清,参与形成精液,并有稀释精子、营养精子、改善生殖道内环境等作用(图 6-21,表 6-5)。幼年去势的动物副性腺不能正常发育。猪副性腺发达,所以每次的射精量很大。

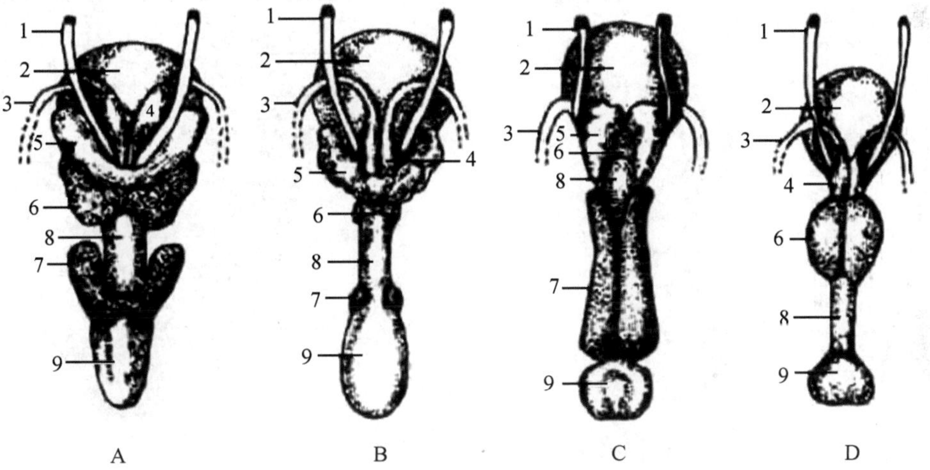

A. 马副性腺　B. 牛副性腺　C. 猪副性腺　D. 犬副性腺

1. 输尿管　2. 膀胱　3. 输精管　4. 壶腹腺　5. 精囊腺　6. 前列腺

7. 尿道球腺　8. 尿生殖道骨盆部　9. 阴茎球

图 6-21　几种动物副性腺比较

表 6-5　几种动物副性腺比较

名称	马	牛	猪	犬
精囊腺	呈囊状	较发达,呈分叶状	最发达,呈棱形三面体	无
前列腺	发达,有左右腺叶、中间峡部和扩散部	较小,有腺体部和扩散部	有腺体部和扩散部	大而坚实,呈球状,左、右两叶
尿道球腺	成对呈卵圆形,每侧腺体有 6～8 条导管	成对,胡桃状,每侧腺体各有 1 条管	成对,很发达圆柱形,每侧腺体各有 1 条腺管	无

(六)阴茎和包皮

1. 阴茎

阴茎是排尿、排精和交配器官,分为阴茎头、阴茎体和阴茎根 3 部分。阴茎根以 2 个阴茎脚起于坐骨结节腹面,进而合并为阴茎体。阴茎体是阴茎的主要部分。阴茎头位于阴茎的游离端。牛、羊、猪的阴茎呈圆柱状,细而长。阴茎体在阴囊后方,呈“乙”状弯曲,勃起时伸直。马的阴茎粗大,呈左右稍扁的圆柱状,阴茎头因海绵体发达而膨大为龟头,呈圆锥状,基部稍隆起,形成龟头冠。在龟头前端的腹侧有一凹入的龟头窝,窝内有一短的尿道突,为尿生殖道外口(图 6-22、图 6-23)。

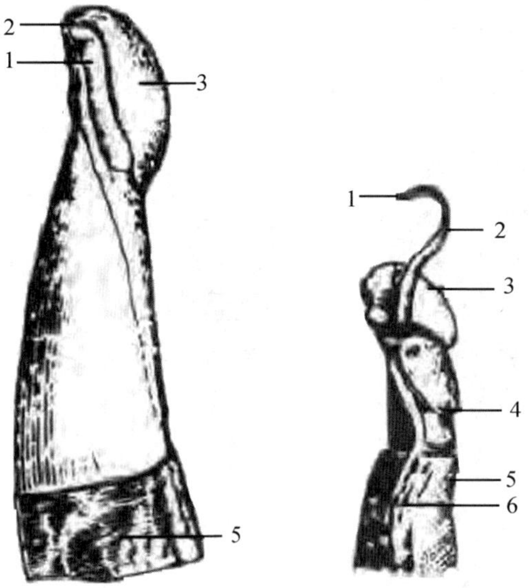

A　　B

A. 牛阴茎　B. 羊阴茎

1. 尿道突　2. 尿道外口　3. 阴茎头

4. 尿道海绵体结节　5. 包皮　6. 包皮缝

图 6-22　公牛和公羊阴茎前端

(引自陈耀星,2010)

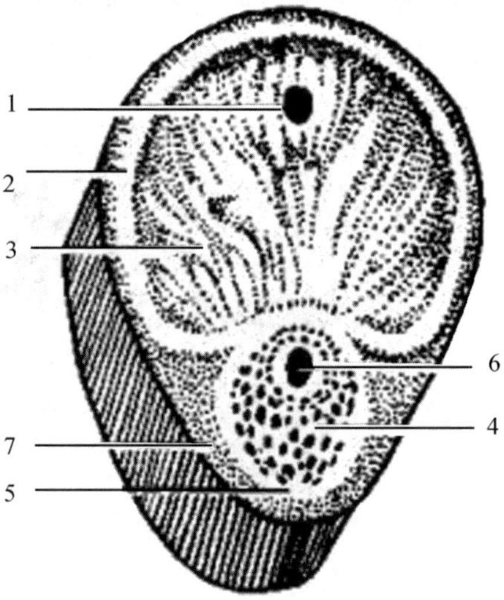

1. 阴茎海绵体血管　2. 阴茎白膜

3. 阴茎海绵体　4. 尿道海绵体

5. 尿道白膜　6. 尿生殖道　7. 阴茎筋膜

图 6-23　牛阴茎横断面

2. 包皮

包皮是指为保护阴茎头由皮肤折转形成的管状鞘,猪的包皮前部背侧壁有一圆孔通包皮盲囊,盲囊呈椭圆形,腔内常有腐败的脱落上皮及尿液,具有特殊腥臭味(图 6-24)。

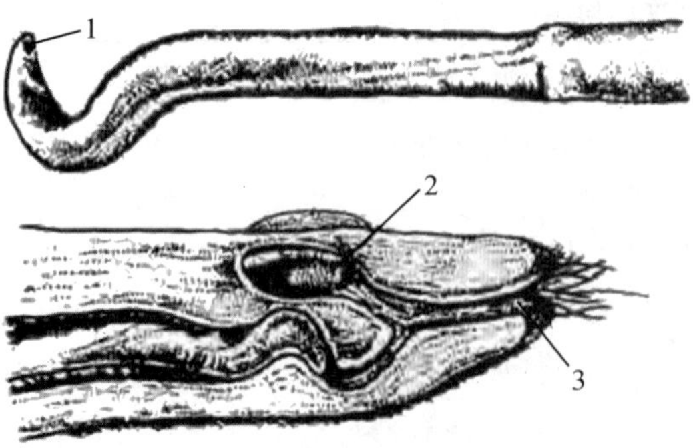

1. 尿道外口　2. 包皮盲囊　3. 包皮口

图 6-24　猪阴茎前端

二、雌性生殖器官

雌性生殖器官包括卵巢、输卵管、子宫、阴道、尿生殖前庭和阴门(图 6-25、图 6-26)。

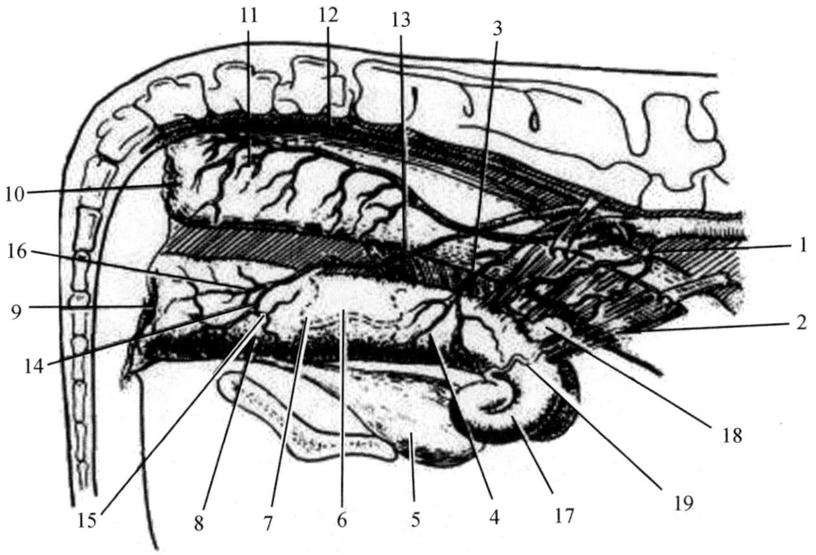

1.子宫卵巢动脉　2.子宫阔韧带　3.子宫中动脉　4.子宫体　5.膀胱　6.子宫颈管
7.子宫颈阴道部　8.阴道　9.阴门　10 肛门　11.直肠　12.荐中动脉　13.髂内动脉
14.尿生殖动脉　15.子宫后动脉　16.阴部动脉　17.子宫角　18.卵巢　19.输卵管

图 6-25　母牛生殖器官模式图

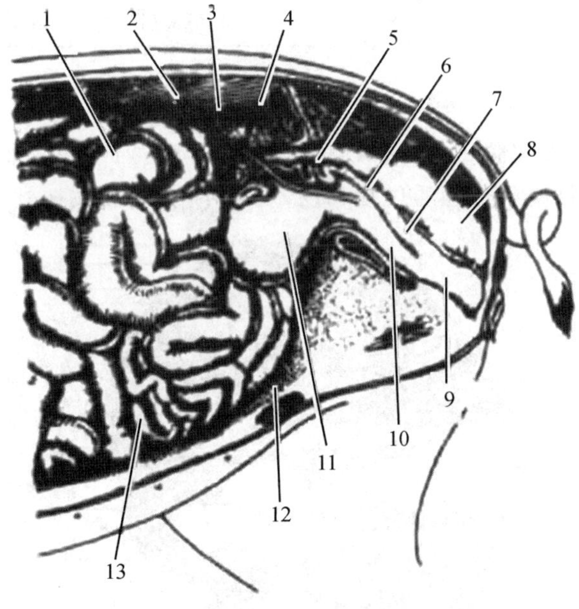

1.盲肠　2.输尿管　3.卵巢　4.输卵管　5.子宫角　6.子宫体
7.阴道　8.直肠　9.尿生殖前庭　10.尿道　11.膀胱
12.腹股沟浅淋巴结　13.空肠

图 6-26　2 月龄母猪生殖器官位置关系

(一)卵巢

1. 卵巢的形态位置及结构

卵巢是产生卵子和分泌雌性激素的器官。卵巢的解剖特征之一是没有排卵管道，卵细胞定期由卵巢破壁排出。排出的卵细胞经腹膜腔落入输卵管起始部。卵巢系膜将卵巢系于腰下。血管、神经、淋巴管出入卵巢的部位称为卵巢门(表 6-6)。

表 6-6 几种动物卵巢解剖结构比较

动物	形态和结构	位　置
牛(羊)	前端为输卵管端，窄、厚；后端为子宫端，较宽，薄；背侧缘有卵巢系膜附着；腹侧缘游离。牛扁椭圆形，羊的较小、圆	一般位于骨盆腔前口两侧。未经产的母牛：稍向后移，多在骨盆腔内。经产的母牛：腹腔内耻骨前缘的前下方
猪	性成熟前小母猪：较小，豆形，光滑，淡红色。	荐骨岬两侧稍后方。
	接近性成熟时：桑葚状	位置稍下垂和前移，位于髋结节前缘横断面处的腰下部
	性成熟后及经产的母猪：卵巢呈结节状或一堆小葡萄状	位置下垂和前移，位于髋结节前缘 4 cm 处的横断面上
马	豆形，背侧缘凸，有卵巢门；腹侧缘游离，有凹陷的排卵窝。成熟的卵细胞只能在排卵窝表面排出	卵巢系膜悬吊在腰下部肾的后方；左侧在第 4～5 腰椎横突的下方，较低；右侧在第 3～4 腰椎横突腹侧，位置较高
犬	较小，扁平卵圆形	位于肾后部约 1 cm 处，由卵巢囊包裹

2. 卵巢的组织学构造

一般可分为被膜、皮质和髓质(图 6-27，表 6-7)。皮质位于卵巢的外周部，白膜的下面，占卵巢的大部分。马属动物皮质与髓质位置相反，皮质在内部，髓质在外部。

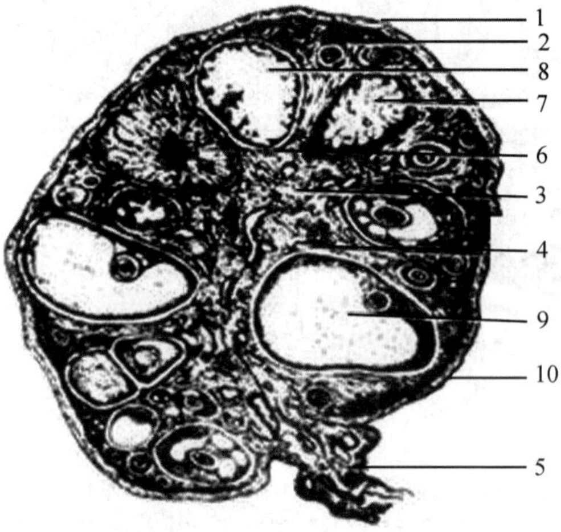

1. 白膜　2. 皮质　3. 髓质　4. 血管　5. 卵巢系膜　6. 黄体　7. 白体　8. 闭锁卵泡　9. 卵泡　10. 生殖上皮

图 6-27 母猪卵巢结构模式图

表 6-7 卵巢的组织学构造

- 卵巢组织学结构
  - 被膜
    - 生殖上皮：马属动物仅在排卵窝处有分布；在动物胚胎时期为单层立方上皮，后渐变单层扁平上皮。
    - 白膜：致密结缔组织。
  - 实质
    - 皮质
      - 基质：致密的结缔组织，参与形成卵泡膜及间质腺。
      - 各级卵泡
        - 原始卵泡：小、无卵泡腔，初级卵母细胞和一层卵泡细胞构成，数量多。
        - 生长卵泡
          - 初级卵泡：多层卵泡细胞及卵母细胞，周围现透明带；卵泡周围结缔组织分化，渐形成卵泡膜。
          - 次级卵泡：现卵泡腔，有卵泡液→卵母细胞及卵泡细胞被挤一边形成卵丘；另一被挤到卵泡腔周围形成颗粒层；透明带表面的颗粒细胞排列成放射状，称为放射冠。
        - 成熟卵泡：体积最大，突出于卵巢表面，卵泡壁变薄，成熟卵泡破裂后，将卵细胞等排出卵巢，此过程称为排卵。
      - 闭锁卵泡：大多数卵泡不能发育成熟，在各发育阶段中，逐渐萎缩退化留下的遗迹。
      - 黄体：排卵后，卵泡壁的细胞增大，出现黄色颗粒，称为黄体细胞。黄体细胞集合成群，形成闭块状结构称为黄体。排出的卵细胞如果受精，黄体继续发育，称为真黄体(妊娠黄体)，可分泌孕酮(或称黄体素)；卵细胞如果没有受精，黄体则退化，称为假黄体(周期黄体)。黄体退化后被结缔组织代替，称为白体。
    - 髓质：结缔组织，含丰富血管、神经及淋巴管等。

(二)输卵管

输卵管是一条多弯曲的细管，位于子宫角和卵巢之间，输卵管分为 3 个部分。

(1)输卵管漏斗　位于最前端，漏斗的边缘不规则，呈伞状，称为输卵管伞。伞的中央有一小的输卵管腹腔口。

(2)输卵管壶腹　输卵管的上 1/3 处，稍膨大，管壁薄而弯曲，是精子和卵子的结合部位。

(3)输卵管峡部　较短细而直，管壁较厚，末端以输卵管子宫口与子宫角相通连。

输卵管管壁由黏膜层、肌层和浆膜层构成。

(三)子宫

家畜的子宫是胎儿生长发育和娩出的器官。分为子宫角、子宫体和子宫颈 3 部分。前接输卵管，后接阴道，背侧为直肠，腹侧为膀胱。大部分位于腹腔内，小部分位于骨盆腔内，被子宫阔韧带所固定。后者为一宽厚的腹膜褶，内有丰富的结缔组织、血管、神经及淋巴管。各种动物子宫形态不一致。

1. 牛(羊)的子宫

子宫角较长，呈羚羊角形。牛子宫黏膜有 70～120 个突出于表面的半圆形子宫阜，妊娠时子宫阜发育为母体胎盘。牛子宫肉阜为外凸于子宫黏膜的菌状，牛子宫颈口突出于阴道，颈管发达，壁厚面硬(图 6-28)。羊子宫与牛基本相同，只是较小，宫颈为极不规则的弯曲管道。羊的肉阜为凹形。

2. 猪的子宫

猪的子宫有两个长而弯的子宫角，形似小肠(图 6-29)。子宫体短，子宫颈长，管腔中有若干个断面为半圆形突起的环形皱襞，后端逐渐过渡为阴道，没有明显的子宫颈阴道部。

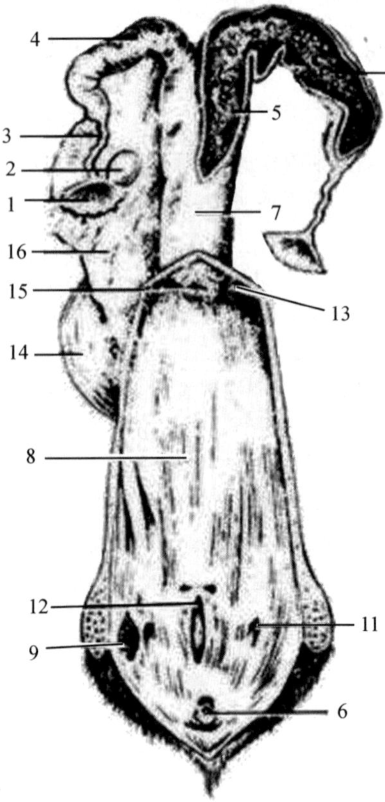

1.输卵管伞　2.卵巢　3.输卵管　4.子宫角
5.子宫内膜　6.阴蒂　7.子宫体　8.阴道
9.剖开的前庭大腺　10.子宫阜　11.前庭大腺
12.尿道外口　13.阴道穹隆　14.膀胱
15.子宫颈外口　16.子宫阔韧带

图 6-28　母牛生殖器官部分剖开(背侧观)

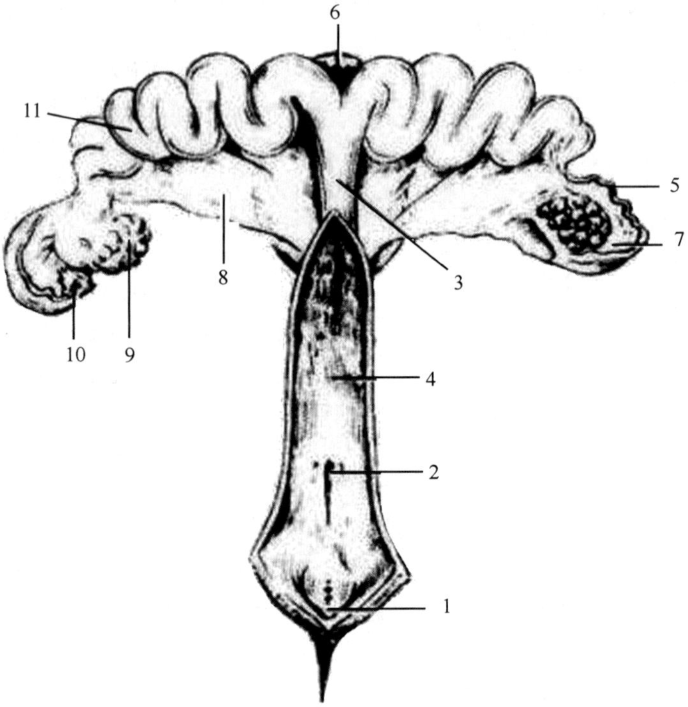

1.阴蒂　2.尿道外口　3.子宫体　4.阴道黏膜
5.输卵管　6.膀胱　7.卵巢囊　8.子宫阔韧带
9.卵巢　10.输卵管腹腔口　11.子宫角

图 6-29　母猪生殖器官部分剖开(背侧面观)

(四)阴道

阴道是母畜的交配器官和产道,阴道呈扁管状,位于骨盆腔内,在子宫后方,向后延接尿生殖前庭,其背侧与直肠相邻,腹侧与膀胱及尿道相邻。有些家畜(如牛)的阴道前部由于子宫颈阴道部突入,形成陷窝状阴道穹隆,在人工授精操作时应注意此结构。

(五)尿生殖前庭

尿生殖前庭是交配器官和产道,也是尿液排出的必经之路。位于骨盆腔内,直肠的腹侧,其前接阴道,在前端腹侧壁上有一条横行黏膜褶称为阴瓣,可作为前庭与阴道的分界;后端以阴门与外界相通。

尿生殖前庭的腹侧壁上,靠近阴瓣的后方有尿道外口,两侧有前庭小腺的开口。前庭两侧壁内有前庭大腺,开口于前庭侧壁。

母牛尿道较短，位于阴道腹侧，前端与膀胱颈相接，后端开口于尿生殖前庭起始部的腹侧壁，为尿道外口，母牛有明显的尿道憩室（详见图 6-14）。

（六）阴门

阴门位于肛门腹侧，由左、右两阴唇构成，两阴唇间的裂缝称为阴门裂。阴唇上、下两端的联合，分别称为阴唇背侧联合和阴唇腹侧联合。在腹侧联合前方有一阴蒂窝，内有阴蒂，相当于公畜的阴茎。

【本章要点速查】

表 6-8　泌尿生殖系统学习要点速查

名称	学习要点归纳
泌尿系统	1. 肾的一般构造：脂肪囊、被膜、肾门、肾叶、肾窦（肾乳头、肾盏、肾盂）→输尿管 2. 肾的类型：平滑单乳头、平滑多乳头、有沟多乳头和复肾 3. 肾的组织构造：肾单位（肾小体、肾小管）、集合管、乳头管、肾盏、肾盂 4. 输尿管：变移上皮，开口膀胱颈 5. 膀胱：呈梨形囊状，膀胱顶、膀胱体、膀胱颈，黏膜上皮为变移上皮 6. 尿道：公畜尿道长而弯曲，牛、猪有乙状弯曲，具有排尿和排精功能；母畜尿道短而直，母牛有尿道憩室
雄性生殖系统	1. 睾丸和附睾：睾丸头、尾，附睾管。曲精小管→精子；间质细胞→雄激素；附睾：贮存和成熟精子 2. 输精管：附睾尾出，2 条 3. 精索：包括输精管、血管、淋巴管、神经和平滑肌束等。公畜去势时要结扎精索血管（防止出血过多） 4. 阴囊：阴囊皮肤、肉膜、总鞘膜、固有鞘膜、提睾肌 5. 尿生殖道：排尿和排精共同管道；分骨盆部、阴茎部 6. 副性腺：精囊腺、前列腺、尿道球腺。分泌物称为精清，稀释和营养精子，改善生殖道内环境
雌性生殖系统	1. 卵巢：产生卵子和分泌雌性激素以及孕激素 2. 子宫：子宫角、子宫体、子宫颈，牛子宫颈突出于阴道形成子宫颈阴道部 3. 输卵管：输卵管漏斗，边缘伞部；输卵管壶腹部、输卵管峡部。上 1/3 为精卵结合部（壶腹部） 4. 阴道：阴道黏膜粉红色，牛有阴道穹隆，猪无 5. 尿生殖前庭：交配器官、产道和排尿，前庭腺 6. 阴门：在肛门腹侧，阴门裂、阴蒂

【练一练　测一测】

一、填空题

1. 阴囊壁结构可分为________、________、________和________。
2. 睾丸小叶由________、________和________构成。
3. 牛肾类型为________，猪肾类型为________，犬肾类型为________。

4. 肾小球实为________，是原尿生成的结构。

5. 输尿管的真正开口在膀胱________。

6. 公畜副性腺包括________、________和________，其分泌物统称为________，有营养精子的作用。

7. 雄性性腺指________，雌性性腺指________。

8. 无精囊腺和尿道球腺的动物是________。

9. 副性腺较发达的动物是________，其精子密度________，不宜制作冻精。

10. 无子宫颈阴道部的动物是________，故人工输精较易操作。

11. 成熟卵泡破裂后，________和________同时流出称为________。

二、选择题

1. 肾乳头（　　）。

A. 为肾柱的尖端　B. 属于皮质　C. 朝向皮质　D. 顶端有乳头孔

2. 肾椎体（　　）。

A. 即肾乳头　B. 属于皮质　C. 朝向皮质　D. 尖端指向肾窦

3. 牛肾为（　　）。

A. 有沟多乳头肾　B. 平滑多乳头肾　C. 平滑单乳头肾　D. 复肾

4. 具有子宫阜的家畜是（　　）。

A. 兔　B. 犬　C. 猪　D. 牛

5. 卵巢具有排卵窝（卵巢窝）的家畜是（　　）。

A. 牛　B. 羊　C. 猪　D. 马

6. 副性腺包括精囊腺、前列腺、尿道球腺，仅有前列腺的家畜是（　　）。

A. 马　B. 牛　C. 羊　D. 犬

7. 没有明显子宫颈阴道部的家畜是（　　）。

A. 牛　B. 羊　C. 猪　D. 马

8. 输精管末端开口于（　　）。

A. 膀胱颈　B. 尿道内口腹侧　C. 精阜　D. 阴茎头

9. 猪的卵巢呈（　　）。

A. 圆形　B. 椭圆形　C. 桑葚状　D. 豆形

10. 卵巢被卵巢囊包裹的家畜是（　　）。

A. 牛　B. 羊　C. 猪　D. 犬

11. 牛输精管的末端膨大形成（　　）。

A. 输精管壶腹（腺）　B. 尿道球腺　C. 精囊腺　D. 前列腺

12. 牛子宫颈与阴道相通的结构是（　　）。

A. 子宫颈口　B. 阴道穹隆　C. 子宫颈阴道部　D. 子宫颈管

13. 不具有阴道穹隆结构的动物是（　　）。

A. 猪　B. 牛　C. 马　D. 犬

14. 猪的子宫不具有的特点是（　　）。

A. 两个子宫角　B. 子宫角长，形似小肠

C. 子宫颈阴道部　D. 子宫角黏膜有子宫阜

15. 以下哪个结构，不包括在肾单位概念里面（　　）。

A. 近曲小管　B. 远曲小管　C. 细段　D. 集合小管

16. 肾小囊的脏层细胞具有初级和次级突起，这种细胞称为（　　）。

A. 周细胞　B. 球内系膜细胞　C. 球旁细胞　D. 足细胞

17. 睾丸组织中，产生精子的结构是（　　）。

A. 直精小管　B. 曲精小管　C. 睾丸间质　D. 睾丸网

18. 雄激素由哪种细胞分泌（　　）。

A. 精原细胞　B. 支持细胞　C. 睾丸间质细胞　D. 曲精小管

19. 有尿道憩室结构的是（　　）。

A. 母牛　B. 公牛　C. 母马　D. 公马

20. 输尿管壁由（　　）构成。

A. 黏膜、尿道、外膜　B. 肌层、外膜、肾门

C. 黏膜、肌层、外膜　D. 尿道、肾盂、外膜

21. 泌尿系统的组成（　　）。

A. 肾小管、输尿管、膀胱、尿道　B. 肾、肾小球、输尿管、尿道

C. 肾、输尿管、膀胱、尿道　D. 肾、肾小体、膀胱、尿道

22. 肾小体中入球小动脉比出球小动脉短而（　　）。

A. 细　B. 粗　C. 直　D. 弯

23. 肾的内侧缘中部凹陷称为（　　）。

A. 肾叶　B. 肾锥体　C. 肾门　D. 肾窦

24. 能判定奶牛产奶量高低标志是（　　）。

A. 乳静脉　B. 乳头　C. 乳镜　D. 体重

三、判断题（对的打√，错的打×）

1. 家畜肾脏一般呈右前左后位置。（　　）
2. 肾小体的血管球，由入球小动脉和出球小动脉相连。（　　）
3. 肾小球毛细血管属于有孔型。（　　）
4. 肾上腺位于肾脏的前内侧动脉管上。（　　）
5. 从肾乳头渗出的尿液属于原尿。（　　）
6. 精索就是输精管的别称。（　　）
7. 肾脏表面常有脂肪囊包裹，正常情况下难剥离。（　　）
8. 附睾是贮存和成熟精子的结构。（　　）
9. 受精部位是输卵管上 1/3。（　　）
10. 妊娠时，牛是胎儿胎盘包裹母体胎盘，而羊是母体胎盘包裹胎儿胎盘。（　　）

四、简答题

1. 简述肾单位构成。
2. 简述睾丸组织结构。
3. 精索包括哪些器官？公畜去势时最怕什么？怎样避免？
4. 比较牛、马、猪、犬副性腺的特点。
5. 简述卵泡的发育过程和各级卵泡结构。

参考答案

【实验实训】

一、泌尿与生殖系统各器官形态结构和位置观察

目的与要求

1. 了解家畜泌尿系统的组成及各器官相互关系，能确定肾的体表投影位置。

2. 认识公、母畜生殖系统的组成及各器官的形态、结构、位置以及它们之间的关系，掌握家畜卵巢、输卵管、子宫的结构特征。

材料与用品 家畜肾浸制标本；连有尿道整套泌尿系统标本；显示有公、母畜生殖系统各器官位置关系的尸体标本或牛、羊、猪（公、母）生殖器官的离体标本；新鲜兔（猪）的腹腔和骨盆腔标本。

方法和步骤

（一）泌尿器官的观察

（1）肾 用肾浸制标本观察肾纤维膜、肾门、肾窦、皮质、髓质、肾乳头、肾盏、肾盂或收集管。

（2）输尿管、膀胱和尿道 用连有尿道整套泌尿系统离体标本，观察输尿管，膀胱顶、膀胱体、膀胱颈、膀胱外膜、膀胱黏膜、公畜骨盆部尿道和阴茎部尿道、尿道外口，母畜尿管外口、尿道憩室。

（3）肾和膀胱在腹腔和骨盆腔中位置关系 用新鲜兔（猪）的腹腔和骨盆腔剖开标本观察肾与躯干的关系，肾与肝、胃的关系，观察空虚膀胱背侧和腹侧相邻器官的关系。在肾切面上辨认出皮质，髓质。

（二）公畜生殖器官的观察

注意观察阴囊、睾丸、附睾和输精管的形态、结构及它们之间的位置关系。比较牛、羊、猪生殖器官形态结构特征。

（三）母畜生殖器官的观察

观察卵巢的形态、大小及位置；输卵管与卵巢的位置关系；子宫的形态和位置，子宫阜、子宫颈外口、阴瓣和尿道外口。

作业

1. 绘制牛、猪、兔泌尿系统模式图，并标明各部分名称。

2. 绘制牛、羊、猪生殖系统模式图，并标明各部分名称。

二、肾、睾丸、卵巢组织的观察

目的与要求

1. 认识肾小体、肾小管和集合管的构造特点，理解尿液的生成过程。

2. 认识睾丸和卵巢的构造，加深理解精子和卵子的形成过程。

材料与用品　显微镜、组织切片(肾脏、睾丸、卵巢)。

方法和步骤

(一)肾组织构造观察

1. 低倍镜观察

(1)纤维膜　由致密结缔组织构成,覆盖于肾表面。

(2)皮质部　位于纤维膜内面,整个切面由许多圆形、卵圆形的肾小体和管状的肾小管组成。

(3)髓质部　位于皮质内面,与皮质没有明显界线。由许多纵行管道构成,是集合管和髓袢升、降支。在管道间有结缔组织和毛细血管。

2. 高倍镜观察

(1)肾小体　由肾小球和肾小囊构成。肾小球是一团毛细血管网。仔细观察入球小动脉和出球小动脉切面。肾小囊由单层扁平上皮形成的壁层和足细胞形成的脏层组成,两层之间为囊腔。脏层紧贴肾小球毛细血管壁。壁层为连续单层扁平上皮。

(2)肾小管　可分为近曲小管,髓袢升、降支和远曲小管。各段上皮形态不同,但均为单层上皮。

(3)集合管和乳头管　集合管壁为单层上皮构成,多个集合管下行,汇合为乳头管。乳头管起始为单层上皮,末端则变为变移上皮。

(二)睾丸组织构造观察

1. 低倍镜观察

睾丸表面的被膜相当厚,由两层分界不明显的结缔组织构成,外层比较薄,为固有鞘膜,其上覆以单层扁平上皮;内层为白膜,含有许多血管。被膜伸入睾丸实质,将其分隔为许多睾丸小叶,在切片上见到薄层结缔组织将切断的曲精小管一群一群包围起来,每一群曲精小管就是一个睾丸小叶。

2. 高倍镜观察

选一个睾丸小叶观察,可见到曲精小管间的结缔组织内有成群的卵圆形或多边形间质细胞,体积大,胞核圆。仔细观察曲精小管构造,曲精小管属于上皮性管道,管壁由少量锥形支持细胞和成群的圆形生精细胞构成。在管腔最内层,可见到成群的精子聚集于支持细胞上。上皮周围是基膜和薄层结缔组织。

(三)卵巢组织构造观察

1. 低倍镜观察

卵巢表面被有单层生殖上皮。生殖上皮下面有致密结缔组织形成的白膜。白膜内层为皮质,皮质内含有大量不同发育时期的卵泡,卵巢深部为髓质,是含有许多血管和神经的疏松结缔组织。卵巢的一侧有卵巢门。

2. 高倍镜观察

(1)生长卵泡　接近成熟的卵泡,体积大,卵泡腔增大,颗粒层(由卵泡细胞形成)变薄,卵细胞和它周围的卵泡细胞位于卵泡腔一侧，如半岛状突入卵泡腔中，称为卵丘。

(2)黄体　成熟卵泡破裂后，卵泡细胞和卵泡内膜细胞增长、肥大形成黄体细胞，填充在排卵后塌陷的卵泡腔内，细胞呈多角形，细胞质内有黄色类脂颗粒。

作业

1. 在高倍镜下绘制肾小体构造图，并标明各部分名称。
2. 在高倍镜下绘制曲精小管构造图，并标明各部分名称。
3. 在低倍镜下绘制卵巢组织构造图，并标明各部分名称。

第七章
循环系统

【知识目标】

• 掌握家畜心血管系统的组成。
• 掌握心脏的形态、结构和位置。
• 掌握动脉、静脉、毛细血管的区别及主要血管分布及临床意义。
• 掌握血液循环的过程。
• 了解胎儿的心血管结构特点、胎儿血液循环特点及出生后的变化。
• 掌握淋巴系统的构成、淋巴液的生成、淋巴循环的途径及其与血液循环的关系。
• 掌握淋巴器官及主要浅表和深部淋巴结的位置和功能。

【技能目标】

• 能在活体上找到心脏、重要血管、淋巴器官及主要浅表和深部淋巴结的体表投影。

【思政目标】

引导学生树立正确的人生观、价值观，培养责任担当和救死扶伤的人道主义精神。

循环系统由心血管系统和淋巴系统构成。

第一节　心血管系统

心血管系统由心脏、血管（包括动脉、毛细血管和静脉）和血液组成。心脏是血液循环的动力器官，在神经体液调节下，进行有节律的收缩和舒张，使血液按一定方向流动。动脉起于心脏，输送血液到肺和全身各部，沿途反复分支，管径越分越小，管壁越来越薄，最后移行为毛细血管。毛细血管是连接于动脉、静脉之间的微细血管，互相吻合成网，遍布全身。其管壁很薄，具有一定的通透性，以利于血液和周围组织进行物质交换。静脉收集血液回心脏，从毛细血管起始逐渐汇集成小、中、大静脉，最后通入心脏（图 7-1）。

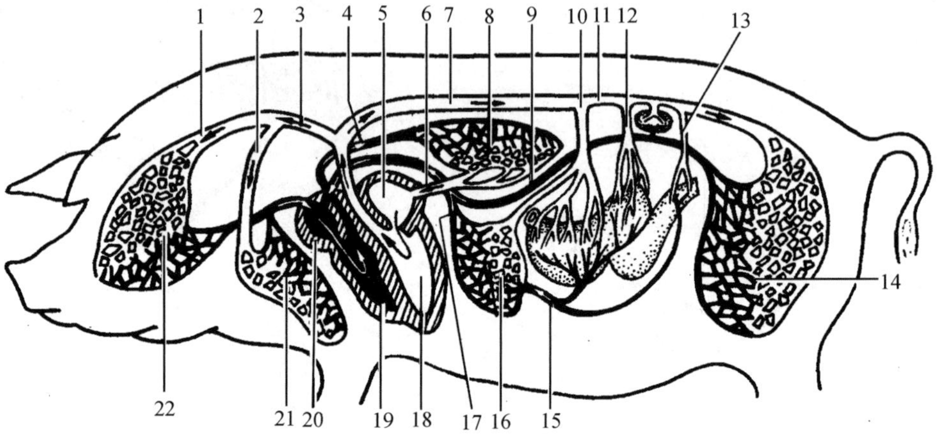

1. 颈总动脉 2. 腋动脉 3. 臂头动脉总干 4. 肺动脉 5. 左心房 6. 肺静脉 7. 胸主动脉 8. 肺毛细血管 9. 后腔静脉 10. 腹腔动脉 11. 腹主动脉 12. 肠系膜前动脉 13. 肠系膜后动脉 14. 骨盆部和后肢的毛细血管 15. 门静脉 16. 肝毛细血管 17. 肝静脉 18. 左心室 19. 右心室 20. 右心房 21. 前肢毛细血管 22. 头颈部毛细血管

图 7-1 成年家畜血液循环模式图

一、心脏

心脏的结构（视频）

（一）心脏的形态和位置

心脏是 1 个中空的肌质器官，外包有心包，呈左、右稍扁的倒立圆锥形，其前缘凸，后缘短而直。上部大称为心基，有进出心脏的大血管，位置较固定；下部小且游离，称为心尖。心脏表面有一环状的冠状沟和 2 条纵沟，在牛心脏的后面还有 1 条副纵沟。冠状沟靠近心基，是心房和心室的外表分界，上部为心房，下部为心室。左纵沟又称锥旁室间沟，位于心脏的左前方，几乎与心脏的右缘平行；右纵沟又称窦下室间沟，位于心脏的右后方，可伸达心尖。两室间沟是左、右心室的外表分界，前部为右心室，后部为左心室。在冠状沟和室间沟内有营养心脏的血管和脂肪（图 7-2）。

心脏位于胸腔纵隔内，夹在左、右两肺间，略偏左（牛心脏的 5/7，猪心脏的 3/5 位于正中平面的左侧），约在胸腔下 2/3 部。牛心脏位于第 3～6 肋间，心基位于肩关节的水平线上，心尖距胸骨 2 cm，距膈 2～5 cm；猪心脏位于第 2～5 肋，心基位于胸腔背腹径中点平面上，心尖与第 7 肋软骨和胸骨结合处相对，距膈较近。

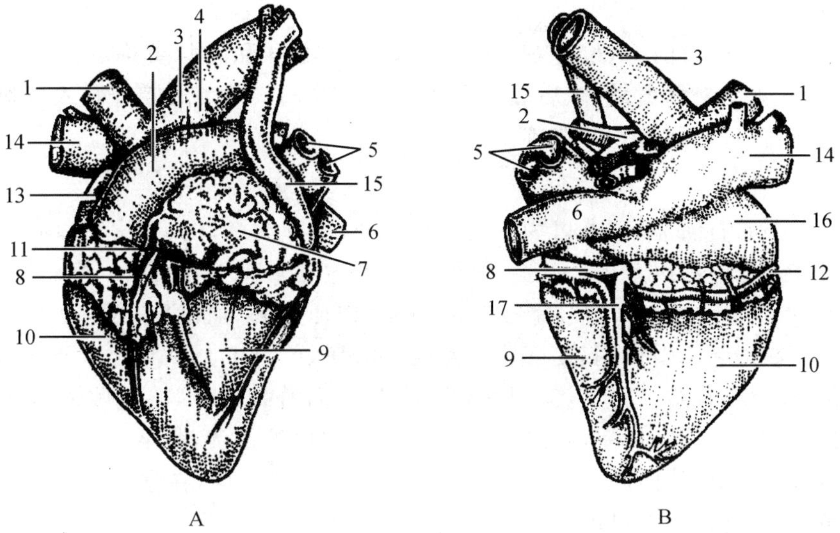

A. 左侧面　B. 右侧面

1. 臂头动脉干　2. 肺动脉　3. 主动脉弓　4. 动脉韧带　5. 肺静脉　6. 后腔静脉　7. 左心房　8. 心大静脉　9. 左心室　10. 右心室　11. 左冠状动脉　12. 右冠状动脉　13. 右心耳　14. 前腔静脉　15. 左奇静脉　16. 右心房　17. 心中静脉

图 7-2　牛的心脏

(引自程会昌,2012)

(二)心腔的构造

心脏以纵向房间隔和室间隔分为左右互不相通的两半。每半又分为上部的心房和下部的心室,左、右共 4 个腔。同侧的心房和心室各以房室口相通(图 7-3)。

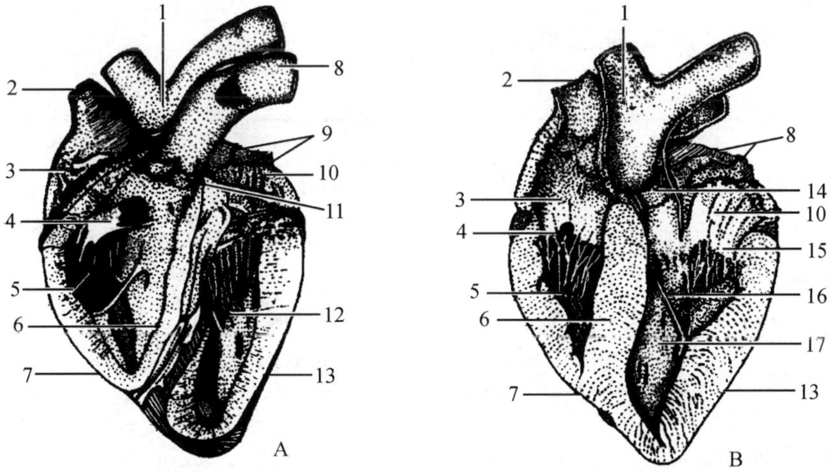

A. 通过肺动脉的纵切面　B. 通过主动脉的纵切面

1. 主动脉　2. 前腔静脉　3. 右心房　4. 三尖瓣　5. 右心室　6. 室中隔　7. 前缘　8. 肺动脉　9. 肺静脉　10. 左心房　11. 肺动脉半月瓣　12、17. 左心室　13. 后缘　14. 主动脉半月瓣　15. 二尖瓣　16. 心横肌

图 7-3　心脏纵切面

(引自周元军,2007)

1. 右心房

右心房构成心基的右前部，位于右心室背侧。由右心耳和静脉窦构成。右心耳为圆锥形盲囊，尖端偏向左侧。静脉窦是前、后腔静脉和奇静脉的入口部。后腔静脉入口附近的房中隔上有卵圆窝，是胚胎时期卵圆孔的遗迹。

2. 右心室

右心室位于心的右前部，其入口为右房室口，出口为肺动脉口。右房室口有 3 个三角形的瓣膜，称为三尖瓣，也叫右房室瓣。其游离缘向下，通过腱索连于乳头肌。当心房舒张时，房室口打开，血液由心房流入心室，当心室收缩时，心室内压升高，血液将瓣膜向上推使其相互合拢，关闭房室口，腱索起牵引作用，使瓣膜不致翻向心房，可防止血液倒流。肺动脉口处有 3 个半月形的瓣膜，称为半月瓣。每片瓣膜均呈袋状，袋口向着肺动脉，心室收缩时，瓣膜开放，血液射入肺动脉；当心室舒张时，室内压骤降，肺动脉内的血液倒流时，入半月瓣的袋口，使其相互靠拢而关闭肺动脉口，从而防止血液倒流入右心室。心室里面，在室中隔上有横过室腔走向室侧壁的心横肌，有防止心室过度扩张的作用。

3. 左心房

左心房构成心基的左后部，左心耳也呈圆锥状盲囊，向左向前突出。在左心房背侧壁的后部，有 6～8 个肺静脉入口。左心房下方有一左房室口与左心室相通。

4. 左心室

左心室剖构成心室的左后部，室腔的上方有左房室口和主动脉口。左房室口有两片瓣膜，称为二尖瓣，也叫左房室瓣，其结构和作用同三尖瓣。主动脉口有 3 个半月瓣，其结构及作用同肺动脉口的半月瓣。左心室内也有心横肌。牛在主动脉环内有左、右两块心骨，右侧心骨较大，长 5～6 cm；左侧心骨小，长约 2 cm。其他动物没有心骨。

(三)心壁的构造

心壁分 3 层，包括心外膜、肌层和心内膜(表 7-1)。

表 7-1　心壁构造

名称	层次	结构特点
心外膜	心包浆膜脏层紧贴心肌表面	光滑、湿润；在心基部的血管周围移行为心包壁层
心肌	心壁最厚层；心室肌厚于心房肌。左心室肌 3 倍厚于右心室肌	心肌纤维构成，内有血管、淋巴管和神经等
心内膜	为内皮结构，薄而光滑贴于心肌内面	与血管的内膜相连续，并在房室口和动脉口处折叠形成瓣膜，即房室瓣和动脉瓣(图 7-4)

(四)心脏的血管

心脏本身的血液循环称为冠状循环，由冠状动脉、毛细血管和心静脉组成，主要起到营养心脏的作用。

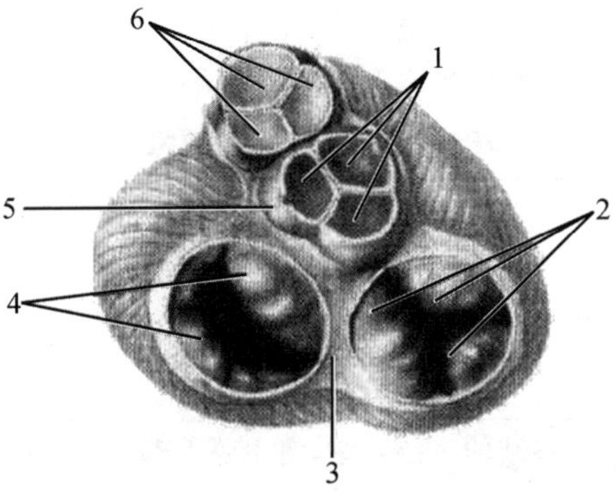

1.主动脉瓣 2.三尖瓣 3.纤维结缔组织 4.二尖瓣 5.冠状动脉开口处 6.肺动脉瓣

图 7-4 心脏瓣膜示意图(除去心房的俯视图)

(引自 Sylvia S. Mader,2002)

(五)心脏的传导系统和支配神经

1.心脏传导系统

心脏传导系统是由特殊的心肌纤维构成,包括窦房结、房室结和房室束及浦肯野纤维(图 7-5,表 7-2)。其主要功能是产生并传导心搏动的冲动至整个心脏,是调整心脏节律性运动的系统。

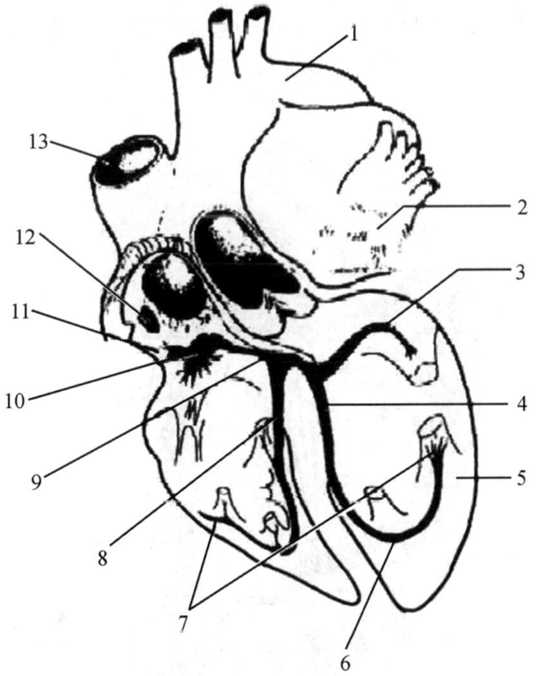

1.主动脉 2.心房肌 3.左前肌束 4.左束支 5.心室肌 6.左后肌束 7.浦肯野纤维
8.右束支 9.希氏束 10.房室结 11.结间通路 12.窦房结 13.前腔静脉

图 7-5 心脏的传导系统

(引自周定刚,2010)

2. 心脏的支配神经

心脏的支配神经有交感与副交感神经(表 7-2)。

表 7-2 心脏传导系统构成

<table>
<tr><th colspan="3">名 称</th><th>分 布</th></tr>
<tr><td rowspan="4">心脏传导系统</td><td colspan="2">窦房结</td><td>位于前腔静脉和右心耳间界沟内的心外膜下;分出心房肌分支,数支结间束至房室结</td></tr>
<tr><td colspan="2">房室结</td><td>位于房中隔右房侧的心内膜下,冠状窦的前面</td></tr>
<tr><td colspan="2">房室束</td><td>房室结的直接延续,室中隔上部有左、右束支,分别沿左、右心室侧心内膜下延伸</td></tr>
<tr><td colspan="2">浦肯野纤维</td><td>房室束的小分支在心内膜下分散而与普通心肌纤维相连接</td></tr>
<tr><td rowspan="3">心脏支配神经</td><td rowspan="2">运动神经</td><td>交感神经</td><td>称为心加速神经,交感神经兴奋窦房结,使心肌活动加强</td></tr>
<tr><td>副交感神经</td><td>称为心抑制神经,副交感神经抑制窦房结,使心肌活动减弱</td></tr>
<tr><td>感觉神经</td><td colspan="2">分布于心壁各层,随交感神经和迷走神经进入脊髓和脑</td></tr>
</table>

(六)心包

包在心外面的锥形纤维囊,囊壁由纤维膜和浆膜组成,保护心脏(图 7-6)。纤维膜为一层致密结缔组织,在心基部与出入心脏的大血管的外膜相连,在心尖部折转而附着于胸骨背侧。浆膜分壁层和脏层,壁层贴于纤维膜的内面,在心基折转到心的表面为脏层,覆盖于心肌表面构成心外膜。壁层和脏层之间的裂隙为心包腔,内有少量心包液起润滑作用。心包炎时,心包液增多并浑浊。

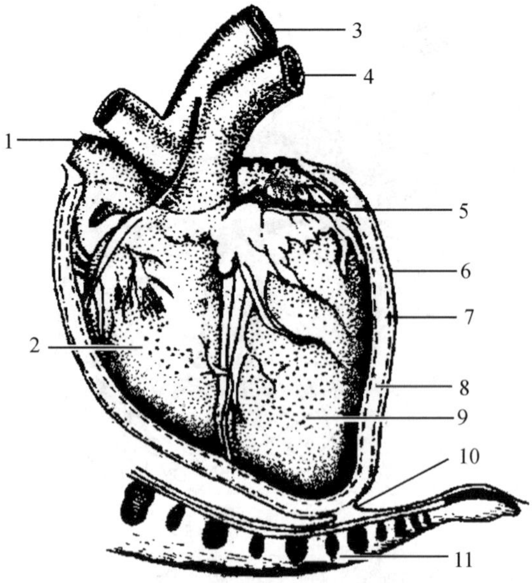

看看心脏是怎样工作的(视频)

1. 前腔静脉 2. 右心室 3. 主动脉 4. 肺动脉 5. 心包脏层 6. 纤维膜 7. 心包壁层 8. 心包腔 9. 左心室 10. 胸骨心包韧带 11. 胸骨

图 7-6 心包的构造

(引自周元军,2007)

二、血管

（一）血管的种类及分布规律

根据其结构和功能不同血管分为 3 种：动脉、静脉、毛细血管（表 7-3）。

表 7-3　血管的种类

种类	结构特点
动脉	将血液从心脏输送至全身各部；管壁厚，管腔小，富弹性和收缩性，管径越粗，弹性越好；随着分支，管径变细
毛细血管	分布于器官组织内，分支交互成网的血管壁很薄，仅一层内皮细胞及外围薄层结缔组织构成
静脉	将血液从全身引流回心脏的血管，管壁薄，管腔较大，有些部位特别是四肢部位的静脉内壁上有静脉瓣（膜），起防止血液倒流的作用

血管分布的一般规律。

（1）血管主干多沿脊柱的腹面，四肢的内侧或关节的屈面伸延，位置较隐蔽，可避免损伤和过度牵张，有利于血流的流通。动脉在延伸时常与神经伴行，并由结缔组织包裹成束状，所以结扎血管时应分离神经。动脉支的粗细不决定器官的大小，而决定于器官的功能。

（2）血管主干分出侧支，以最短距离到达所分布的器官。相邻血管常有分支相通，有代偿作用。

（3）动脉和静脉常伴行，静脉比伴行的动脉粗，且数量多，可分为浅静脉和深静脉。浅静脉位于皮下，称为皮下静脉。因在体表可以看见，临床上常用来采血和静脉注射。

（二）肺循环的血管

肺循环又称小循环，由肺动脉、肺静脉和肺毛细血管构成。肺动脉干起于右心室，在主动脉的左侧向上方延伸，至心基的后上方分为左右 2 支，分别与同侧支气管一起经肺门入肺，牛羊和猪的右肺动脉在入肺前还分出 1 支到右肺的尖叶。肺动脉在肺内随支气管而分支，最后在肺泡周围形成毛细血管网，在此进行气体交换。肺静脉由肺内毛细血管网汇合而成，与肺动脉和支气管伴行，最后汇合成肺静脉，由肺门出肺进入左心房（图 7-7）。

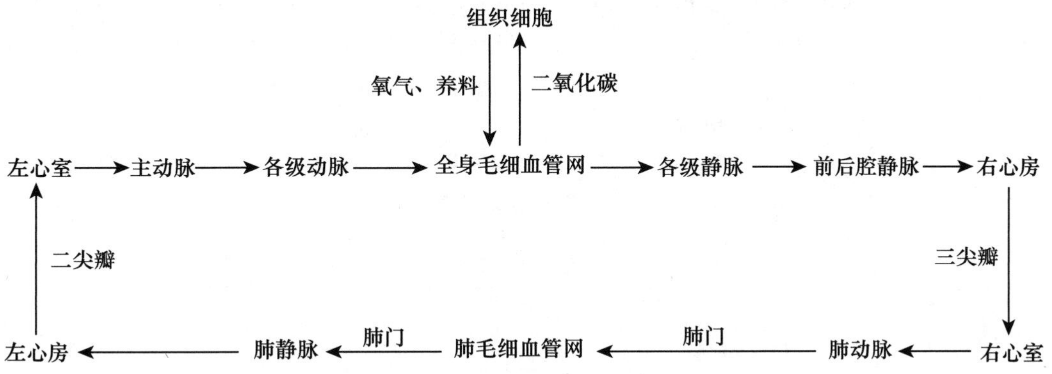

图 7-7　体循环与肺循环路径

(三)体循环的血管

体循环又称大循环,从左心室开始,经过主动脉及其各级分支,进入全身各处形成毛细血管网,而后汇集到前、后腔静脉返回右心房。

1. 体循环的动脉

主动脉为体循环的动脉总干,起始于左心室的主动脉口,分为主动脉弓、胸主动脉和腹主动脉。主动脉弓为主动脉的第一段,自主动脉口斜向后上方,呈弓状延伸至第 6 胸椎腹侧;然后沿胸椎腹侧向后延续至膈,此段称为胸主动脉;最后穿过膈上的主动脉裂孔进入腹腔,称为腹主动脉(图 7-8 至图 7-14,表 7-4)。

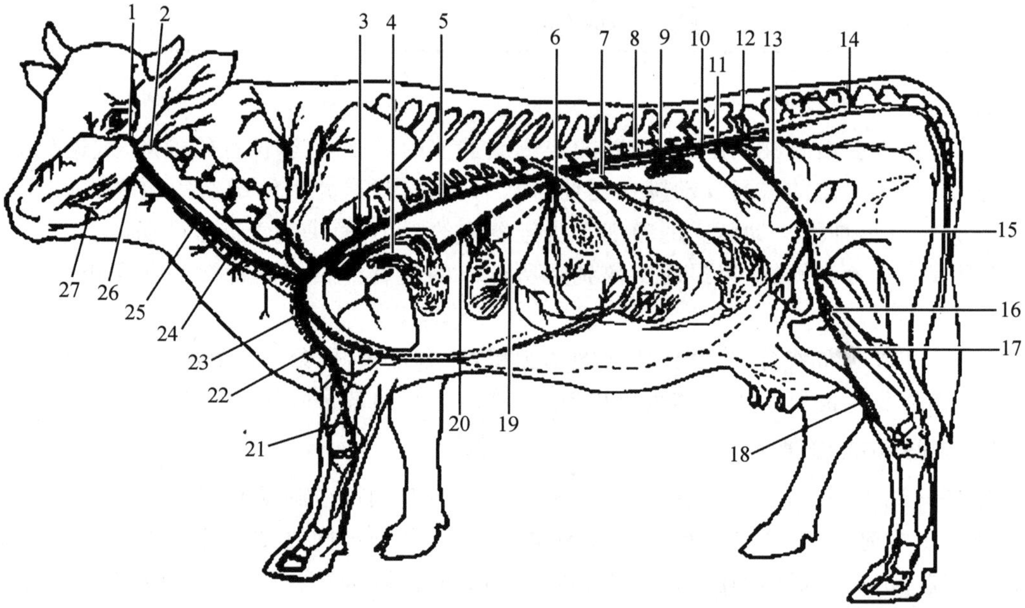

1. 颈外动脉　2. 枕动脉　3. 肺动脉　4. 肺静脉　5. 胸主动脉　6. 腹腔动脉　7. 肠系膜前动脉
8. 腹主动脉　9. 肾动脉　10. 睾丸动脉或卵巢动脉　11. 肠系膜后动脉
12. 髂内动脉　13. 髂外动脉　14. 荐中动脉　15. 股动脉　16. 腘动脉
17. 胫后动脉　18. 胫前动脉　19. 门静脉　20. 后腔静脉
21. 正中动脉　22. 臂动脉　23. 腋动脉　24. 颈静脉
25. 颈总动脉　26. 舌面动脉干　27. 面动脉

图 7-8　牛全身动脉模式图

(引自程会昌,2023)

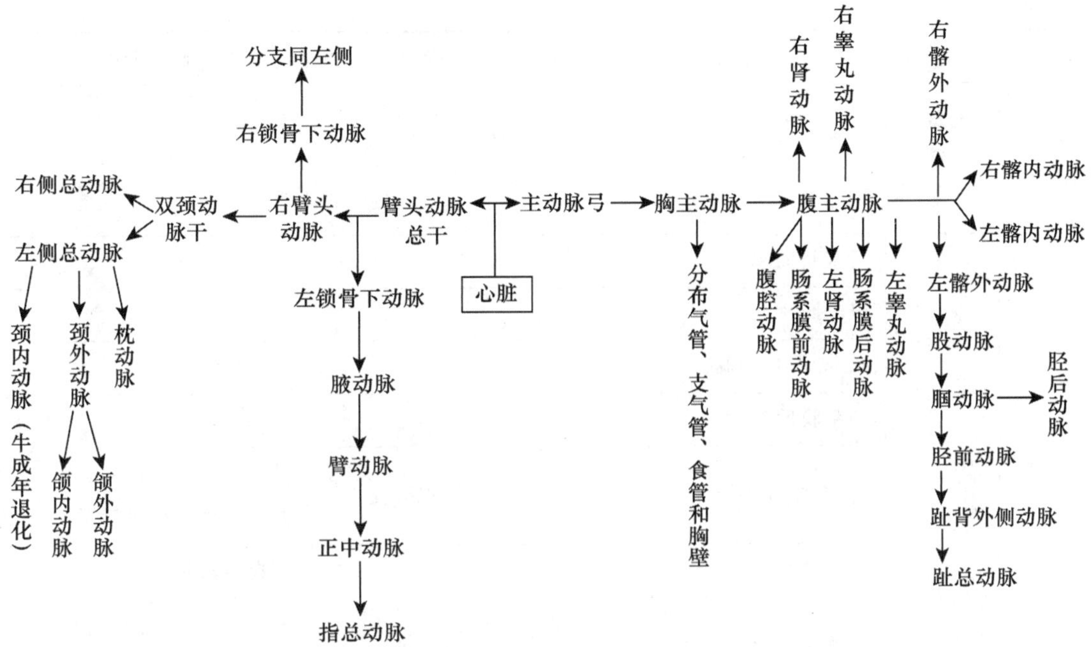

图 7-9 体循环动脉的主要分支

（引自周定刚，2010）

表 7-4 主要动脉血管分布简表

名称	血液供应	主要分支			位置	临床意义
主动脉弓	前肢、颈部、颅部和胸廓腹侧部	臂头动脉干	左右锁骨下动脉	椎动脉	颈椎的横突管，颈部肌肉	牛的脑后部有椎动脉，宗教屠宰利用这一点颈总动脉放血，使动物死亡
				腋动脉	冈上肌、臂三头肌、冈下肌、肩胛下肌、大圆肌、背阔肌	环绕第 1 肋前缘，可进行腋动脉注射
				臂动脉	臂二头肌、喙臂肌、大圆肌、背阔肌、腕桡侧伸肌	在肘关节的内侧面可以明显触及臂动脉的脉搏
				正中动脉		
				指动脉	腕关节	近端籽骨远轴面可以触到指动脉脉搏
			双颈动脉干	面动脉	面部、唇、鼻、眼睑	面切迹处可以触到面动脉，马的脉搏触诊点；也可以在此处动脉采血
				面横动脉	咬肌	颞下颌关节的腹侧，动脉采血

续表 7-4

名称	血液供应	主要分支	位置	临床意义
胸主动脉	胸臂、腹壁、脊髓		胸壁、脊髓、气管、食管、膈	
腹主动脉	膈、腹壁、骨盆腔壁、腹腔器官、骨盆腔器官、后肢、尾部	肠系膜前动脉		
		肾动脉		
		睾丸/卵巢动脉		
		肠系膜后动脉		
		左、右髂外动脉	后肢，终末分支	髂内淋巴结、髂外淋巴结、腹股沟深淋巴结定位点
		子宫动脉		只存在母马
		旋髂深动脉		髂内淋巴结、髂外淋巴结、腹股沟深淋巴结定位点
		股动脉	股部肌、胫部肌、趾部肌	羊、猫、犬在股内侧浅层可以触到股动脉，羊、猫、犬脉搏触诊点
		腘动脉		
		胫前动脉		
		跖背侧第 3 动脉	趾部	在第 3 跖骨与第 4 跖骨之间，跖背侧动脉处进行动脉采血
		髂内动脉	骨盆腔器官、骨盆壁、腰部肌肉、臀部肌肉，终末分支	
		荐中动脉	尾部	荐骨岬处可触摸到荐中动脉，牛脉搏触诊点

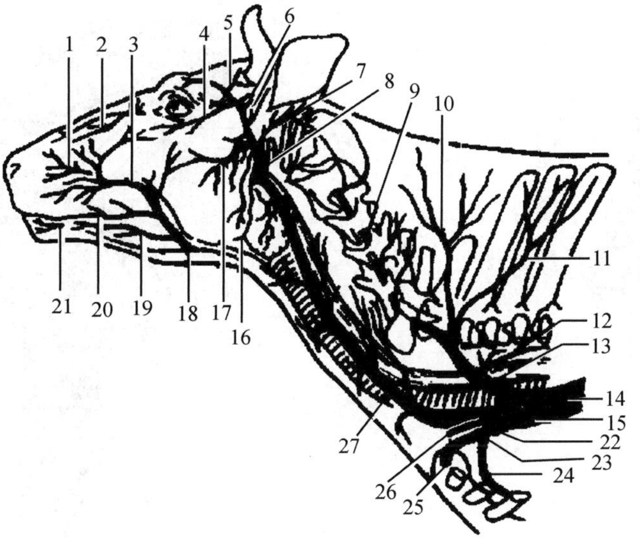

1.眶下动脉 2.鼻背动脉 3.上唇动脉 4.泪腺动脉 5.角动脉 6.颞浅动脉 7.耳后动脉 8.枕动脉 9.椎动脉 10.颈深动脉 11.肩胛背侧动脉 12.最上肋间动脉 13.肋颈干 14.臂头干 15.臂头动脉 16.咬肌动脉 17.面横动脉 18.面动脉 19.下唇浅动脉 20.下唇深动脉 21.颏动脉 22.双颈干 23.左锁骨下动脉 24.胸廓内动脉 25.腋动脉 26.颈浅动脉 27.左颈总动脉

图 7-10 牛的头颈部主要动脉

(引自周元军,2007)

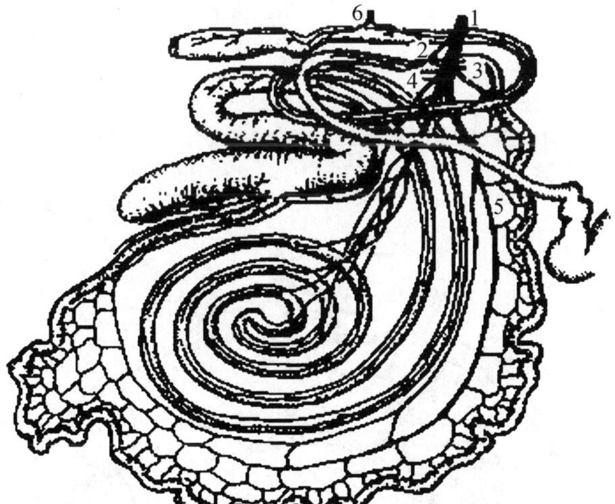

1.肠系膜前动脉 2.胰十二指肠动脉 3.结肠中动脉 4.回结肠动脉 5.空肠动脉 6.肠系膜后动脉

图 7-11 牛的肠系膜前后动脉分布图

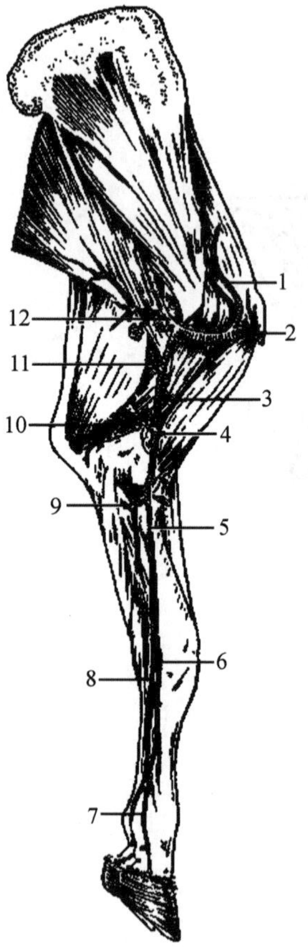

1.肩胛上动脉　2.腋动脉　3.臂动脉
4.桡侧副动脉　5.正中动脉　6.桡动脉
7.指掌侧第2总动脉　8.指掌侧第3总动脉
9.骨间总动脉　10.尺侧副动脉
11.臂深动脉　12.肩胛下动脉

图 7-12　牛的左前肢动脉

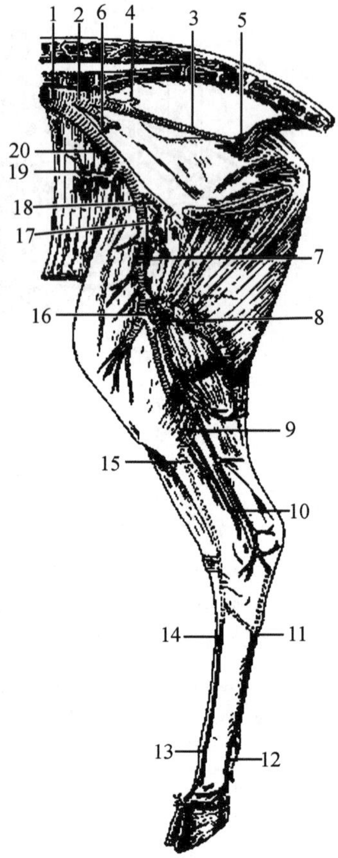

1.腹主动脉　2.髂内动脉　3.阴部内动脉　4.臂前动脉
5.臂后动脉　6.脐动脉　7.股动脉　8.股后动脉　9.腘动脉
10.胫后动脉　11.足底内侧动脉　12.第3趾跖远轴侧动脉
13.趾背侧第3总动脉　14.跖背侧第3总动脉　15.胫前动脉
16.隐动脉　17.阴部腹壁动脉干　18.股深动脉
19.旋髂深动脉　20.髂外动脉

图 7-13　牛的后肢动脉

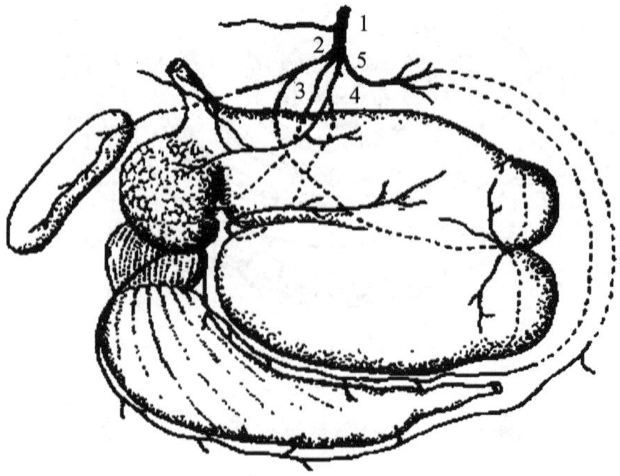

1.腹腔动脉　2.脾动脉　3.胃左动脉　4.瘤胃左动脉　5.肝动脉

图 7-14　牛的腹腔动脉

(引自程会昌,2023)

2. 体循环的静脉

体循环的静脉系包括心静脉、前腔静脉、后腔静脉和奇静脉(图 7-15 至图 7-19,表 7-5)。

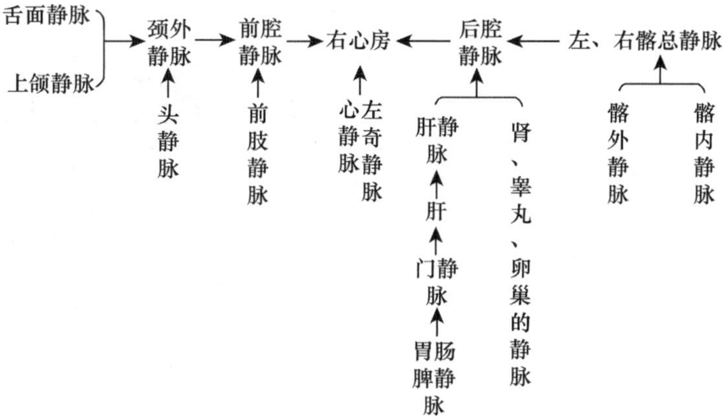

图 7-15　牛体循环静脉(一)

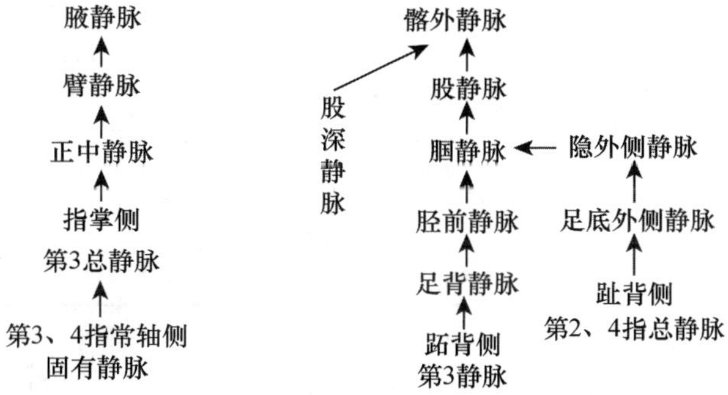

牛前肢静脉　　牛后肢静脉

图 7-16　牛体循环静脉(二)

表 7-5　主要静脉血管分布简表

名称	回流血液	主要分支		位置	临床意义
心静脉	心脏自身			心脏	
前腔静脉	头、颈、前肢、部分胸壁	头颈部静脉	左右颈外静脉	沿静脉沟向后延伸,到胸口处注入前腔静脉	颈部前和中 1/3 处颈静脉沟内可触摸到颈外侧静脉,是检查静脉脉搏、采血和注射的最佳位点
		前肢静脉	头静脉		犬、猫肘关节和肩关节水平处的头静脉是静脉注射、采血的最佳位点

续表 7-5

名称	回流血液	主要分支			位置	临床意义
后腔静脉	腹部、骨盆部、尾部和后肢	髂总静脉	髂内静脉			
			髂外静脉			
			胫前静脉	内侧隐静脉	胫部内侧	猫在胫部内侧隐静脉采血、麻醉、注射
				外侧隐静脉	胫部外侧	犬在跗骨上方外侧隐静脉采血、注射
		肾静脉				
		睾丸/卵巢静脉				
		门静脉			后腔静脉腹侧	收集腹腔不成对器官（胃、脾、胰、大小肠）的血液，经肝门入肝，在肝脏内反复分支至窦状隙，然后再汇集成数条肝静脉（一般有 3～4 支）出肝后注入后腔静脉。门静脉两端均有毛细血管网
		肝静脉				
奇静脉	部分胸壁、腹壁、气管和食管				牛为左奇静脉，马为右奇静脉	

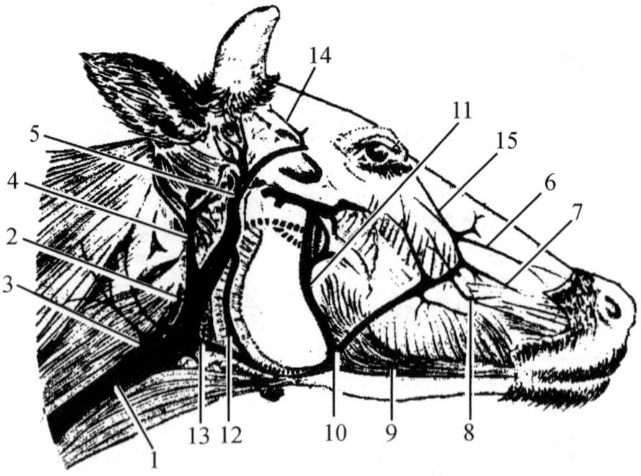

1. 颈外静脉　2. 上颌静脉　3. 枕静脉　4. 耳后静脉　5. 颞浅静脉　6. 鼻背静脉
7. 鼻外静脉　8. 上唇静脉　9. 下唇静脉　10. 面静脉　11. 颊静脉
12. 咬肌静脉　13. 舌面静脉　14. 角静脉　15. 鼻额静脉

图 7-17　牛的头部静脉

（引自周元军，2007）

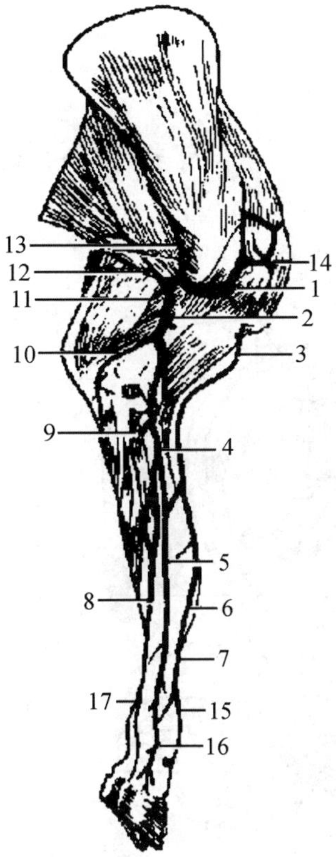

1. 腋静脉 2. 臂静脉 3. 头静脉 4. 正中静脉
5. 前臂头静脉 6. 副头静脉 7. 掌心内侧静脉
8. 掌心外侧静脉 9. 骨间总静脉 10. 尺侧副静脉
11. 臂深静脉 12. 胸背静脉 13. 肩胛下静脉
14. 肩胛上静脉 15. 指背侧静脉
16. 第 3 指远轴侧固有静脉
17. 指掌侧第 3 总静脉

图 7-18 牛的前肢静脉

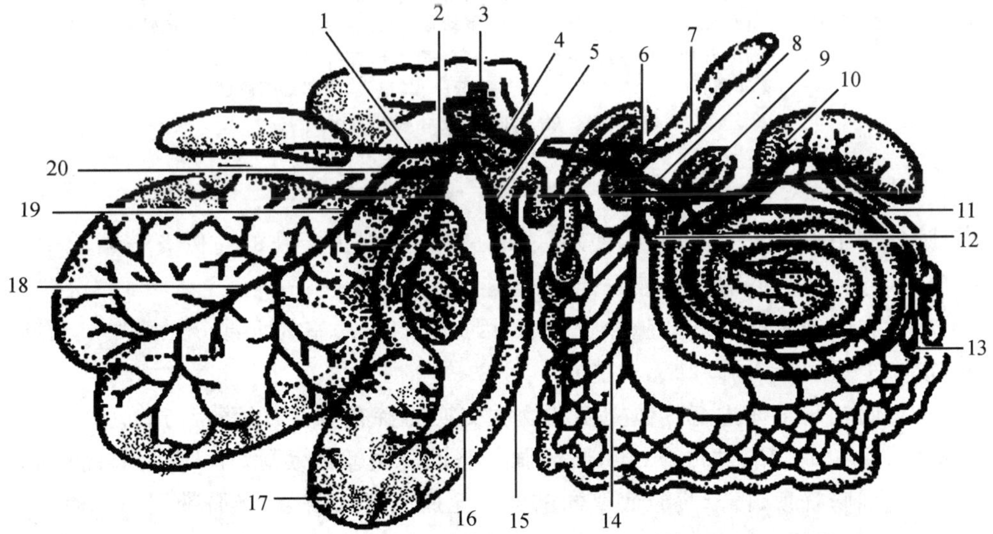

1. 脾静脉 2. 胃左静脉 3. 门静脉 4. 肠系膜前静脉 5. 胃十二指肠静脉 6. 肠系膜后静脉
7. 结肠左静脉 8. 回盲结肠静脉 9. 结肠中静脉 10. 盲肠静脉 11. 回肠系膜支 12. 侧副支
13. 回肠静脉 14. 空肠静脉 15. 胃网膜右静脉 16. 胃右静脉 17. 胃网膜左静脉
18. 瘤胃右静脉 19. 瘤胃左静脉 20. 网胃静脉

图 7-19 牛的门静脉

(引自周元军,2007)

三、胎儿血液循环的特点

(一)心脏和血管的结构特点

胎儿在母体子宫内发育时,肺、消化器官不起作用,其所需要的全部营养物质和氧都是通过胎盘由母体提供的。所以胎儿血液循环有相应的特点(图 7-20)。

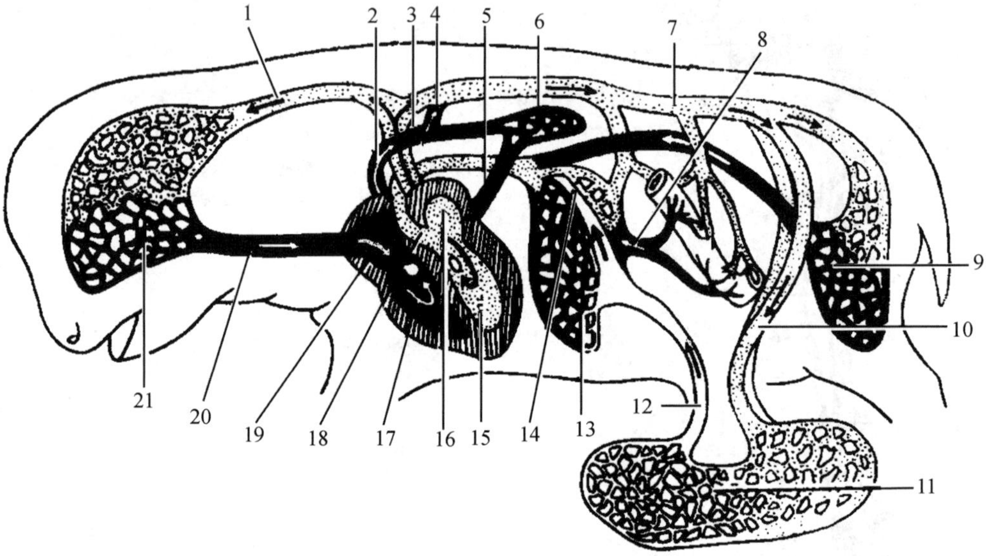

1. 臂头动脉干　2. 肺动脉干　3. 后腔静脉　4. 动脉导管　5. 肺静脉　6. 肺毛细血管　7. 腹主动脉　8. 门静脉　9. 骨盆部和后肢毛细血管　10. 脐动脉　11. 胎盘毛细血管　12. 脐静脉　13. 肝毛细血管　14. 静脉导管　15. 左心室　16. 左心房　17. 右心室　18. 卵圆孔　19. 右心房　20. 前腔静脉　21. 头、颈部毛细血管

图 7-20　胎儿血液循环模拟图

(引自周元军,2007)

(1)心脏的房中隔上有一卵圆孔,使左、右心房相通,但由于孔的左侧有一瓣膜,且右心房的压力高于左心房,故右心房的血液只能流向左心房。

(2)主动脉和肺动脉之间有动脉导管相通,因此来自右心室的大部分血液通过动脉导管流入主动脉,仅有少量血液入肺(肺无功能)。

(3)胎盘是胎儿与母体进行气体交换和物质交换的特有器官,以脐带与胎儿相连。脐带内有 2 条脐动脉,1 条(马、猪)或 2 条(牛)脐静脉。脐动脉由髂内动脉(牛)或阴部内动脉(马)分出,沿膀胱两侧到膀胱顶,再沿腹腔底壁向前伸延至脐孔进入脐带,经脐带到胎儿胎盘,分支形成毛细血管网。与母体胎盘进行物质交换。胎盘毛细血管汇集成脐静脉,经脐带由脐孔进入胎儿腹腔(牛有 2 支脐静脉入腹腔后合成 1 支),沿肝的镰状韧带延伸,经肝门入肝。此外,牛的脐静脉在肝外有一小分支,直接与后腔静脉相通,称为静脉导管。

胎儿的血液循环途径(视频)

(二)血液循环的途径

胎盘毛细血管从母体吸收来的富含营养物质和氧气的血液,经脐静脉进入胎儿肝内，反复分支后汇入窦状隙，最后汇合成数支肝静脉，注入后腔静脉（牛有一部分脐静脉的血液经静脉导管直接入后腔静脉），与来自身体后半部的静脉血混合后入右心房。进入右心房的大部分血液经卵圆孔到左心房，再经左心室到主动脉及其分支。其中大部分血液到头颈部及前肢。

来自胎儿身体前半部的静脉血，经前腔静脉入右心房到右心室，再入肺动脉。由于胎儿期间肺脏基本不活动，因此肺动脉中的血液只有少量进入肺内，大部分血液经动脉导管到主动脉，然后主要分布到身体的后半部，并经脐动脉到达胎盘。

由此可见，胎儿体内的大部分血液是混合血，但混合的程度不同。到肝、头、颈和前肢的血液，含氧和营养物质较多，以适应肝功能活动和胎儿头部发育较快的需要；而到肺、躯干和后肢的血液，含氧和营养物质较少，所以胎儿后躯发育较缓慢。

（三）胎儿出生后的变化

胎儿出生后，肺和胃肠开始功能活动，同时脐带中断，胎盘循环停止，血液循环随之发生改变。脐动脉与脐静脉退化闭锁，分别形成膀胱圆韧带和肝圆韧带，牛的静脉导管成为静脉导管索；动脉导管收缩闭合，形成动脉导管索或动脉韧带；卵圆孔闭锁（卵圆瓣闭锁）形成卵圆窝，使左、右心房完全分隔开，互不相通。但猪的卵圆窝大，胎儿出生后约有 20％的猪卵圆窝闭锁不全。

第二节　淋巴系统

淋巴系统由淋巴、淋巴管道、淋巴组织和淋巴器官组成。淋巴系统是机体内重要的防卫系统，参与机体的免疫反应；同时也是贮血、造血器官。

一、淋巴管道和淋巴

（一）淋巴管道

淋巴管道是淋巴液流通的管道。根据其结构和功能可分为毛细淋巴管、淋巴管、淋巴干和淋巴导管（图 7-21）。

1. 毛细淋巴管

毛细淋巴管以盲端起于组织间隙，其结构似毛细血管，管壁只有一层内皮细胞，其管径比毛细血管大，粗细不等，通透性也比毛细血管大，因此一些不能通过毛细血管的大分子物质如蛋白质、细菌异物等由毛细淋巴管收集后回流。除无血管分布的上皮、角膜、晶状体、中枢神经、骨髓外，毛细淋巴管遍布全身各处。

2. 淋巴管

淋巴管由毛细淋巴管汇集而成，形态结构与静脉相似，唯管腔较小，数目多，管壁薄，瓣膜多。淋巴管的通路上，有一个或数个淋巴结。按所在位置淋巴管可分为：浅层淋巴管，汇集皮肤及皮下组织淋巴，多与浅静脉伴行；深层淋巴管，汇集肌肉、骨和内脏的淋巴，多伴随深层血管和神经。根据淋巴液进入淋巴结的流向可分输入淋巴管和输出淋巴管。一个淋巴结的输出淋巴管可成为另一个淋巴结的输入淋巴管。

3.淋巴干

淋巴干由淋巴管汇集而成,大多与血管伴行。主要有左、右气管淋巴干,左、右腰淋巴干,内脏淋巴干(包括腹腔淋巴干和肠淋巴干)5条。左、右气管淋巴干分别伴随左、右颈动脉,沿气管的腹内侧后行,分别收集左、右侧头、颈、肩胛部和前肢的淋巴,左气管淋巴干注入胸导管,右气管淋巴干注于右淋巴导管后入前腔静脉或颈静脉。

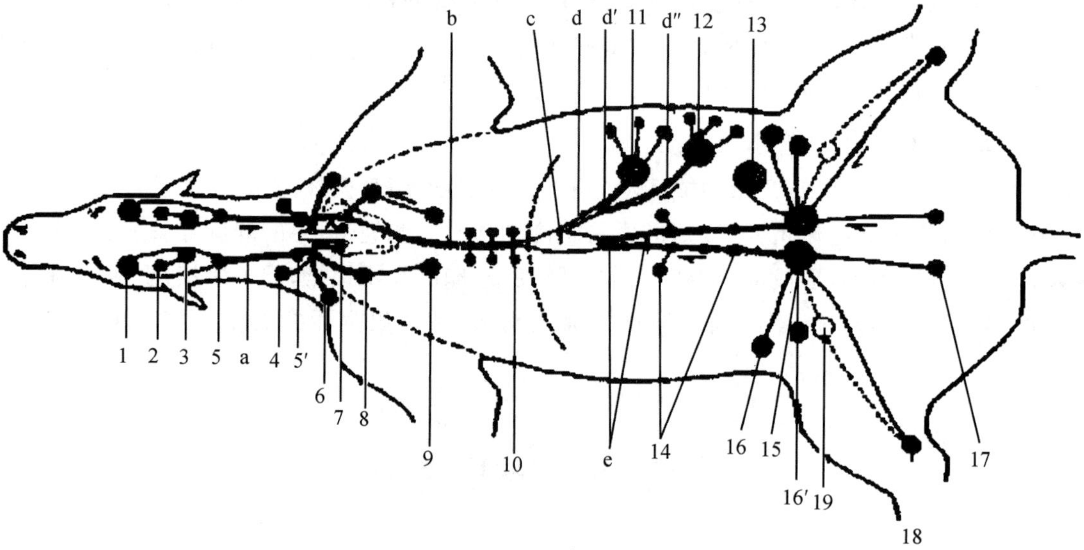

a.气管干 b.胸导管 c.乳糜池 d.内脏淋巴干 d′.腹腔淋巴干 d″.肠淋巴干 e.腰淋巴干
1.下颌淋巴结 2.腮淋巴结 3.咽后淋巴结 4.颈浅淋巴结 5.颈前淋巴结 5′.颈后淋巴结
6.腋淋巴结 7.胸腹侧淋巴结 8.纵隔淋巴结 9.支气管淋巴结 10.胸背侧淋巴结
11.腹腔淋巴结 12.肠系膜前淋巴结 13.肠系膜后淋巴结 14.腰淋巴结
15.髂内侧淋巴结 16.髂下淋巴结 16′.腹股沟浅淋巴结
17.肛门直肠淋巴结 18.腘淋巴结 19.腹股沟深淋巴结

图7-21 机体淋巴管及淋巴结分布模式图(马背侧面)

(引自马仲华,2002)

腰淋巴干收集骨盆腔、后肢等的淋巴,注入胸导管的起始部——乳糜池。

内脏淋巴干也注入乳糜池,它收集胃、肝、脾、胰、肠的淋巴。

4.淋巴导管

淋巴导管由淋巴干汇集而成,包括胸导管和右淋巴导管。

胸导管,是全身最大的淋巴导管,汇集除右淋巴导管以外的全身的淋巴,起始于乳糜池,穿过膈的主动脉裂孔入胸腔,向前行至胸腔入口处,注入前腔静脉或左颈外静脉。乳糜池为胸导管起始部的梭形膨大,位于最后胸椎和前1~3个腰椎的腹侧,在腹主动脉和右膈脚之间,左右腰淋巴干和内脏淋巴干汇入于此。

右淋巴导管,位于胸腔入口附近,收集右气管淋巴干、右侧头颈部、肩带部、右前肢、胸壁及胸腔器官的淋巴，注入前腔静脉或颈静脉。

(二)淋巴

淋巴也称淋巴液，呈无色或微黄的液体，由淋巴浆和淋巴细胞组成。当血液经动脉运行到毛细血管动脉端时，其中一部分液体经毛细血管渗出，进入组织间隙，形成组织液，组织液与组织细胞进行物质交换后，部分组织液返回毛细血管静脉端，另一部分进入毛细淋巴管，形成淋巴，经各级淋巴管汇集到静脉，最后进入右心房(图 7-22)。淋巴循环是血液循环的一个辅助系统。

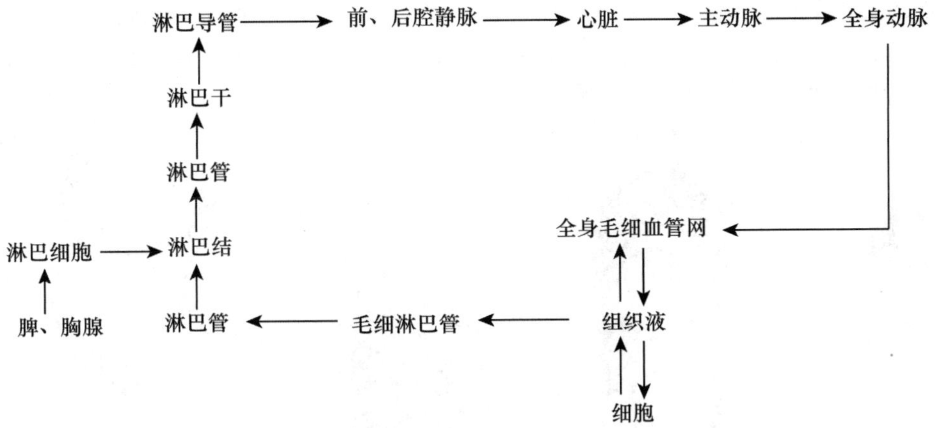

图 7-22 淋巴回流径路及其与心血管系统的关系图

二、淋巴组织

淋巴组织是富含淋巴细胞的网状组织，包括弥散淋巴组织和淋巴小结。

1. 弥散淋巴组织

弥散淋巴组织没有特定的外形结构，常分布在消化道和呼吸道的黏膜内，可抵御外来微生物的入侵。

2. 淋巴小结

淋巴小结是致密的淋巴组织小团，呈球形或卵圆形，单独存在的称为淋巴孤结，聚成群的称为淋巴集结。分布在淋巴结、脾、消化道和呼吸道的黏膜。

三、淋巴器官

1. 胸腺

胸腺位于胸腔的前纵隔内，分颈、胸两部分，呈红色或粉红色，单蹄动物和肉食动物的胸腺主要在胸腔内，猪和反刍动物的胸腺除胸部外，颈部也很发达，向前可达喉部。胸腺在幼畜时发达，到性成熟后逐渐退化(牛 4～5 岁，马 2～3 岁，羊 1～2 岁，猪、犬 1 岁开始退化)，到老年几乎被结缔组织所代替。胸腺是 T 淋巴细胞增殖分化的场所，是机体免疫活动的重要器官，并可分泌胸腺激素。

2. 脾

脾是畜体内最大的淋巴器官，位于胃的左侧背侧，脾有造血、滤血、灭血、贮血及参与免疫等功能。牛脾为长而扁的椭圆形，蓝紫色，质较硬；羊脾扁平略呈钝三角形，紫红色，质软；猪脾狭而长，紫红色，质软；马脾呈扁平镰刀形，蓝红或铁青色（图 7-23）。

3. 扁桃体

扁桃体位于舌、软腭和咽的黏膜下组织内，其形状和大小因动物种类而不同，仅有输出管注入附近的淋巴结，没有输入管。其功能与淋巴结相似。

4. 淋巴结

淋巴结活体呈微红色或微红褐色，在尸体上呈灰白色，大小不一，呈圆形、椭圆形或扁平状，具有过滤淋巴，产生淋巴细胞，参与免疫等功能。局部淋巴结肿大，常反映其收集区域有病变，对临床诊断如兽医卫生检疫有重要现实意义。

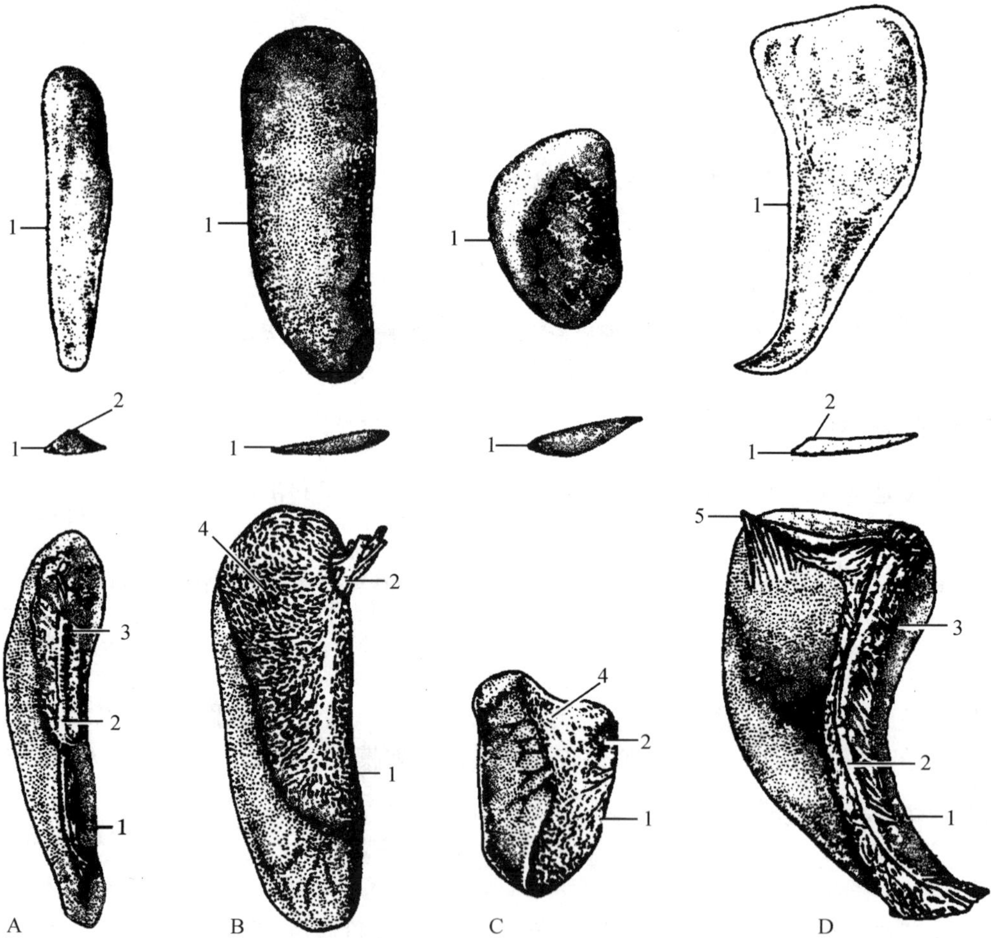

（上图为壁面，中图为中段横断面，下图为脏面）

A. 猪脾 B. 牛脾 C. 绵羊脾 D. 马脾

1. 前缘 2. 脾门 3. 胃脾韧带 4. 脾和瘤胃粘连处 5. 脾悬韧带

图 7-23 四种家畜脾的形态比较

（引自程会昌，2012）

(1)畜体浅层主要淋巴结(表 7-6,图 7-24 至图 7-27)

表 7-6 畜体浅部主要淋巴结分布简表

名称	牛	猪	马
下颌淋巴结	下颌间隙后部,其外侧与颌下腺前端相邻	更靠后,表面有腮腺覆盖	与血管切迹相对
腮腺淋巴结	颞下颌关节后下方,部分或全部被腮腺覆盖	颞下颌关节后下方,部分或全部被腮腺覆盖	颞下颌关节后下方,部分或全部被腮腺覆盖
颈浅(肩前)淋巴结	1个,位于肩前肩关节上,被臂头肌、肩胛横突肌覆盖	分背、腹侧 2 组,背侧同牛,腹侧位于腮腺后缘和胸头肌之间	大部分被臂头肌覆盖,下端可显露于颈静脉沟内
髂下(股前)淋巴结	膝关节的前上方、阔筋膜张肌前缘膝褶中	膝关节的前上方、阔筋膜张肌前缘膝褶中	膝关节的前上方、阔筋膜张肌前缘膝褶中
腹股沟浅淋巴结	公牛的位于阴茎两侧,母牛的位于乳房的后上方	公猪的位于阴茎两侧,母猪位于倒数第 2 对乳头的外侧	公马的位于阴茎两侧,母马的位于乳房的后上方
腘淋巴结	膝关节后的腘窝内	膝关节后的腘窝内	膝关节后的腘窝内

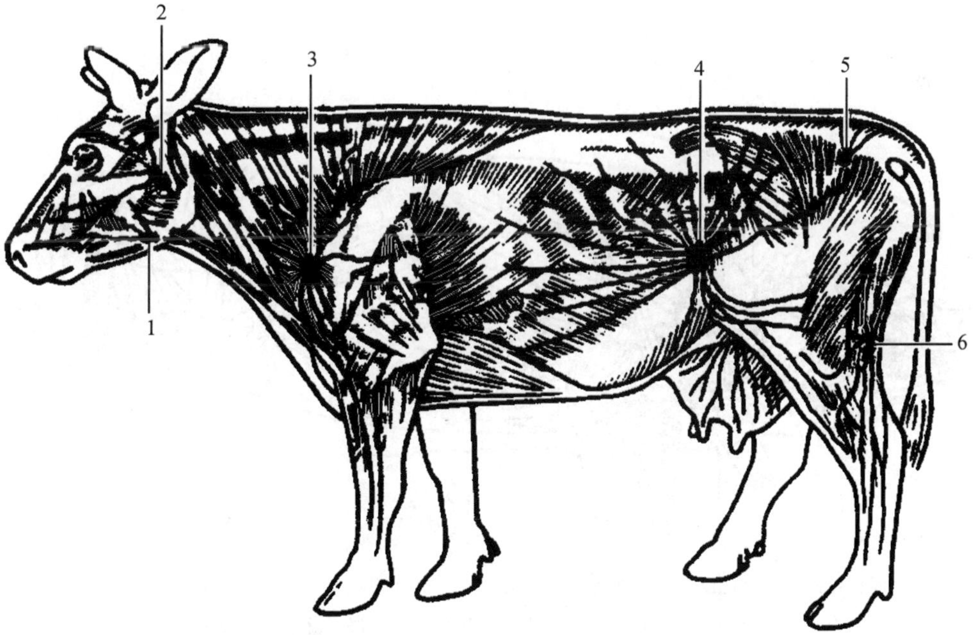

1.下颌淋巴结 2.腮腺淋巴结 3.颈浅淋巴结 4.髂下淋巴结
5.坐骨淋巴结 6.腘淋巴结

图 7-24 牛体浅层主要淋巴结

(引自程会昌,2012)

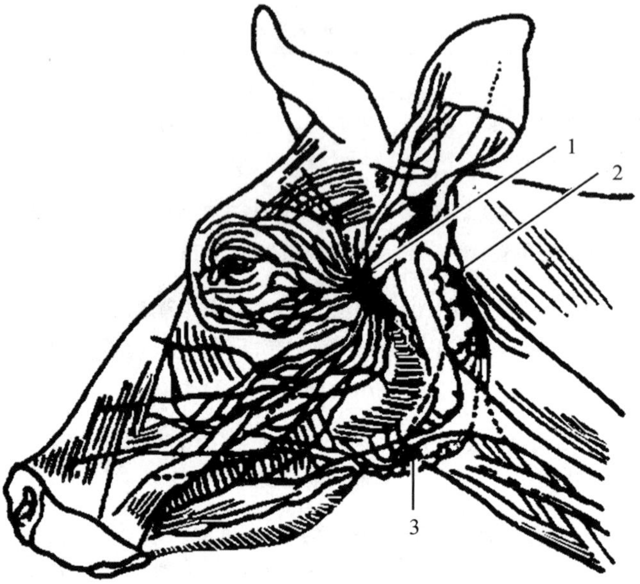

1.腮腺淋巴结　2.咽后外侧淋巴结　3.下颌副淋巴结

图 7-25　牛头部浅层淋巴结

（引自周元军,2007）

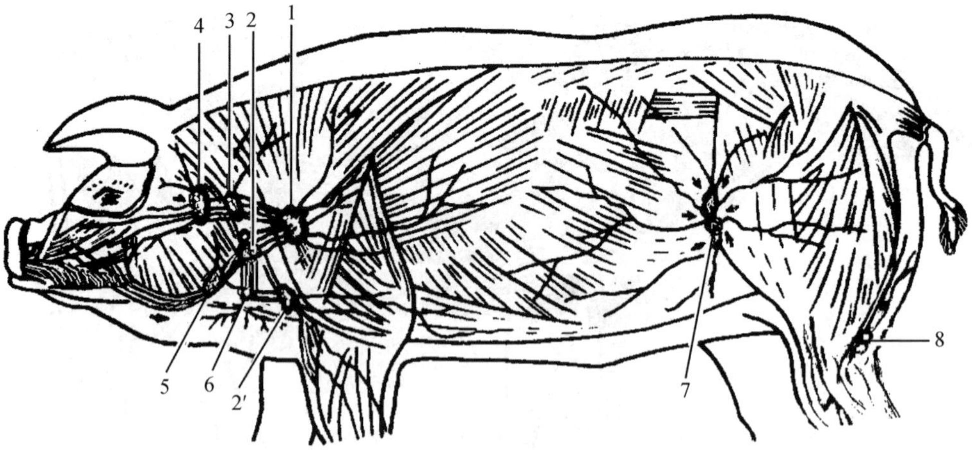

1.颈浅背侧淋巴结　2.颈浅腹侧淋巴结　2′.颈浅中淋巴结　3.咽后外侧淋巴结
4.腮腺淋巴结　5.下颌淋巴结　6.下颌副淋巴结　7.髂下淋巴结　8.腘淋巴结

图 7-26　猪体浅层主要淋巴结

（引自周元军,2007）

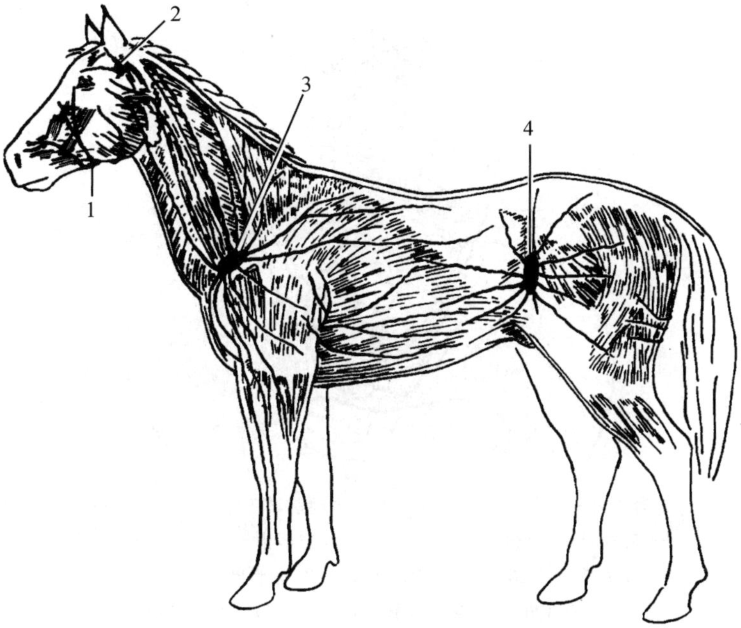

1. 下颌淋巴结　2. 腮腺淋巴结　3. 颈浅淋巴结　4. 髂下淋巴结

图 7-27　马体浅层主要淋巴结

（引自周元军，2007）

（2）畜体深层主要淋巴结（图 7-28、图 7-29 和表 7-7）

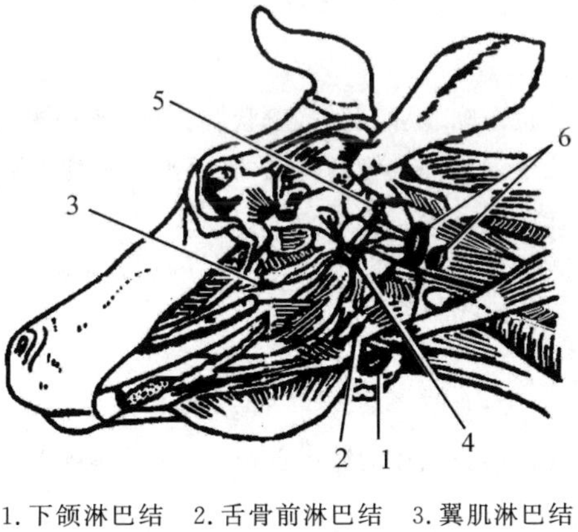

1. 下颌淋巴结　2. 舌骨前淋巴结　3. 翼肌淋巴结

4. 咽后内淋巴结　5. 舌骨后淋巴结　6. 咽后外侧淋巴结

图 7-28　牛头部深层淋巴结

（引自周元军，2007）

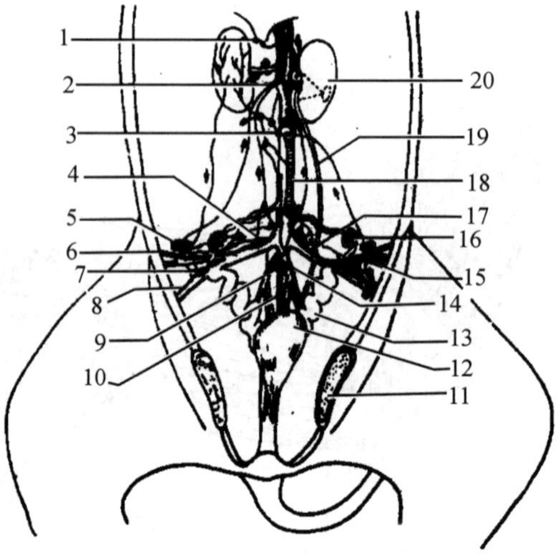

1.肾上腺淋巴结 2.乳糜池 3.腰主动脉淋巴结 4.髂内淋巴结 5.髂外侧后淋巴 6.股深动脉 7.髂股淋巴结 8.股动脉 9.腹后淋巴结 10.荐中淋巴结 11.髂骨断端 12.膀胱 13.子宫角 14.髂内动脉 15.旋髂深动脉 16.卵巢 17.髂外动脉 18.主动脉 19.输尿管 20.肾

图 7-29 猪躯干后半部深层主要淋巴结

(引自周元军,2007)

表 7-7 畜体深部主要淋巴结分布

名　称	位　置
咽后淋巴结(内外侧两组)	内侧组位于咽的背侧壁,与颈前淋巴结无明显界线;外侧组位于腮腺深面
颈深淋巴结(前中后3组)	颈前淋巴结位于咽、喉的后方,甲状腺附近;颈中淋巴结分散在颈部气管的中部;颈后淋巴结位于颈后部气管的腹侧,表面被覆有颈皮肌和胸头肌
支气管淋巴结	位于气管分叉处或支气管上
肺淋巴结	有数个,位于肺门附近
胃淋巴结	有数个,位于胃的附近
肝(门)淋巴结	一般有1～3个,有时多达10个,位于肝门附近
脾淋巴结	牛没有脾淋巴结,马、猪的脾淋巴结位于脾门附近
肠系膜淋巴结	肠系膜上
腹股沟深(髂股)淋巴结	这组淋巴结往往缺如或并入髂内淋巴结。一般分布在髂外动脉分出旋髂深动脉后,进入股管以前的一段血管旁,有时靠近旋髂深动脉起始处
髂外淋巴结	旋髂深动脉前、后支分叉处
髂内淋巴结	左右髂外侧动脉起始处附近,犬、猫没有

临床上对大动物活体主要检查下颌淋巴结、颈浅淋巴结、髂下淋巴结,腹股沟浅淋巴结仅在特殊情况下检查。宰后主要检查肠系膜淋巴结、支气管淋巴结及纵隔淋巴结。猪主要检查

髂下淋巴结和腹股沟浅淋巴结。宰后检验猪的内脏时，主要检验支气管淋巴结、肺淋巴结、肝淋巴结、脾淋巴结、肠系膜淋巴结等。犬通常查下颌淋巴结、腹股沟浅淋巴结和腘淋巴结，犬无髂下淋巴结。

5. 血淋巴结

血淋巴结较小，一般呈圆形或卵圆形，紫红色，直径 5～12 mm，结构似淋巴结，但无淋巴输入管和输出管，其充盈血液而非淋巴。主要分布于主动脉附近、胸腹腔脏器的表面和血液循环的通路上，具有滤血的作用。血淋巴结多见于牛、羊，但灵长类和马属动物也有分布。

【本章要点速查】

表 7-8　心血管系统要点速查表

名　称		学习要点归纳
心脏	心脏位置和形态	倒立圆锥形，与 3(2)～6 对肋骨相对。冠状沟分心脏为心房和心室；左右室间沟分心室为左心室和右心室
	心腔的构造	右心房：右心耳和静脉窦构成。静脉窦是前、后腔静脉和奇静脉的入口部。房中隔上卵圆窝为胚胎时期卵圆孔的遗迹
		右心室：心的右前部，右房室入口有三尖瓣，肺动脉出口半月瓣；防止血液倒流
		左心房：有 6～8 个肺静脉入口
		左心室：入口左房室口有二尖瓣，出口主动脉口半月瓣，防止血液倒流。牛主动脉环内独有左、右两块心骨
	心壁的构造	心外膜、心肌、心内膜
	心脏的血管	冠状动脉、毛细血管、心静脉
	心脏的传导系统	窦房结、房室结、房室束、浦肯野纤维
	心脏的神经	运动神经(交感神经、副交感神经)、感觉神经
	心包	由外向内：纤维膜、浆膜壁层和脏层(心外膜)。壁层和脏层有心包腔，内有少量心包液(心包炎时心包液增多并浑浊)，起润滑作用
血管	动脉	管壁厚，有弹性
	静脉	管径大、管壁薄、弹性小，某些部位的静脉(如四肢)内有静脉瓣，防止血液逆流
	毛细血管	管径最细，管壁最薄，分布最广
	肺循环血管	肺动脉、肺静脉、肺部毛细血管，循环途径参见图 7-7
	体循环血管	动脉：主动脉弓、胸主动脉、腹主动脉。主要分支及临床意义参见表 7-4。 静脉：心静脉系、前腔静脉系、后腔静脉系、奇静脉。主要分支及临床意义参见表 7-5

续表 7-8

名称		学习要点归纳
血管	胎儿血液循环	心血管结构:房中隔上卵圆孔,使左、右心房相互相通;因孔左侧瓣膜,右心房的血液只能流向左心房。 脐带内有脐动脉和脐静脉
		血液循环途径:胎盘毛细血管进行物质交换后→脐静脉进入胎儿肝内→后腔静脉+身体后半部的静脉血混合→右心房→卵圆孔→左心房→左心室→主动脉及其分支。 胎儿身体前半部的静脉血→前腔静脉→右心房→右心室→主动脉→身体的后半部→脐动脉→胎盘
		出生后变化:卵圆孔封闭、动脉导管闭锁、脐动脉和脐静脉闭锁

表 7-9 淋巴系统要点速查表

名称		学习要点归纳
淋巴管道和淋巴	淋巴管道	毛细淋巴管除无血管分布的上皮、角膜、晶状体、中枢神经、骨髓外,毛细淋巴管遍布全身各处
		淋巴管道:形态结构与静脉相似,管腔较小,数目多,管壁薄,瓣膜多
		1. 淋巴干:左、右气管淋巴干,左、右腰淋巴干、内脏淋巴干(包括腹腔淋巴干和肠淋巴干)5 条 2. 左、右气管淋巴干:分别伴随左、右颈动脉,沿气管的腹内侧后行,收集左、右侧头、颈、肩胛部和前肢的淋巴,左气管淋巴干注入胸导管,右气管淋巴干注于右淋巴导管后入前腔静脉或颈静脉 3. 腰淋巴干:收集骨盆腔、后肢等的淋巴,注入胸导管的起始部——乳糜池 4. 内脏淋巴干:注入乳糜池,它收集胃、肝、脾、胰、肠的淋巴
		淋巴导管:胸导管和右淋巴导管
	淋巴	也称淋巴液,无色或微黄的液体,包括淋巴浆和淋巴细胞。 淋巴循环是血液循环的一个辅助系统
淋巴组织		弥散淋巴组织:无特定的外形结构,分布在消化道和呼吸道的黏膜内
		密集淋巴组织:呈球形或卵圆形,分布在淋巴结、脾、消化道和呼吸道的黏膜
淋巴器官	胸腺	位置:胸腔前纵隔内,分颈、胸两部分,红色或粉红色,幼年动物有,长大成熟后逐渐退化
		功能:分泌胸腺激素,促进 T 细胞成熟,参与免疫应答
	脾	位置:胃左侧。牛脾椭圆形,蓝紫色,质较硬;羊脾钝三角形,紫红色,质较软;猪脾狭而长,紫红色,较软;马脾镰刀形,蓝红或铁青色
		功能:滤血、造血、贮血、参与免疫应答

续表 7-9

名　称			学习要点归纳
淋巴器官	扁桃体		位置：舌、软腭和咽的黏膜下组织内，仅有输出管，没有输入管
			功能：与淋巴结相似
	淋巴结	浅表淋巴结	下颌淋巴结：位于下颌间隙
			颈浅淋巴结：位于肩关节上方，被臂头肌和肩胛横突肌覆盖
			髂下淋巴结：位于膝关节上方，在阔筋膜张肌前缘
			腹股沟浅淋巴结：公畜位于阴茎两侧，母畜位于乳房的后上方，母猪在倒数第 2 对乳头外侧
			腘淋巴结：膝关节后腘窝内
		深部淋巴结	咽后淋巴结：位于咽的背侧面与腮腺深面
			颈深淋巴结：颈前淋巴结位于咽、喉的后方，甲状腺附近；颈中淋巴结分散在颈部气管的中部；颈后淋巴结位于颈后部气管的腹侧，表面被覆有颈皮肌和胸头肌
			支气管淋巴结：位于气管分叉处或支气管上
			肺淋巴结：位于肺门附近
			胃淋巴结：位于胃的附近
			肝(门)淋巴结：位于肝门附近
			脾淋巴结：位于脾门附近，牛没有脾淋巴结
			肠系膜淋巴结：肠系膜上
			腹股沟深(髂股)淋巴结：缺或并入髂内淋巴结，分布在髂外动脉分出旋髂动脉深动脉后，进入股管以前的一段血管旁，有时靠近旋髂深动脉起始处
			髂外淋巴结：位于旋髂深动脉前、后支处
			髂内淋巴结：位于左、右髂外侧动脉起始处附近
		淋巴结功能：过滤淋巴、产生淋巴细胞和参与免疫应答	
	血淋巴结		位于主动脉附近、胸腹腔脏器的表面和血液循环的通路上，有滤血的作用

【练一练　测一测】

一、填空题

1. 循环系统包括________和________。

2. 心血管系统由________、________和________组成。

3. 心脏的冠状沟把心脏分为________和________，心脏的室间沟把心脏分为________和________。

4. 右房室口上有________，它通过________连于心室壁，从而防止血液倒流回心房。

5. 左房室口上有________，它通过________连于心室壁，从而防止血液倒流回心房。

6. 心壁的构造________、________和________。

7. 心脏的传导系统包括________、________、________和浦肯野纤维。

8. 心包包在心外面，由________和________组成。

9. 动脉管壁比同等静脉________，但管腔比同等静脉________。

10. 家畜胃肠内的静脉血汇合后首先形成________________，经肝门进入肝内，再经肝静脉流入________。

11. 淋巴系统由________、________、________和________组成。

12. 淋巴管根据其结构和功能可分为________、________、________和________。

13. 淋巴液来源于________，组织液来源于________。

14. 畜体头部浅表主要淋巴结有________和________。

15. 在肩关节前上方的淋巴结称为________，在乳房后上方基部的淋巴结称为________淋巴结。

16. 在肺门处的淋巴结称为________淋巴结，在膝关节后方的淋巴结称为________淋巴结。

二、单选题

1. 位于家畜前臂部的动脉称为(　　)。

A. 锁骨下动脉　B. 腋动脉　C. 臂动脉　D. 正中动脉

2. 位于家畜肩部的动脉称为(　　)。

A. 锁骨下动脉　B. 腋动脉　C. 臂动脉　D. 正中动脉

3. 位于家畜胸腔内供应头颈部和前肢血液的动脉称为(　　)。

A. 锁骨下动脉　B. 臂头动脉总干　C. 臂动脉　D. 颈动脉

4. 位于家畜胸腔内供应前肢血液的动脉称为(　　)。

A. 锁骨下动脉　B. 腋动脉　C. 臂动脉　D. 正中动脉

5. 位于家畜盆腔内供应后肢血液的动脉称为(　　)。

A. 髂外动脉　B. 髂内动脉　C. 荐中动脉　D. 尾中动脉

6. 位于家畜腹腔内供应肝脏血液的动脉称为(　　)。

A. 髂外动脉　B. 髂内动脉　C. 腹腔动脉　D. 肠系膜前动脉

7. 家畜胃肠内的静脉血首先汇合成为(　　)。

A. 髂外静脉　B. 髂内静脉　C. 髂总静脉　D. 门静脉

8. 家畜后肢的静脉血首先汇合成为(　　)。

A. 髂外静脉　B. 髂内静脉　C. 髂总静脉　D. 门静脉

9. 给牛诊断脉搏的血管为(　　)。

A. 颈动脉　B. 尾中动脉　C. 耳动脉　D. 臂动脉

10. 胎儿的营养物质和氧气(　　)。

A. 来自母体子宫　B. 来自胎儿自身

C. 由脐动脉输入胎儿　D. 由脐静脉输入胎儿

11. 淋巴器官中有造血和滤血功能的器官是(　　)。

A. 脾　B. 胸腺　C. 扁桃体　D. 淋巴结

12. 具有血淋巴结的动物有(　　)。

A. 猪　B. 牛　C. 犬　D. 鸡

13. 成年家畜体内最大的淋巴器官是(　　)。

A. 脾　　B. 血淋巴结　　C. 淋巴结　　D. 胸腺

14. 胸导管收集全身几乎 2/3 的淋巴液,它最后注入(　　)。

A. 颈静脉　　B. 前腔静脉　　C. 后腔静脉　　D. 右心房

15. 家畜体内性成熟后逐渐退化并消失的器官是(　　)。

A. 淋巴结　　B. 脾　　C. 扁桃体　　D. 胸腺

三、简答题

1. 简述心脏的形态结构和位置。
2. 简述体循环和肺循环的途径。
3. 简述全身主要动、静脉干的分布和临床意义。
4. 胎儿的血液循环途径和成年动物有何不同?
5. 淋巴液是如何生成的?与血液循环的关系如何?
6. 简述各种家畜的淋巴器官及主要深、浅淋巴结的位置和功能。

参考答案

【实验实训】

一、心脏的观察

目的与要求　通过实验实训,掌握心脏的位置、形态和结构。

材料与用品　家畜心脏的浸泡标本、活体动物、解剖器械。

步骤和方法

(一)心包观察

观察浆膜、纤维膜、心包腔和心包液。

(二)心脏的观察

1. 心脏的位置

观察心脏在体腔内的位置,确定体表投影的位置。

2. 心脏的形态

观察心脏的外形、心耳、心基、心尖、心脏的前缘、后缘、冠状沟、左右室间沟、心脏自身的血管分布。

3. 心脏的结构

(1)右心房　观察右心耳、静脉窦、前腔静脉口、后腔静脉口、右房室口。

(2)右心室　观察右房室口、三尖瓣、肺动脉口、半月瓣。

(3)左心房　观察肺静脉口、左房室口。

(4)左心室　观察左房室口、二尖瓣、主动脉口、半月瓣。

作业　绘制心脏结构图。

二、全身血管的观察

目的与要求　通过实验实训,了解家畜全身动、静脉走向和分布,掌握主要动静脉的位置及其走向。

材料与用品 家畜全身血管标本、活体动物、全身血管分布图解、解剖器械。

方法和步骤

(一)肺循环血管

观察肺动脉和肺静脉的起始点,循环径路。

(二)体循环血管

(1)观察主动脉、主动脉弓、胸主动脉、腹主动脉位置及走向。

(2)观察臂头动脉总干、左锁骨下动脉、右锁骨下动脉、椎动脉、腋动脉、臂动脉、正中动脉、指总动脉、左右颈总动脉、面动脉、面横动脉位置及走向。

血液循环的途径(视频)

(3)观察胸主动脉、腹主动脉的分支。包括肋间背侧动脉、腹腔动脉、肠系膜前动脉、肾动脉、肠系膜后动脉、睾丸动脉(或卵巢动脉)、腰动脉、左右髂外动脉和左右髂内动脉、股动脉、跖背侧第3动脉位置及走向。

(4)观察前后腔静脉、左右颈外静脉、头静脉、内侧隐静脉、外侧隐静脉、门静脉、肝静脉位置及走向。

作业 绘制动物全身血管分布图。

三、全身主要淋巴结观察

目的与要求 通过实验实训,使学生熟悉家畜全身淋巴器官位置形态、色泽及质地,掌握主要淋巴结的位置。

材料与用品 活体动物、尸体标本、显微镜解剖器械。

方法和步骤

(1)在活体动物身上触摸到主要的浅表淋巴结:下颌淋巴结、颈浅淋巴结、髂下淋巴结、腹股沟浅淋巴结、腘淋巴结。

(2)在宰后动物尸体上找到肾脏、脾脏、胸腺等淋巴器官,观察其形态、色泽及质地。

(3)在动物尸体上找到主要深部淋巴结:咽后淋巴结、颈深淋巴结、支气管淋巴结、肺淋巴结、胃淋巴结、肝门淋巴结、脾淋巴结、肠系膜淋巴结、腹股沟深淋巴结、髂外淋巴结、髂内淋巴结。

作业 绘制牛、马和猪全身浅表淋巴结分布图。

第八章
神经系统

【知识目标】

- 掌握神经系统组成和常用的术语。
- 掌握脑、脊髓的形态和内部结构。
- 掌握外周神经的组成和分布。
- 掌握植物性神经和躯体神经、交感神经和副交感神经的区别。

【技能目标】

- 能在动物体上识别重要神经的位置及走向。
- 能在显微镜下识别脊髓组织结构。

【思政目标】

- 融入安全教育，提高学生珍爱生命，具有仁爱之心、安全意识与大局意识。

第一节　概　　述

神经系统的功能是接受来自体内器官和外界环境的各种刺激，并将刺激转变为神经冲动，传导到中枢神经系统，从而调节机体各器官及畜体与外界环境间的平衡。

一、神经系统的区分

神经系统按所在位置和功能分为中枢神经系统和外周神经系统（表 8-1）。

表 8-1　神经系统的划分

- 神经系统
  - 中枢神经系统
    - 脊髓
    - 脑
      - 大脑
      - 小脑
      - 脑干、间脑（丘脑及下丘脑）、中脑、脑桥、延髓
  - 外周神经系统
    - 脊神经
    - 脑神经
    - 植物性神经
      - 交感神经
      - 副交感神经

二、神经系统常用术语

1. 灰质

灰质位于脑和脊髓，由神经元胞体及树突聚集而成，在新鲜标本上呈灰白色，称为灰质。位于大脑和小脑表面的灰质特称为皮质，分别称为大脑皮质、小脑皮质，位于脑内的灰质一般形成核或网状结构。

2. 白质

白质位于脑和脊髓，由神经纤维聚集而成，外观呈白色，故称为白质。分布在小脑皮质深面的白质称为髓质。

3. 神经核

在中枢神经系统内，由功能和形态相似的神经元胞体和树突聚集而成的灰质团块称为神经核。

4. 神经节

在外周神经系统中，由功能和形态相似的神经元胞体及树突聚集而成的灰质团块称为神经节。

5. 神经纤维

神经纤维位于中枢神经系统，由起止行程和功能基本相同的神经纤维聚集而成，一般成束平行排列。

6. 神经

在外周神经系统中，由神经纤维聚集而成。

第二节　中枢神经系统

一、脊髓

(一)脊髓的形态和位置

脊髓位于椎管内，呈上、下略扁的圆柱状。前端在枕骨大孔与延髓相连，后端达荐骨中部，逐渐变细呈圆锥形，称为脊髓圆锥。脊髓末端有一个细长的终丝。脊髓各段粗细不一，在颈后部和胸前部较粗，称为颈膨大，在腰荐部也较粗大，称为腰膨大，脊髓的背侧正中有一浅沟称为背正中沟，腹侧正中有纵向的深沟裂称为腹正中裂，在背正中沟的两侧各有一背外侧沟，脊神经的背根由此进入脊髓。在腹正中裂的两侧各有一腹外侧沟，脊神经的腹根由此出脊髓。在脊髓后部，由于脊柱比脊髓生长快，故脊髓比椎管短，荐神经和尾神经由脊髓发出后要在椎管内向后伸延一段，才能到达相应的椎孔，这些荐神经、尾神经和脊髓圆锥及终丝共同形成马尾(图 8-1)。

(二)脊髓的内部结构

脊髓中部为灰质，周围为白质，灰质中央有一纵贯脊髓的中央管(图 8-2)。

1. 灰质

灰质位于中央管的周围，断面呈蝶形，每侧灰质有 2 个显著的突出部，分别称为背侧角和腹

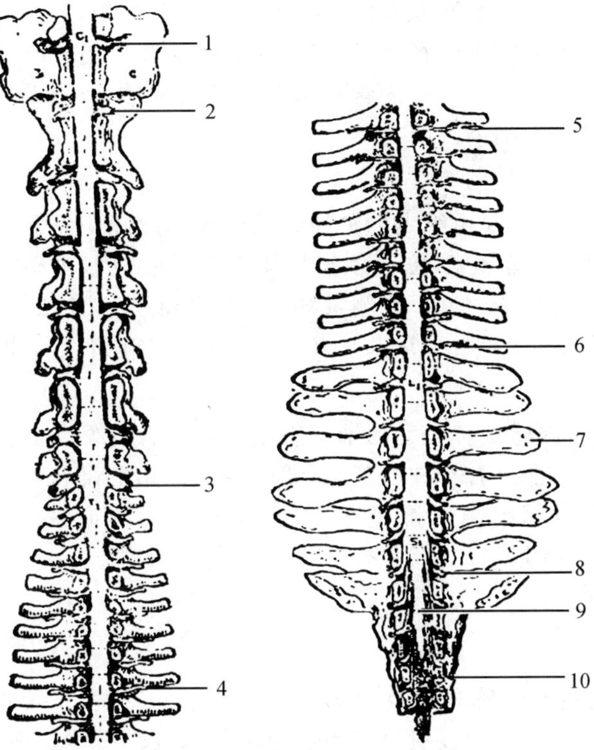

1. 第 1 颈神经 2. 第 2 颈神经 3. 第 8 颈神经 4. 第 8 胸神经 5. 第 10 胸神经 6. 第 18 胸神经 7. 第 3 腰椎横突 8. 第 6 腰神经 9. 脊髓圆锥 10. 马尾

图 8-1 脊髓的外形

(引自周定刚,2010)

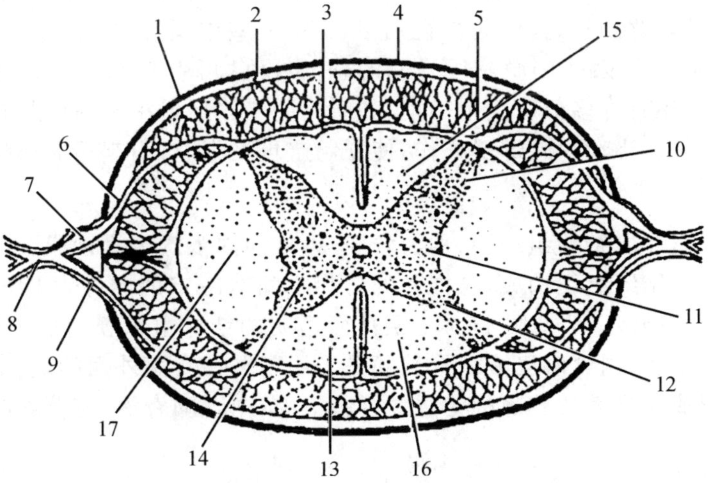

1. 硬膜 2. 蛛网膜 3. 软膜 4. 硬膜下腔 5. 蛛网膜下腔 6. 背根 7. 脊神经节 8. 脊神经 9. 腹根 10. 背角 11. 侧角 12. 腹角 13. 白质 14. 灰质 15. 背侧索 16. 腹侧索 17. 外侧索

图 8-2 脊髓横断面模式图

侧角(背柱和腹柱),在胸段和前部腰段脊髓的腹侧角的基部,外侧还有稍突出的外侧角(柱)。

背侧角内含有各种类型的中间神经元胞体,它们接受脊神经节内感觉神经元的冲动,传至运动神经元或下一个神经元。腹侧角内含有运动神经元胞体,支配骨骼肌纤维。外侧角内含有植物性神经节前神经元的胞体。

2. 白质

白质位于灰质的周围,主要由纵走的神经纤维构成,为脊髓上、下行传导冲动的传导径路,白质被灰质角分为 3 对索。背侧索,位于背正中沟与背侧角之间,由感觉神经元的中枢突构成。腹侧索,位于腹侧角与腹正中裂之间。外侧索,位于背侧角和腹侧角之间。背侧索和外侧索均由来自背侧角的中间神经元的上行纤维束及来自大脑、脑干的中间神经元的下行纤维束组成。

3. 脊神经根

背侧根,由脊神经节内感觉神经元的轴突组成。通过背外侧沟进入背侧索或背侧柱的中间神经元发生突触。背侧根上有脊神经节,感觉神经元集结的部位,其树突伸向外周,中枢突构成背侧根。腹侧根由脊髓腹侧柱和外侧柱内运动神经元的轴突构成。通过腹外侧沟出脊髓。背根和腹根在椎间孔附近合并成脊神经,经椎间孔出椎管。

(三)脊髓的功能

1. 传导功能

全身(除头外)深、浅部的感觉以及大部分内脏器官的感觉,都要通过脊髓白质才能传导到脑,产生感觉。而脑对躯干、四肢横纹肌的运动调节以及部分内脏器官的支配调节,也要通过脊髓白质的传导才能实现。若脊髓受损伤时,其上传下达功能便发生障碍,引起一定的感觉障碍和运动失调。

2. 反射功能

脊髓除传导功能外,还能完成许多反射活动。在正常情况下,脊髓的反射活动都是在脑的控制下进行的。感觉纤维(脊神经节感觉神经元的中枢突)进入脊髓后分为上行支和下行支,沿途分出侧支进入背侧柱,与中间神经元相联系,一些中间神经元的纤维再联系同侧或对侧腹侧柱的运动神经元,因此刺激一段脊髓的感觉纤维,可引起本段或邻近各段的反应。此外,在脊髓的灰质内还有许多低级反射中枢,如肌肉的牵张反射中枢,排尿、排粪以及性功能活动的低级反射中枢等。当动物腰部受外伤,使脊髓严重受损时,引起后肢瘫痪。

(四)脊膜

脊髓外面被覆有 3 层结缔组织膜,称为脊膜,由外向内依次为脊硬膜、脊蛛网膜和脊软膜。脊硬膜由 1 层致密的结缔组织构成,与椎骨的骨膜之间有一定的腔隙,称为硬膜外腔(手术麻醉位点),内含血管及神经。脊蛛网膜由 1 层薄而透明的结缔组织膜组成,脊硬膜与蛛网膜之间形成狭窄的硬膜下腔,内含淋巴液。脊软膜是 1 层紧贴在脊髓外面的疏松结缔组织膜,脊蛛网膜与软膜之间形成相当大的腔隙称为脊蛛网膜下腔,内含脑脊液,有营养脑部的作用。

二、脑

脑是中枢神经系统的高级部分,位于颅腔内,向后在枕骨大孔处与脊髓相延续。脑可分为大脑、小脑和脑干(图 8-3 至图 8-7)。

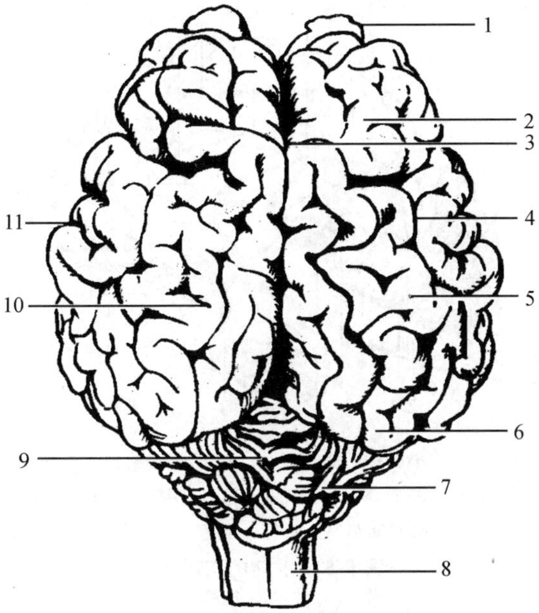

1.嗅球　2.额叶　3.大脑纵裂　4.脑沟　5.脑回　6.枕叶　7.小脑半球　8.延髓　9.小脑蚓部　10.顶叶　11.颞叶

图 8-3　牛脑(背侧面)

(引自周元军,2007)

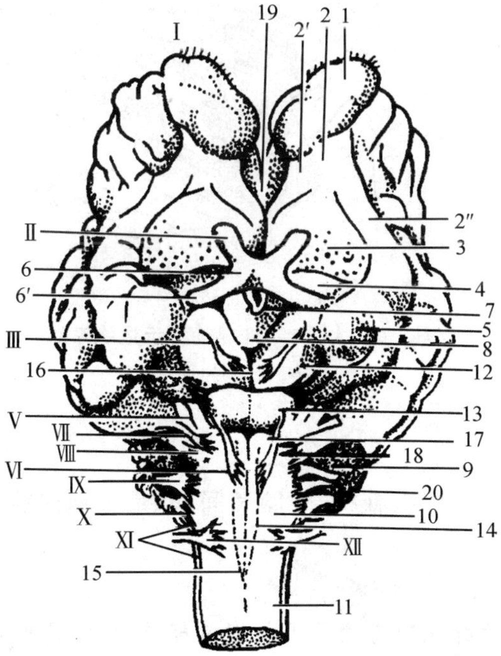

1.嗅球　2.嗅总回　2′.内侧嗅回　2″.外侧嗅回　3.嗅三角　4.前穿质　5.梨状叶　6.视交叉　6′.视束
7.漏斗和灰结节　8.乳头体　9.小脑　10.延髓　11.脊髓　12.大脑脚　13.脑桥　14.锥体
15.锥体交叉　16.脚间窝　17.斜方体　18.面神经丘　19.大脑纵裂　20.小脑半球
Ⅰ.嗅神经　Ⅱ.视神经根　Ⅲ.动眼神经根　Ⅴ.三叉神经根　Ⅵ.外展神经根　Ⅶ.面神经根
Ⅷ.前庭耳蜗神经根　Ⅸ.舌咽神经根　Ⅹ.迷走神经根　Ⅺ.副神经根　Ⅻ.舌下神经根

图 8-4　牛脑(腹侧面)

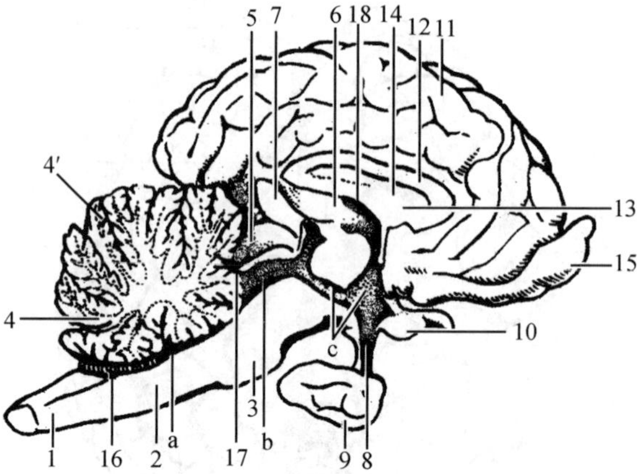

1. 脊髓 2. 延髓 3. 脑桥 4. 小脑 4′. 小脑树 5. 四叠体 6. 丘脑间黏合 7. 松果体 8. 灰结节和漏斗 9. 垂体 10. 视神经 11. 大脑半球 12. 胼胝体 13. 穹窿 14. 透明中隔 15. 嗅球 16. 后髓帆和脉络丛 17. 前髓帆 18. 第 3 脑室脉络丛 a. 第 4 脑室 b. 中脑导水管 c. 第 3 脑室

图 8-5 牛脑的矢状面

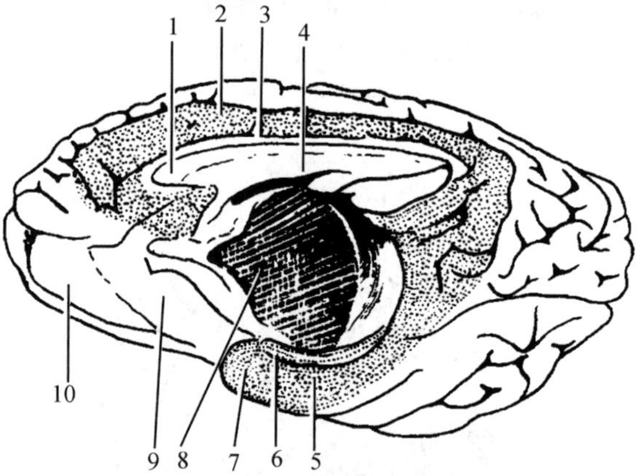

1. 透明隔 2. 扣带回 3. 胼胝体 4. 穹窿 5. 海马回 6. 齿状回 7. 梨状叶 8. 丘脑切面 9. 嗅三角 10. 嗅束

图 8-6 大脑半球内侧面(示边缘系统)

(引自程会昌,2012)

(一)脑干

脑干由后向前依次分为延髓、脑桥、中脑和间脑,是脊髓向前的直接延续。延髓、脑桥和小脑共同围成第 4 脑室。

1. 延髓

延髓为脑干的末端,后部在枕骨大孔处与脊髓相连,两者之间没有明显的界线。前端连脑桥。背侧被小脑覆盖。呈前宽后窄的楔形。延髓的腹侧有一浅沟,称为腹正中裂,为脊髓腹正中裂的连续,在裂的两侧各有 1 条纵行隆起称为锥体,它是由大脑皮质发出的运动纤维束构成的(锥体束),锥体在后端大部分交叉到对侧,称为锥体交叉,交叉后的纤维在脊髓的外侧束下行。背侧面分为前后 2 个部分:闭合部(后部),与脊髓相似,正中沟两侧的纤维束被一浅沟分成了内侧的薄束和外侧的楔束,出现薄束核和楔束核,发出的二级感觉纤维交叉到对侧;开放

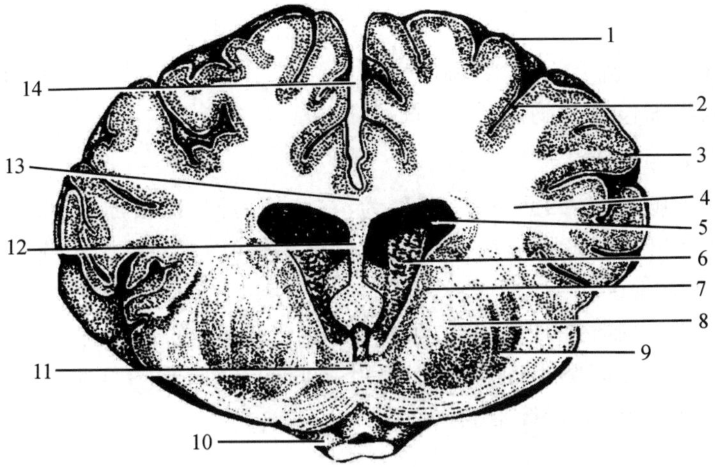

1.脑回　2.脑沟　3.大脑皮质　4.白质　5.侧脑室　6.侧脑室脉络丛
7.尾状核　8.内囊　9.豆状核　10.视束　11.前联合　12.透明隔
13.胼胝体　14.大脑纵裂

图 8-7　大脑半球横切面

部(前部),中央管向背侧敞开,形成第 4 脑室底壁后部,两侧伸出粗大的纤维束(小脑后脚)。

2.脑桥

脑桥在延髓前端,中脑后方、小脑腹侧。背侧面凹,为第 4 脑室底壁的前部;前端有联系小脑和中脑的小脑前脚。腹侧面有横行隆起,纤维向背侧伸入小脑,形成小脑中脚。

3.中脑

中脑位于脑桥和间脑之间,内有一管,称为中脑导水管,后端与第 4 脑室相通,前方与第 3 脑室相通,中脑导水管将中脑分为背侧的四叠体(顶盖)和腹侧的大脑脚。四叠体又叫中脑顶盖,是 4 个丘状隆凸,前方的一对称为前丘,后方的一对称为后丘,前丘较大,接受视神经的纤维,为视觉的反射中枢,后丘较小,是听觉的反射中枢。

4.间脑

间脑位于中脑的前方,前外侧被大脑半球所遮盖,内有第 3 脑室。间脑主要分为丘脑和下丘脑。丘脑是视觉和听觉冲动传向大脑的最后联络站。在左、右丘脑的背侧、中脑四叠体的前方,有松果体。下丘脑位于丘脑的腹侧,是植物性神经的重要中枢。下丘脑的核团中,有 2 对重要核团分别为视上核(可分泌抗利尿激素)、室旁核(可分泌催产素)。视上核与室旁核均有神经纤维伸向垂体神经部,是下丘脑向垂体进行神经内分泌调节的重要途径。第 3 脑室位于间脑内,呈环形围绕着丘脑间黏合,后通中脑水管,前以一对室间孔通大脑半球的侧脑室;腹侧形成漏斗形凹陷;顶壁为第 3 脑室脉络丛。

(二)小脑

小脑略呈球形,在大脑后方,延髓和脑桥的背侧。表面有许多平行的横沟,将小脑分成许多小叶。表面为灰质,称为小脑皮质;深部为白质,称为小脑髓质/髓树。表面 2 条近似平行的纵沟,将小脑分为中间的蚓部和两侧的小脑半球。蚓部,主管平衡和调节肌紧张。两侧的小脑半球与大脑半球密切联系,参与调节随意运动。

(三)大脑

大脑又称端脑,位于脑干前方,后端以大脑横裂与小脑分开,背侧以大脑纵裂分为左、右大脑半球。每个大脑半球包括大脑皮质、白质、嗅脑、基底核和侧脑室。

1. 大脑皮质和白质

大脑皮质位于大脑表面,凹凸不平,凹处为沟,凸处为回,以增加大脑皮质表面积。大脑皮质背外侧面可分为 4 叶,前部为额叶(运动区),后部为枕叶(视觉区),外侧部为颞叶(听觉区),背侧部为顶叶(一般感觉区)。

皮质深部为白质,大脑内的白质有 3 种纤维:连合纤维,连接左、右大脑半球的纤维,主要为胼胝体;联络纤维,连接同侧半球各脑回、各叶之间的纤维;投射纤维,连接大脑皮质与脑其他各部分及脊髓之间的上、下行纤维。

2. 嗅脑

嗅脑位于大脑腹侧,包括嗅球、嗅回、嗅三角、梨状叶、海马、透明隔、穹窿和前联合等结构。

3. 基底核

基底核为大脑半球内部的灰质核团,位于半球基底部。主要有尾状核和豆状核。尾状核和豆状核之间为内囊,它们共同形成灰、白质相间的条纹状,称为纹状体。可维持肌紧张和协调肌肉运动。

4. 侧脑室

侧脑室位于大脑半球内部,每侧各有 1 个,分别称为第 1 脑室、第 2 脑室,通过室间孔与第 3 脑室相通,在侧脑室底,前内侧可见尾状核,后外侧可见海马,它们之间有侧脑室脉络丛,顶壁有胼胝体。

(四)脑膜、脑血管和脑脊髓液

脑的外面包有 3 层膜:脑软膜、脑蛛网膜和脑硬膜。

1. 脑软膜

脑软膜较薄,富含血管,在侧脑室、第 3 脑室和第 4 脑室的脑软膜形成脉络丛,产生脑脊髓液。

2. 脑蛛网膜

脑蛛网膜也很薄,包于软膜的外面,与软膜之间有腔隙称为蛛网膜下腔,内含脑脊髓液。通过第 4 脑室脉络丛上的孔使脑室与蛛网膜下腔相通。

3. 脑硬膜

脑硬膜较厚,包围于蛛网膜之外。位于硬膜与蛛网膜之间的腔隙称硬膜下腔,内含淋巴。脑硬膜紧贴于颅腔壁,其间无腔隙存在。脑硬膜在两半球间的大脑纵裂内形成大脑镰,在大脑半球与小脑之间的横沟内形成一小脑幕。在大脑镰和小脑幕的根部内含有脑硬膜静脉窦,接受来自脑的静脉血。

4. 脑血管

脑的血液来自颈内动脉、枕动脉和椎动脉。

5. 脑脊髓液

脑脊髓液是无色透明的液体,由侧脑室、第 3 脑室和第 4 脑室的脉络丛产生,充满于脑室和脊髓中央管,通过第 4 脑室脉络丛上的孔(正中孔和外侧孔)进入蛛网膜下腔。蛛网膜下腔内的脑脊髓液通过硬膜窦而归入静脉。脑脊髓液与位于硬膜下腔的淋巴，共同起保护和营养脑、脊髓的作用。中枢神经系统病变，脑脊液是疾病诊断的检验材料之一。

第三节　外周神经系统

外周神经是由联系中枢和各器官的神经纤维组成，包括躯体神经和内脏神经。躯体神经又分为脊神经和脑神经，主要布于体表和骨骼肌，受意识支配。内脏神经主要分布于内脏、腺体和心血管，不受意识支配。

一、脊神经

脊神经为混合神经，既含有感觉纤维又含有运动纤维。在椎间孔附近由背侧根(感觉根)和腹侧根(运动根)合并而成。自椎间孔或椎外侧孔穿出后，分为背侧支和腹侧支。背侧支分布于颈背侧、鬐甲、背部和腰部，腹侧支分布于脊柱的腹侧、胸腹壁和四肢。脊神经按发出的部位又分为颈神经、胸神经、腰神经、荐神经和尾神经，数目和椎骨数目一致(表 8-2、表 8-3，图 8-8 至图 8-11)。

表 8-2　各种家畜脊神经数目　　条

名称	牛(羊)	猪	马	犬	猫	兔
颈神经	8	8	8	8	8	8
胸神经	13	14～15	18	13	13	12～13
腰神经	6～7	6～7	8(驴 5)	7	7	7
荐神经	5	4	5	3	3	4
尾神经	5～6	5	5～6	4～7	7～9	6
合计	37～38	38～39	42～43	35～38	38～40	37～38

引自：程会昌，2023。

表 8-3　主要脊神经分布简表

名称	主要分支	分布	临床意义
颈神经	膈神经	膈	损伤，膈肌瘫痪
臂神经丛	肩胛上神经	冈上肌和冈下肌	损伤，肩脱臼
	肌皮神经	喙臂肌、臂二头肌、部分臂肌、前臂内侧皮肤	损伤肘部屈肌瘫痪，少见，且可通过桡神经补偿
	腋神经	肩关节屈肌、三角肌、大圆肌、小圆肌、锁臂肌、前臂前面皮肤	
	桡神经	除肩关节以外的所有伸肌，臂神经丛中最大分支，分布也最广	损伤，前肢跛行，可在肱骨的螺旋状臂肌沟内进行体表定位
	正中神经	腕桡侧屈肌、旋前圆肌、旋前方肌、部分指深屈肌和指浅屈肌、掌部和指部皮肤	损伤，前肢跛行。如怀疑病在掌部和腕部时，在前臂正中沟处麻醉正中神经进行诊断，也可麻醉正中神经进行前肢手术
	尺神经	腕尺侧屈肌、部分指深屈肌、指浅屈肌、骨间中肌、前臂后部皮肤、掌和指部背外侧部分皮肤	损伤，前肢跛行。如怀疑病在掌部和腕部时，在尺沟麻醉尺神经进行诊断，也可麻醉尺神经进行前肢手术

续表 8-3

名称	主要分支	分布	临床意义
胸神经	肋间神经	每根肋的后缘	手术切口时避开肋后缘以免伤及神经
	最后肋间神经	肋间肌、腹肌和皮肤	腰旁神经传导麻醉位点
腰神经丛	髂腹下神经	腹壁肌、腹底壁和股内侧皮肤	腰旁神经传导麻醉位点
	髂腹股沟神经	腹壁肌、腹底壁和股内侧皮肤	腰旁神经传导麻醉位点
	生殖股神经	腹内提肌、睾提肌、阴囊、乳房、包皮、股内侧皮肤	
	股神经	腰内肌、股四头肌	损伤，股四头肌瘫痪，后肢无法站立
	闭孔神经	耻骨肌、股薄肌、闭孔外肌	与骨贴的比较近，容易受损
腰荐神经丛	坐骨神经	全身中最大的神经分布于孖肌、臀深肌、闭孔内肌、股四头肌	位于股二头肌沟内，在外伤和髋关节手术等过程容易受损
	腓总神经	趾外侧深肌及所有小腿前外侧肌肉，膝关节外侧和小腿部、趾部被外侧皮肤	损伤，后肢跛行，如怀疑病在跖部和趾部，可在小腿外侧肌沟麻醉腓神经进行诊断，也可麻醉腓神经进行后肢手术
	胫神经	所有股骨后部、腓骨和胫骨肌肉以及小腿后面的皮肤、腿部皮肤	损伤，后肢跛行，如怀疑病在跖部和趾部，可在小腿内侧肌沟麻醉胫神经进行诊断，也可麻醉胫神经进行后肢手术
	掌(跖)神经	掌部	如果动物跛行怀疑在指(趾)，在掌(跖)内外侧肌沟麻醉掌(跖)神经进行诊断
	掌(跖)神经掌(跖)支	掌部(跖部)	如果动物跛行，怀疑籽骨滑膜囊炎时，可在蹄软骨上缘，指(趾)静脉的后面，针头对着指(趾)伸屈肌腱边缘刺入进行麻醉诊断
荐神经丛	阴部神经	坐骨海绵体肌、球海绵体肌、尿道肌、阴茎退缩肌和周围皮肤	麻醉此神经，进行尿道、阴部手术
	直肠后神经	肛门外括约肌、尾骨肌、肛提肌、肛门区皮肤、直肠后部	

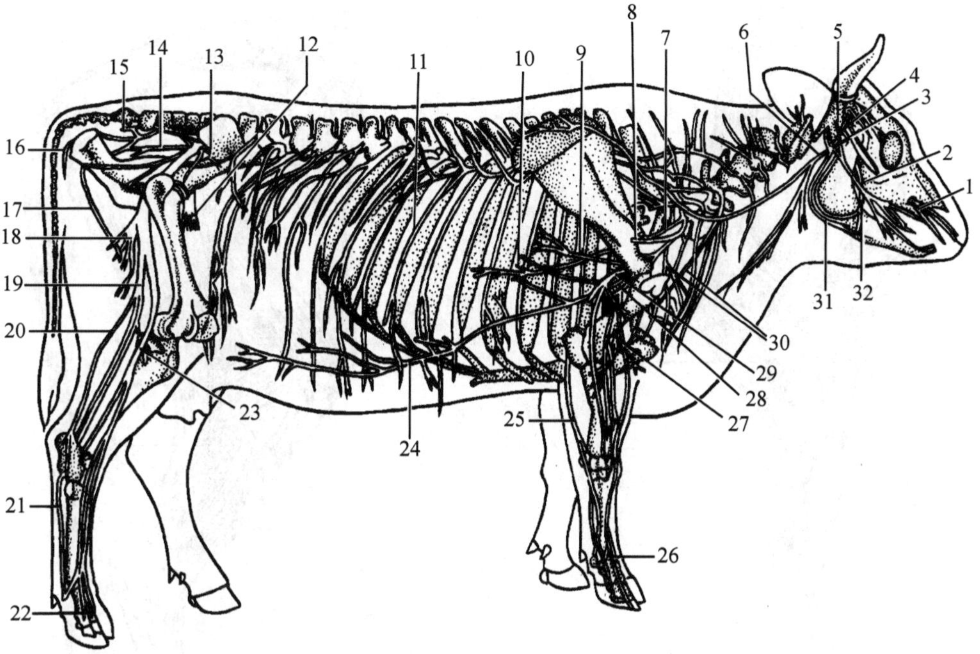

1. 眶下神经　2. 上颊支　3. 面神经　4. 颞浅神经　5. 耳睑神经　6. 副神经　7. 肩胛下神经　8. 肩胛上神经　9. 胸背神经　10. 胸长神经　11. 肋间神经　12. 股神经　13. 臀前神经　14. 臀后神经　15. 直肠后神经　16. 股后皮神经　17. 阴部神经　18. 近侧肌支　19. 胫神经　20. 小腿跖侧皮神经　21. 足底外侧神经　22. 趾背侧神经　23. 腓总神经　24. 胸外侧神经　25. 尺神经　26. 指背侧神经　27. 正中神经　28. 桡神经　29. 腋神经　30. 膈神经　31. 下颊支　32. 腮腺神经

图 8-8　牛的脑、脊神经模式图

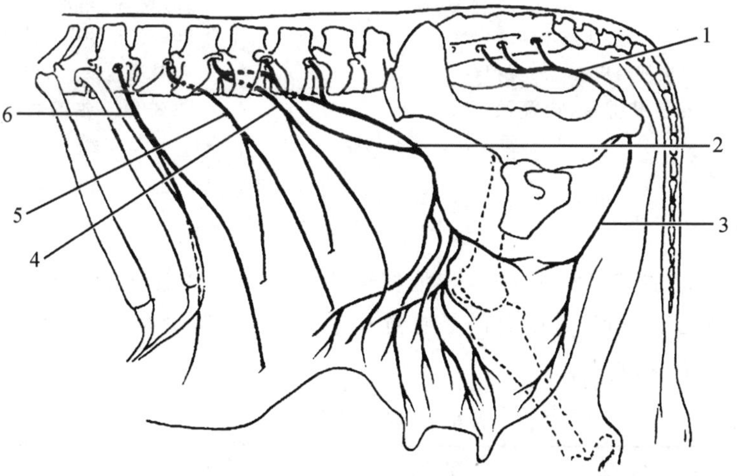

1. 阴部神经　2. 精索外神经　3. 会阴神经的乳房支　4. 髂腹股沟神经　5. 髂下腹神经　6. 最后肋间神经

图 8-9　母牛的腹壁神经

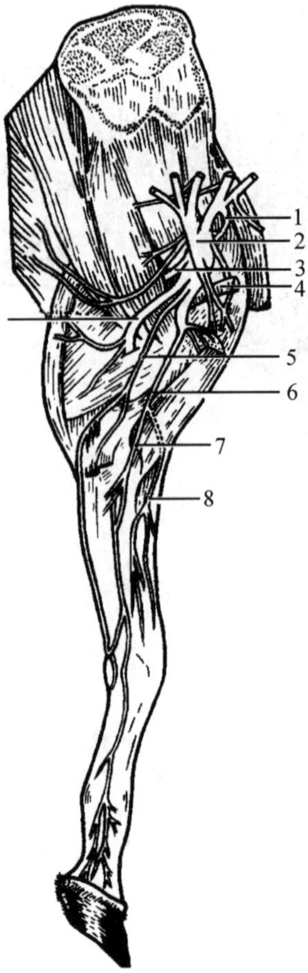

1.肩胛上神经 2.臂神经丛 3.腋神经 4.腋动脉
5.尺神经 6.正中神经和肌皮神经总干
7.正中神经 8.肌皮神经皮支 9.桡神经

图 8-10 牛的前肢神经(内侧面)

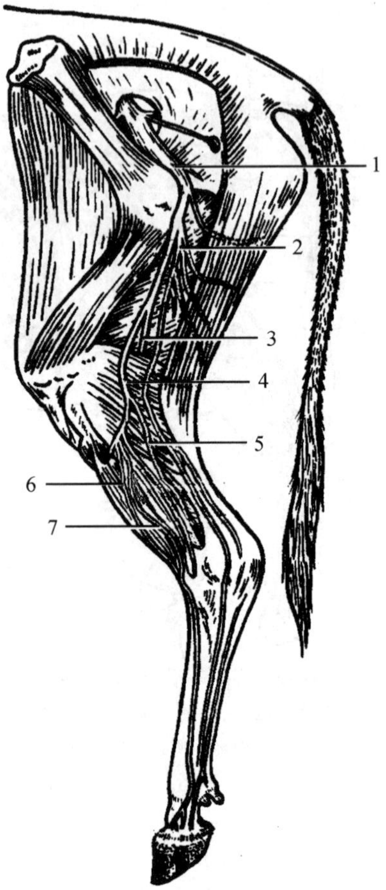

1.坐骨神经 2.肌支 3.胫神经
4.腓神经 5.小腿外侧皮神经
6.腓浅神经 7.腓深神经

图 8-11 牛的后肢神经

二、脑神经

脑神经由脑发出,共有12对,按其与脑相连的前后顺序及其功能、分布和行程而命名。它们通过颅骨的一些孔出颅腔,其中有的是感觉神经,有的为运动神经,有的是含有感觉纤维和运动纤维的混合神经(表8-4)。

表 8-4 脑神经分布简表

顺序及名称	位置	性质	分布范围	功能
Ⅰ.嗅神经	嗅脑	感觉	鼻黏膜嗅区	嗅觉
Ⅱ.视神经	间脑	感觉	视网膜	视觉
Ⅲ.动眼神经	中脑	运动	眼球肌	眼球运动
Ⅳ.滑车神经	中脑	运动	眼球肌	眼球运动

续表 8-4

顺序及名称	位置	性质	分布范围	功能
Ⅴ.三叉神经	脑桥	混合	头部肌肉、皮肤、泪腺黏膜、口腔齿髓、舌、鼻腔	头面部感觉、咀嚼运动
Ⅵ.外展神经	延髓	运动	眼球肌	眼球运动
Ⅶ.面神经	延髓	混合	鼻唇肌肉、耳肌、眼睑肌、唾液腺等	面部感觉、运动、唾液分泌
Ⅷ.听神经	延髓	感觉	内耳	听觉和平衡觉
Ⅸ.舌咽神经	延髓	混合	舌、咽	咽肌运动、味觉、舌部感觉
Ⅹ.迷走神经	延髓	混合	咽、喉、食管、胸腔、腹腔内大部分脏器及腺体	咽、喉及内脏器官的感觉和运动
Ⅺ.副神经	延髓、颈部脊髓	运动	斜方肌、臀头肌、胸头肌	头、颈、肩带部的运动
Ⅻ.舌下神经	延髓	运动	舌肌	舌的运动

[**附**]脑神经名称的记忆口诀

一嗅二视三动眼，四滑五叉六外展，七面八听九舌咽，十迷一副舌下全。

三、植物性神经

植物性神经即内脏运动神经(传出神经)，因其不受意识支配，故又称自主神经。根据形态和机能的不同，植物性神经分为交感神经和副交感神经。

(一)植物性神经的一般特征

躯体运动神经与植物性神经相比较，具有下列结构和机能上的特点(表 8-5)。

表 8-5　植物性神经与躯体运动神经区别

比较内容	躯体运动神经	植物性神经
支配器官	骨骼肌	平滑肌、心肌和腺体
中枢到效应器的神经元数目	1 个	2 个。第 1 个是节前神经元，位于脑干和脊髓灰质内，它发出的纤维为节前神经纤维；第 2 个神经元称节后神经元，位于中枢以外的植物性神经节内，发出的纤维为节后神经纤维
神经纤维的粗细	粗的有髓神经纤维	节前神经纤维是细的有髓神经，节后神经纤维是细的无髓神经
是否受意识支配	受意识支配	不受意识支配

(二)交感神经与副交感神经的主要区别

交感神经与副交感神经都是内脏神经，且多数是共同支配一个器官，形成双重神经支配。但两者在起始和分布上各有其特殊性，结构和机能也不相同(表 8-6)。

表 8-6 交感神经与副交感神经的区别

比较内容	交感神经	副交感神经
节前神经元的位置	胸、腰段脊髓灰质外侧柱	脑干和荐段脊髓的灰质外侧柱
节后神经元的位置	椎旁节或椎下节	终末节
节后神经纤维的长度	长	短
支配的范围	更广	相对窄，一般认为头颈部大部分血管、四肢血管、皮肤的汗腺、竖毛肌、肾上腺等处无副交感神经
功能	心跳加强，血压升高，呼吸加快，支气管舒张，消化活动减弱以适应在机体运动加强时代谢旺盛的需要	心跳减慢，血压降低，呼吸减慢，支气管收缩，消化活动加强以适应体力的恢复和能量储备的需要

(三)交感神经

交感神经(图 8-12、图 8-13)由胸部和腰部脊髓发出。

交感神经的低级中枢(节前神经元)位于胸腰部脊髓的灰质外侧柱内，由此发出的神经纤维(节前纤维)随脊神经腹侧根至脊神经，出椎间孔后离开脊神经到达交感神经干。交感神经干位于脊柱的两侧，自寰椎向后伸至尾部，由许多椎神经节和连接这些神经节的交感神经纤维(节间支)构成。交感神经干可分为颈部、胸部、腰部、荐部和尾部。其中颈部的交感神经干与迷走神经并行，外包结缔组织膜，称为迷走交感干。交感神经节前纤维进入椎神经节后，一部分在椎神经节内交换神经元，其节后神经纤维分布到全身皮肤、血管、腺体、心、肺、食管等器官；另一部分只是通过椎神经节而到椎下神经节(位于器官壁内或器官附近)内交换神经元，其节后纤维分布到腹腔、骨盆腔内的脏器。

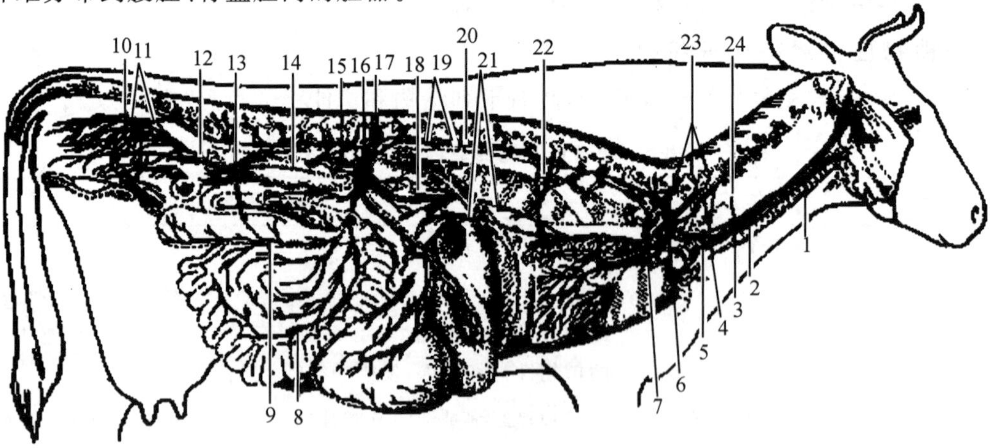

1. 迷走交感干 2. 喉返神经 3. 迷走神经 4. 椎神经 5. 交感神经干 6. 颈胸神经节 7. 心支 8. 小肠丛 9. 盲肠丛 10. 盆神经丛 11. 盆神经 12. 腹下神经 13. 肠系膜后神经节 14. 主动脉神经丛(节间支) 15. 肾丛 16. 腹腔肠系膜前神经丛 17. 内脏小神经 18. 迷走神经背侧干 19. 交感干椎旁神经节 20. 内脏大神经 21. 迷走神经的背侧干和腹侧干 22. 胸心神经 23. 交通支 24. 椎神经节

图 8-12 牛的植物性神经模式图

(引自程会昌，2023)

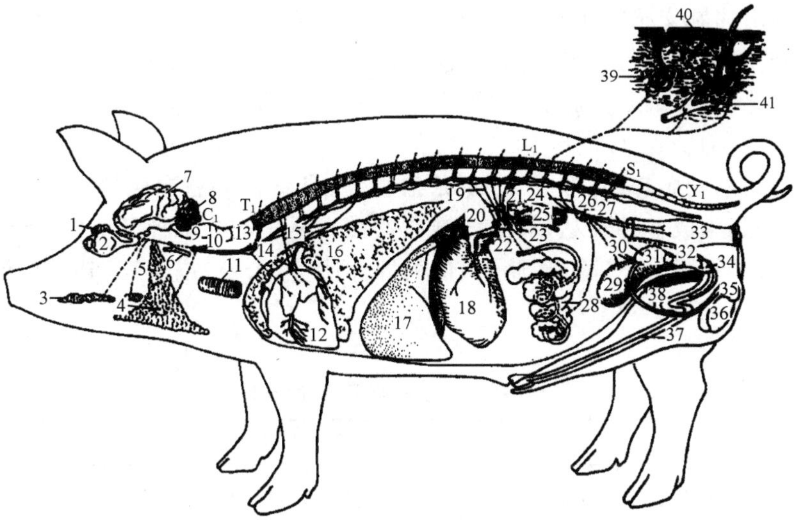

（实线表示节前神经纤维，虚线表示节后神经纤维）

1.泪腺　2.眼　3.颌下腺　4.下颌淋巴结　5.腮腺　6.颅部血管　7.大脑　8.小脑　9.延髓　10.颈前神经节　11.气管　12.心　13.星状神经节　14.心神经　15.心交感神经　16.肺　17.肝　18.胃　19.胸内脏神经　20.肾上腺丛　21.肾上腺　22.腹腔肠系膜前神经丛　23.主动脉肾神经节　24.腰内脏神经　25.肾　26.肠系膜后神经丛和神经节　27.腹下神经　28.肠　29.膀胱　30.输尿管　31.精囊腺　32.前列腺　33.直肠　34.尿道球腺　35.附睾　36.睾丸　37.阴茎　38.输精管　39.汗腺　40.毛囊　41.血管

图 8-13　交感神经分布模式图

（引自程会昌，2023）

（四）副交感神经

副交感神经（图 8-14）由脑干和荐部脊髓发出。

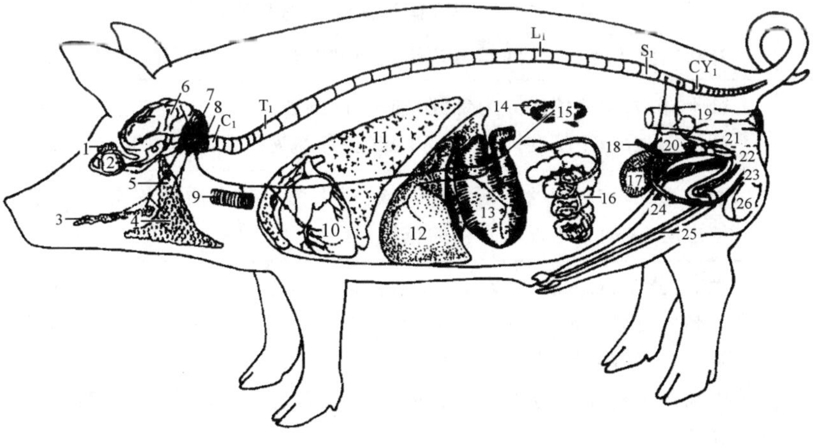

（实线表示节前神经纤维，虚线表示节后神经纤维）

1.泪腺　2.眼　3.颌下腺　4.下颌淋巴结　5.腮腺　6.大脑　7.小脑　8.延髓　9.气管　10.心　11.肺　12.肝　13.胃　14.肾上腺　15.肾　16.肠　17.膀胱　18.输尿管　19.直肠　20.精囊腺　21.前列腺　22.尿道球腺　23.附睾　24.输精管　25.阴茎　26.睾丸

图 8-14　副交感神经分布模式图

（引自程会昌，2012）

从脑干部发出的副交感神经与某些脑神经一起行走，分布到头、颈和胸腹腔器官。其中迷走神经是体内分布最广泛，行程最长的混合神经。它起于延髓，出颅腔后行，在颈部与交感神经干形成迷走交感干，经胸腔至腹腔，并随动脉分布于胸腹腔器官，如心、肺、食管、胃、肝、胰、肠、肾等。

从荐部发出的副交感神经，形成 2～3 条盆神经，沿骨盆侧壁向腹侧伸延到直肠或阴道外侧，与腹下神经一起构成盆神经丛，节前纤维在盆神经丛中的终末神经节（盆神经节）交换神经元，节后纤维分布于结肠末段、直肠、膀胱、前列腺和阴茎（公畜）或子宫和阴道（母畜）。

【本章要点速查】

表 8-7　神经系统要点速查表

<table>
<tr><th colspan="2">名　称</th><th>学习要点归纳</th></tr>
<tr><td rowspan="12">中枢神经系统</td><td rowspan="7">脊髓</td><td>位于椎管内。前端与延髓相连，后端为脊髓圆锥。有颈膨大、腰膨大，有背正中沟、腹正中裂。背正中沟两侧有背外侧沟，脊神经的背根由此进入脊髓。腹正中裂的两侧有腹外侧沟，脊神经的腹根由此出脊髓。
在脊髓后部，荐神经、尾神经和脊髓圆锥及终丝共同形成马尾</td></tr>
<tr><td>灰质：脊髓中部，由神经元胞体构成。有背侧柱（由中间神经元胞体构成）、腹侧柱（由运动神经元胞体构成）、外侧柱（位于胸段和前部腰段脊髓，由植物性神经节节前神经元胞体构成）；灰质中央是中央管</td></tr>
<tr><td>白质：灰质的周围，有背侧索（感觉神经元纤维构成）、腹侧索和外侧柱（中间神经元的上行纤维束及来自大脑、脑干的中间神经元的下行纤维束组成）</td></tr>
<tr><td>脊膜：脊硬膜，脊蛛网膜和脊软膜</td></tr>
<tr><td>硬膜外腔：脊硬膜与椎骨骨膜之间的腔隙，内含血管和神经，麻醉位点</td></tr>
<tr><td>硬膜下腔：脊硬膜与蛛网膜之间形成狭窄的腔隙，内含淋巴</td></tr>
<tr><td>脊蛛网膜下腔：脊蛛网膜与软膜之间的腔隙，内含脑脊液，营养脑部</td></tr>
<tr><td rowspan="4">脑</td><td>脑干：由后向前依次分为延髓、脑桥、中脑和间脑。
延髓、脑桥和小脑共同围成第 4 脑室；延髓为生命活动中枢</td></tr>
<tr><td>小脑：蚓部和两侧的小脑半球构成；表面为小脑皮质的灰质，深部为小脑髓质/髓树的白质；表面 2 条近似平行的纵沟</td></tr>
<tr><td>大脑：分左、右大脑半球，有脑沟脑回。有大脑皮质、白质、嗅脑、基底核和侧脑室。
大脑皮质分为 4 叶：前部为额叶（运动区），后部为枕叶（视觉区），外侧部为颞叶（听觉区），背侧部为顶叶（一般感觉区）。
嗅脑在大脑腹侧，包括嗅球、嗅回、嗅三角、梨状叶、海马、透明隔、穹窿和前联合等结构。
基底核：尾状核和豆状核</td></tr>
<tr><td>脑膜：脑硬膜、脑蛛网膜和脑软膜</td></tr>
</table>

续表 8-7

名　称		学习要点归纳
外周神经系统	躯体神经	脊神经：颈、胸、腰、荐、尾神经（参见表 8-3）
		脑神经：12 对脑神经（参见表 8-4）
	植物性神经	包括交感神经和副交感神经

【练一练　测一测】

一、名词解释

1. 灰质　2. 白质　3. 神经节　4. 神经元　5. 神经纤维

二、填空题

1. 神经系统按所在位置和功能分为________和________系统。中枢神经系统包括________和________。周围神经系统又分为________和________。

2. 脊髓周围的包膜从内向外分别是脊软膜、________和________。

3. 脑干由前往后可分为中脑、________和________3 部分。

4. 大脑半球包括________、________、________、________和________。

5. 根据大脑皮层的感觉分析功能，每侧大脑半球的背外侧面可分为以下 4 个叶，即________、________、________和________。

6. 脑周围的包膜从内向外分别是脑软膜、________和________。

7. 脊神经按发出的部位又分为________、________、________、________和尾神经。

8. 植物性神经可分为________和________。

9. 使心跳加快的神经是________，使心跳减慢的神经是________。

10. 使胃肠蠕动加快的神经是________，使胃肠蠕动减慢的神经是________。

三、单项选择题

1. 脊神经背侧根的组成是（　　）。

A. 感觉神经纤维　　B. 运动神经纤维

C. 交感神经纤维　　D. 感觉和运动神经纤维

2. 由混合神经组成的脑神经是（　　）。

A. 迷走神经　　B. 外展神经

C. 副神经　　D. 舌下神经

3. 脑内部的白质是（　　）。

A. 神经细胞体　　B. 神经细胞核

C. 神经纤维　　D. 神经核

4. 脊神经背侧支的组成是（　　）。

A. 感觉神经纤维　　B. 运动神经纤维

C. 交感神经纤维　　D. 感觉和运动神经纤维

5. 坐骨神经主要分布到（　　）。

A. 胸部皮肤和肌肉　　B. 前肢的皮肤和肌肉

C. 腹壁皮肤和肌肉　　D. 股部和后肢皮肤肌肉

6. 分布到腹壁皮肤和肌肉的脊神经是(　　)。

A. 膈神经　　B. 肋间神经

C. 髂下腹神经　　D. 坐骨神经

7. 下列脑神经中,属于运动神经纤维的是(　　)。

A. 视神经　　B. 外展神经

C. 面神经　　D. 迷走神经

8. 脊神经节位于脊髓外表的(　　)上。

A. 背侧根　　B. 腹侧根

C. 背侧支　　D. 腹侧支

9. 脊硬膜与蛛网膜之间形成的腔称(　　)。

A. 硬膜外腔　　B. 硬膜下腔

C. 蛛网膜下腔　　D. 中央管

10. 膈神经来源于(　　)。

A. 颈神经　　B. 胸神经

C. 腰神经　　D. 荐尾神经

11. 脊神经腹侧支的组成是(　　)。

A. 感觉神经纤维　　B. 运动神经纤维

C. 交感神经纤维　　D. 感觉和运动神经纤维

12. 位于大脑半球内的脑室称为(　　)。

A. 侧脑室　　B. 第 3 脑室

C. 中脑导水管　　D. 第 4 脑室

13. 环绕丘脑中间块周围的脑室称为(　　)。

A. 侧脑室　　B. 第 3 脑室

C. 中脑导水管　　D. 第 4 脑室

14. 位于延髓和小脑之间的脑室称为(　　)。

A. 侧脑室　　B. 第 3 脑室

C. 中脑导水管　　D. 第 4 脑室

15. 大脑皮层中控制躯体运动的区是(　　)。

A. 额叶　　B. 顶叶

C. 颞叶　　D. 枕叶

16. 大脑皮层中接受躯体温觉和痛觉的区是(　　)。

A. 额叶　　B. 顶叶

C. 颞叶　　D. 枕叶

17. 大脑皮层中接受视觉信息的区是(　　)。

A. 额叶　　B. 顶叶

C. 颞叶　　D. 枕叶

18. 大脑皮层中接受听觉信息的区是(　　)。

A. 额叶　　B. 顶叶

C. 颞叶　　D. 枕叶

19. 脊蛛网膜与脊软膜之间形成的腔称（　　）。

A. 硬膜外腔　　B. 硬膜下腔

C. 蛛网膜下腔　　D. 中央管

20. 支配腕关节和指关节伸肌的是（　　）。

A. 肩胛上神经　　B. 桡神经

C. 尺神经　　D. 正中神经

四、简答题

1. 简述神经系统的组成。

2. 试述主要脊神经的分布及临床意义。

3. 试述 12 对脑神经的位置、性质、分布和功能。

4. 简述植物性神经和躯体神经、交感神经和副交感神经的区别。

参考答案

【实验实训】

神经系统的观察

目的与要求　通过实验实训，使学生了解神经系统的组成，掌握脑和脊髓的形态和构造，以及主要的脑神经、脊神经和植物神经的分布。

材料与用品　脑和脊髓的标本或模型，动物尸体及有关挂图。

方法和步骤

（一）脑的观察

从脑的背侧面、腹侧面、正中矢状面观察脑的结构及形态。

（1）脑的外部　主要观察大脑横沟，小脑蚓部，脑回，大脑的额叶、顶叶、枕叶、颞叶，以及嗅球、视神经交叉、脑垂体、中脑、脑桥和延髓。

（2）脑的各部　主要观察左右大脑半球的胼胝体、大脑皮层、大脑髓质、小脑皮质、髓树、延脑、脑桥、中脑、间脑，以及侧脑室、第 3 脑室、中脑导水管、第 4 脑室。

（二）脊髓的观察

观察脊髓位置、颈膨大、腰膨大、脊髓圆锥、终丝和马尾。在横断面上观察灰质、白质和脊髓中央管，以及脊髓两侧成对的脊神经。

（三）外周神经的观察

（1）脑神经　脑神经有 2 对，重点观察三叉神经和面神经。

（2）脊神经　重点观察颈神经（膈神经）、臂神经丛（肩胛上神经、桡神经、正中神经、尺神经）、胸神经（肋间神经、最后肋间神经）、腰神经（髂腹下神经、髂腹股沟神经）、股神经、闭孔神经、阴部神经、坐骨神经、腓神经、胫神经、掌（跖）神经、掌（跖）神经掌（跖）支。

（3）植物性神经　主要观察交感神经干和迷走交感干。

作业　绘制脑毗邻结构及脑室连通关系图。

第九章
内分泌系统与感觉器官

【知识目标】

- 掌握内分泌系统的组成。
- 掌握动物体内重要内分泌器官的形态结构和位置。
- 掌握感觉器官的构成及主要感觉器官的构造。

【技能目标】

- 能在动物标本上识别主要的内分泌器官。
- 掌握眼、耳感觉器官的构成。

【思政目标】

- 教育引导学生良好的饮食、运动、平衡的生活方式，以及尊重自然、关爱残障、服务社会的责任意识。

第一节　内分泌系统

内分泌系统是由全身的内分泌腺及具内分泌功能的组织、细胞组成的。内分泌系统存在的形式：①独立的内分泌腺如垂体、肾上腺、甲状腺、甲状旁腺、松果体；②附属于某些器官中的内分泌细胞群，如胰岛、黄体、睾丸间质细胞、肾小球旁器；③散在的内分泌细胞存在于多种器官，尤其是神经系统，共同组成一个弥散的神经内分泌系统；④兼有内分泌功能的细胞，如心肌细胞分泌心房钠尿肽。

内分泌腺无输出导管，属无管腺，其细胞分泌的某些特殊的化学物质称为激素。激素直接渗透入血液或淋巴，随血液循环传递到全身，有选择地作用于一定的器官或组织，对机体的新陈代谢、生长、发育以及维持内外环境的变化有促进和调节的作用，这种调节作用称为体液调节。体液调节受控于神经系统，共同实现神经体液调节。

一、垂体

垂体又称脑垂体(图 9-1)，是体内最重要的内分泌腺，位于颅底蝶骨构成的垂体窝内，借漏斗与下丘脑相连。垂体的结构和功能都比较复杂，根据它的发生和结构特点，可将它分为腺垂体和神经垂体两大部分。腺垂体又包括远侧部、结节部和中间部。

腺垂体能分泌生长激素、催乳素、黑色细胞刺激素、促肾上腺皮质激素、促甲状腺激素、促卵泡激素及黄体生成素等多种激素。这些激素除与机体骨骼和软组织的生长发育有关外，还能影响其他内分泌腺的功能。

神经垂体是一个贮存激素的地方，接受由下丘脑视上核和室旁核所分泌的加压素（抗利尿激素）和催产素。

各种动物的垂体形状大小略有不同。

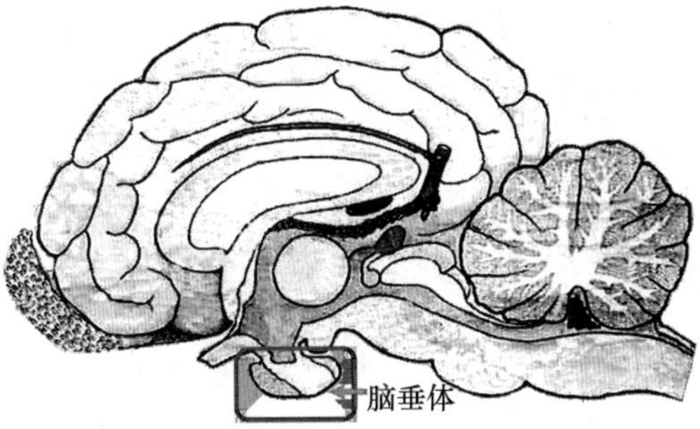

图 9-1　脑垂体模式图

二、甲状腺

甲状腺位于喉的后方，前 3～4 个气管环的两侧和腹侧，由左、右两叶和连接两叶的腺峡或纤维峡组成（图 9-2）。甲状腺能合成和分泌甲状腺素，有促进机体新陈代谢和生长发育的作用；C 细胞还能分泌降钙素，有增强成骨细胞活性，促进骨组织钙化，降低血钙的作用。

牛甲状腺的叶发达，颜色较浅，位于气管和食管前端两侧，呈不规则的三角形，长 6～7 cm，宽 5～6 cm，厚约 1.5 cm，腺小叶明显，腺峡由腺组织构成。猪甲状腺呈暗红色，左、右腺叶与腺峡连成一整块，形如贝壳，位于胸前口处气管的腹侧面。长 4.0～4.5 cm，宽 2.0～2.5 cm，厚 1.0～1.5 cm。屠猪需割“三腺”，其中一腺即为甲状腺。

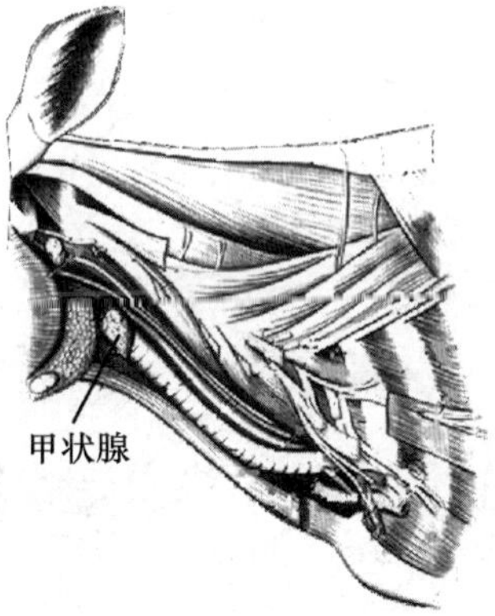

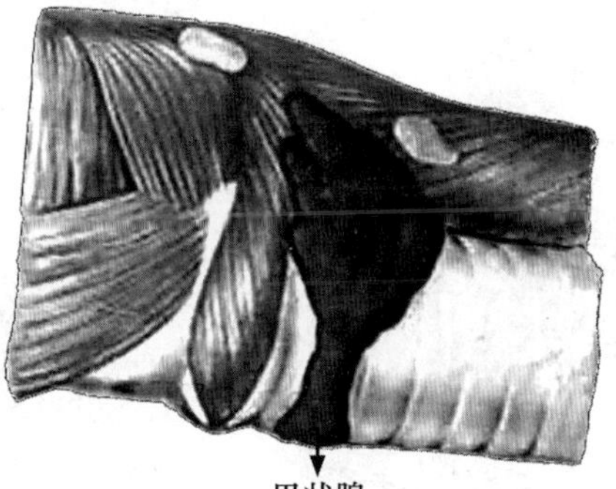

图 9-2　甲状腺模式图

三、甲状旁腺

甲状旁腺是圆形或椭圆形小腺体，位于甲状腺附近或埋于甲状腺组织中（图 9-3）。一般家畜具有 2 对甲状旁腺。甲状旁腺主要分泌甲状旁腺素，有调节钙和磷代谢，维持血钙平衡的作用。

牛有内、外 2 对甲状旁腺。外甲状旁腺位于甲状腺前方，靠近颈总动脉，长 5～8 mm，内甲状旁腺较小，常位于甲状腺内侧，靠近甲状腺的背缘或后缘。

马有 2 对甲状旁腺。前甲状旁腺的直径为 10 mm，大多数位于食管和甲状腺前半部之间，有些在甲状腺的边缘，少数在甲状腺深面。后甲状旁腺位于颈部后 1/3 的气管上，腺体不对称。

猪只有 1 对外甲状旁腺，呈球形，色赤褐，质较硬，长 1～5 mm，位于颈总动脉分叉处附近。有胸腺时，则埋于胸腺内。

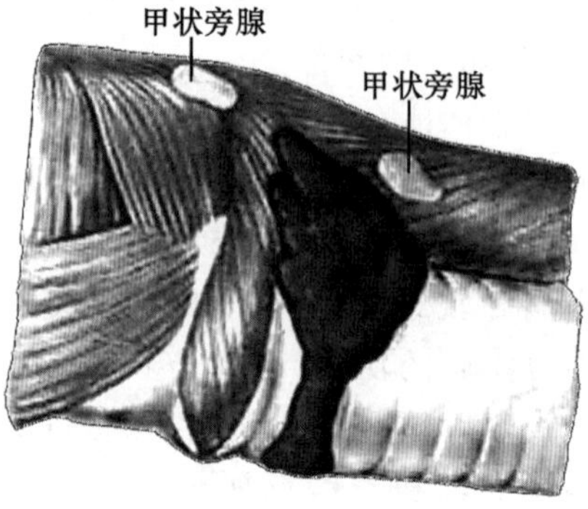

图 9-3　甲状旁腺模式图

四、肾上腺

肾上腺左、右各 1 个，位于肾脏的前内侧，肾上腺外包被膜，其实质部分为外层的皮质和内层的髓质（图 9-4）。两者颜色不同，皮质呈黄色，分泌糖皮质激素和盐皮质激素，参与机体的水盐代谢和糖代谢等；髓质呈灰色或肉色，分泌肾上腺素和去甲肾上腺素，其机能相当于交感神经的作用，能使心跳加快，小动脉收缩、心脏收缩力加强、血压升高。

牛的 2 个肾上腺形状位置不同。右肾上腺呈心形，位于右肾的内侧；左肾上腺呈肾形，位于左肾的前方。猪的肾上腺长而狭，表面有沟，位于肾内侧缘的前方。

五、松果体

松果体又称脑上腺（图 9-5），红褐色卵圆形小体，位于四叠体与丘脑之间，以脚连于丘脑上部。其分泌的激素主要是褪黑激素，有抑制促性腺激素的释放，防止性早熟等作用。光照影响松果体的分泌活动，可抑制合成褪黑激素。延长母鸡的光照时间可增加产蛋量就是松果体被抑制的结果。此外，松果体内含有大量的 5-羟色胺和去甲肾上腺素等物质。

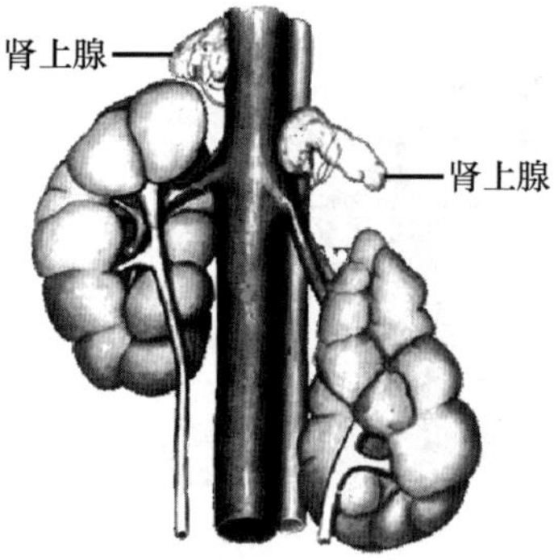

图 9-4　肾上腺模式图

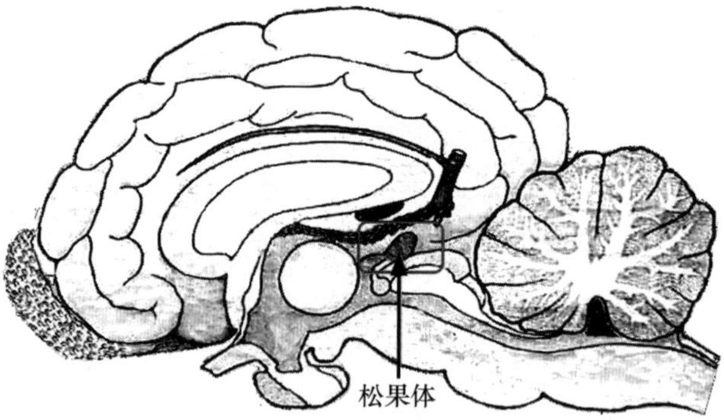

图 9-5　松果体模式图

第二节　感觉器官

感受器是感觉神经末梢的特殊装置，广泛分布于身体各器官和组织内。感受器能接受体内外各种刺激，并将其转变为神经冲动，传达到中枢神经。

感受器通常根据所在部位和所接受刺激的来源，分为外感受器、内感受器和本体感受器 3 大类。外感受器能接受外界环境的各种刺激，如皮肤的触觉、压觉、温觉和痛觉，舌的味觉、鼻的嗅觉，以及接受光波和声波的感觉器官(眼和耳)。内感受器分布于内脏以及心、血管，能感受体内各种物理、化学变化，如压力、渗透压、温度、离子浓度等刺激。本体感受器分布于肌、腱、关节和内耳，能感受运动器官所处状况和身体位置的刺激。

感觉器官是指机体内的特殊感受器，如视觉、听觉器官。其构造包括感受器及其附属结构。

一、视觉器官

视觉器官能感受光的刺激，经视神经传至中枢，而引起视觉。视觉器官包括眼球和辅助器官。

(一)眼球

眼球位于眼眶内，后端有视神经与脑相连。眼球的构造分眼球壁和内容物 2 部分。

1.眼球壁

眼球壁分 3 层，由外向内顺次为纤维膜、血管膜和视网膜(图 9-6)。

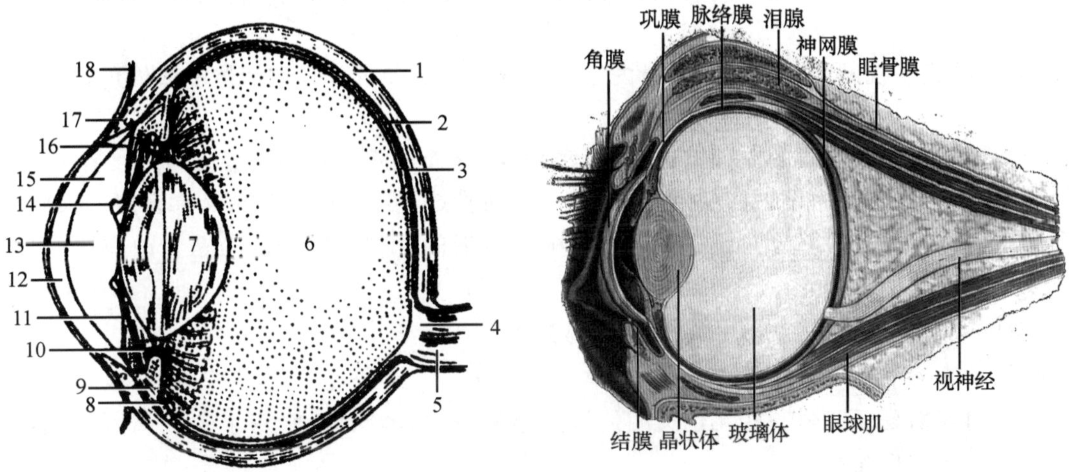

1.巩膜　2.脉络膜　3.视网膜　4.视神经乳头　5.视神经　6.玻璃体　7.晶状体
8.睫状肌　9.睫状突　10.晶状体悬韧带　11.虹膜　12.角膜　13.瞳孔
14.眼前房　15.眼后房　16.巩膜静脉窦　17.球结膜　18.眼睑结膜

图 9-6　眼球纵切面模式图

(1)纤维膜　厚而坚韧，由致密结缔组织构成，为眼球的外壳。可分为前方的角膜和后方的巩膜。

①角膜　占眼球前部约 1/5，呈外凸内凹的球面，是眼球的主要趋光介质。角膜内没有血管和淋巴管，依靠房水提供营养。但角膜分布丰富的感觉神经末梢，所以感觉灵敏。

②巩膜　占眼球后部约 4/5，乳白色，不透明。内有血管和色素细胞。巩膜前方接角膜，交界处有环状的巩膜静脉窦，是眼房水流出的通道，起着调节眼压的作用。巩膜的后腹侧，视神经纤维穿出的部位有巩膜筛板。

(2)血管膜　血管膜是眼球壁的中层，位于纤维膜与视网膜之间，富含血管和色素细胞，有营养眼内组织的作用，并形成暗的环境，有利于视网膜对光色的感应。血管膜由前向后分为虹膜、睫状体和脉络膜3部分。

①虹膜　虹膜是血管膜的最前部，呈环状，中央为瞳孔，猪的瞳孔为圆形，其他家畜的为椭圆形，马瞳孔的游离缘上有颗粒状突出物，称为虹膜粒。虹膜将眼房分为前房和后房，前房和后房内的房水借瞳孔相通。虹膜内分布有色素细胞、血管和肌肉。不同动物色素细胞中色素颗粒不同，导致动物虹膜颜色呈红、黑、棕、灰等不同颜色。虹膜肌有2种：一种为瞳孔括约肌，围于瞳孔缘，其收缩可缩小瞳孔，受副交感神经支配；另一种为放射状肌纤维，称为瞳孔开肌，其收缩可开大瞳孔。

②睫状体　睫状体是血管膜中部的增厚部分，呈环状围于晶状体周围，形成睫状环，其表面有许多向内面突出并呈放射状排列的皱褶，称为睫状突。睫状突与晶状体之间由纤细的晶状体韧带连接。在睫状体的外部有平滑肌构成的睫状肌，肌纤维起于角膜与巩膜连接处，向后止于睫状环。睫状肌受副交感神经支配，收缩时可向前拉睫状体，使晶状体韧带松弛，有调节视力的作用。

③脉络膜　呈棕色，衬于巩膜的内面，其后壁除猪外有1个呈青绿色带金属光泽的三角区，叫照膜，由于这一区域的视网膜没有色素，所以反光很强，有助于动物在暗光环境中对光觉的感应。

(3)视网膜　视网膜是眼球壁的最内层。可分为视部和盲部。在活体呈淡红色，死后呈灰白色。

①视部　衬于脉络膜的内面，且与其紧密相连，薄而柔软。在视网膜后部有1个视乳头，为一卵圆形白斑，表面略凹，是视神经纤维穿出视网膜处，没有感光能力，又称盲点。视网膜中央动脉由此分支呈放射状分布于视网膜。在眼球后端的视网膜中央区是感光最敏锐部分，成1个圆形小区称为视网膜中心，相当于人眼的黄斑。

②盲部　覆盖在睫状体及虹膜的内面。无感光能力。

2. 眼球内容物

眼球内容物是眼球内一些无色透明的折光结构，包括晶状体、眼房水和玻璃体，它们与角膜一起组成眼的折光系统。

(1)晶状体　呈双凸透镜状，透明而富有弹性，位于虹膜和玻璃体之间。周缘由晶状体韧带连于睫状突上，通过睫状肌的收缩和松弛，可改变晶状体的凸度，以调节焦距，使物体的投影能聚集于视网膜上。晶状体浑浊，导致白内障。

(2)眼房水和眼房　眼房是位于角膜和晶状体之间的腔隙，被虹膜分为前房和后房。眼房水为无色透明液体，充满于眼房内，主要由睫状体分泌产生，然后在眼前房的周缘渗入巩膜静脉窦而至眼静脉。眼房水有运输营养物质和代谢产物、折光和调节眼压的作用。眼房水排出受阻，则眼内压增高，导致青光眼。

(3)玻璃体　为无色透明的胶冻状物质，充满于晶状体与视网膜之间。

(二)眼球的附属器官

眼球的附属器官包括眼睑、泪器、眼球肌和眶骨膜等，对眼球有保护、运动和支持作用(图9-7)。

1. 眼睑

眼睑为盖于眼球前方的皮肤褶，分为上眼睑和下眼睑。眼睑的外面为皮肤，中间主要为眼

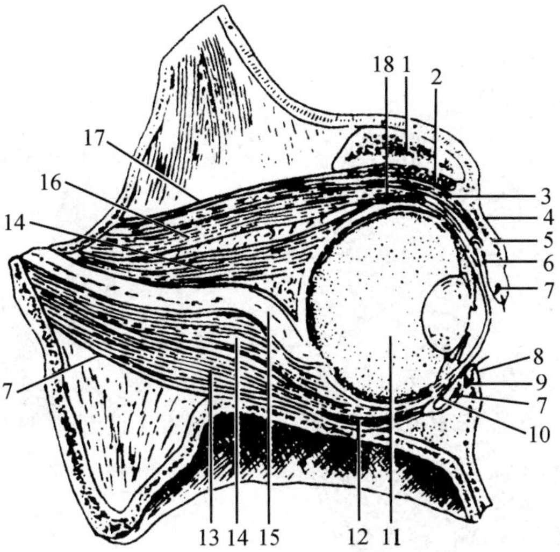

1. 额骨颧突　2. 泪腺　3. 上眼睑提肌　4. 上眼睑　5. 眼轮匝肌　6. 结膜囊　7. 睑板腺
8. 下眼睑　9. 睑结膜　10. 球结膜　11. 眼球　12. 下斜肌　13. 下直肌
14. 眼球退缩肌　15. 视神经　16. 上直肌　17. 眶骨肌　18. 上斜肌

图 9-7　眼球的辅助器官

（引自马仲华，2002）

轮匝肌，内面衬着一薄层湿润而富有血管的膜，称为睑结膜。睑结膜折转覆盖在眼球巩膜的前部，称球结膜。当眼睑合闭时结膜合成 1 个完整的结膜囊。牛的眼虫常寄生在此囊内。各种动物的结膜颜色有所不同，黄牛和乳牛眼结膜为淡粉红色，水牛为鲜红色，猪为粉红色，马为淡红色，患病时，结膜颜色常发生改变，可作为诊断疾病的依据。第 3 眼睑又称为瞬膜，为位于眼内侧角的半月状结膜褶，内有一块软骨。

2. 泪器

泪器包括泪腺和泪道 2 部分。

（1）泪腺　泪腺位于眼球的背外侧，在眼球与眶上突之间。有 10 余条导管开口于上眼睑结膜。其分泌的泪液有湿润和清洗眼球的作用。

（2）泪道　泪道为泪液的排泄管道，由泪小管、泪囊和鼻泪管组成。

3. 眼球肌

眼球肌属横纹肌，一端附着在视神经周围的骨上，另一端附着在眼球巩膜上，全部由眶骨膜所包被。

4. 眶骨膜

眶骨膜为致密坚韧的纤维膜。呈锥状，包围着眼球、眼肌、神经、血管和泪腺。眶骨膜内外有许多脂肪，与眶骨膜共同起保护作用。

二、位听器官——耳

耳包括外耳、中耳和内耳 3 部分。外耳收集声波，外耳道软骨区分布有皮脂腺和耵聍腺；中耳传导声波；内耳为听觉感受器和位置感受器所在地（图 9-8）。

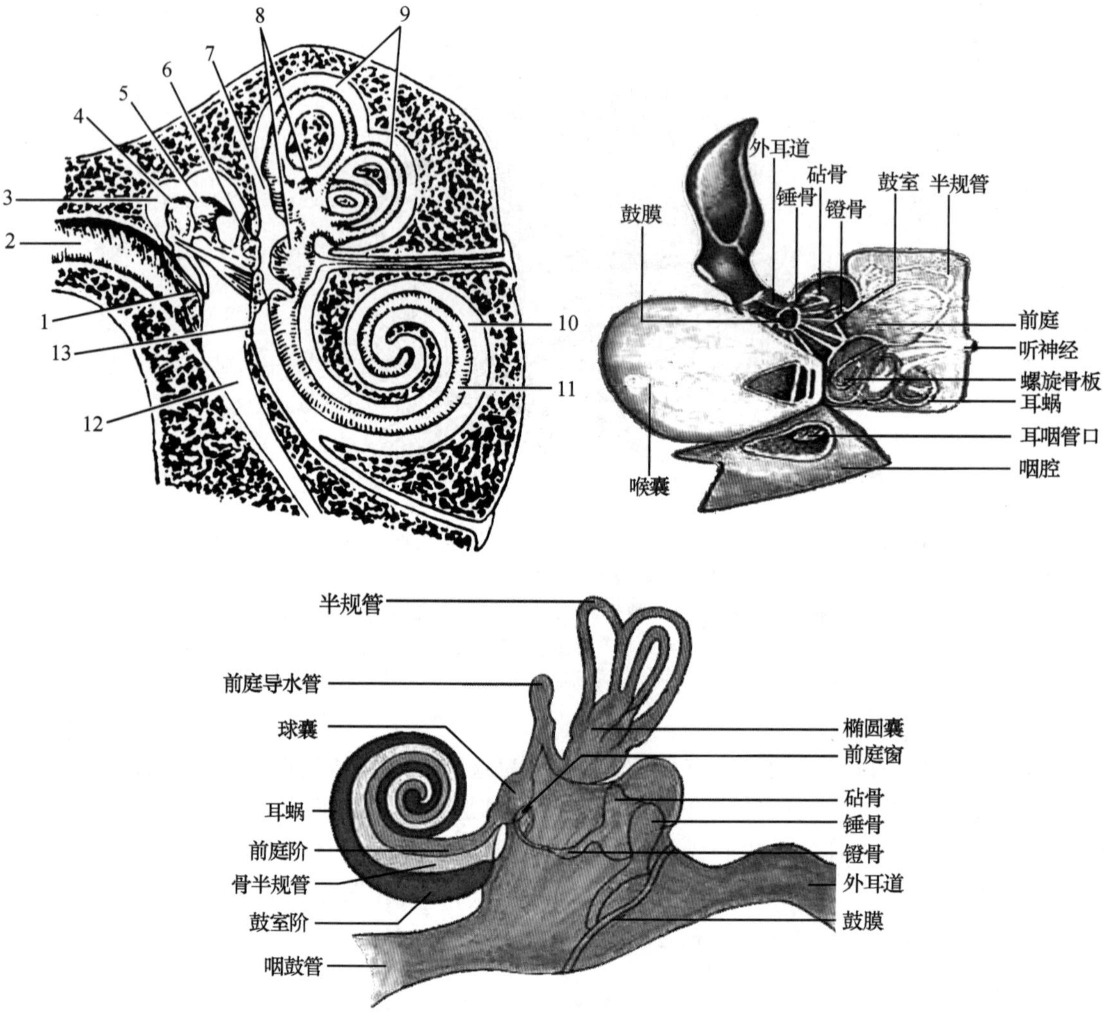

1. 鼓膜 2. 外耳道 3. 鼓室 4. 锤骨 5. 砧骨 6. 镫骨及前庭窗 7. 前庭 8. 椭圆囊和球囊
9. 骨半规管和膜半规管 10. 耳蜗 11. 耳蜗管 12. 咽鼓管 13. 蜗窗及其膜

图 9-8 耳的构造模式图

(引自马仲华,2002)

(一)外耳

外耳包括耳郭、外耳道和鼓膜 3 部分。耳郭的形状大小因动物种类而异,耳郭以软骨为支架,内外被覆有毛和皮肤。耳基的外围分布有许多耳肌,因此耳郭可以灵活运动。外耳道是从耳郭基部到鼓膜的一条管道,外侧部是软骨管,内侧部是骨管,内面衬有皮肤,在软骨管部的皮肤含有皮脂腺和耵聍腺。后者为变态的汗腺,分泌耳蜡,又称为耵聍。鼓膜位于外耳道内端,是构成外耳道底的一片圆形纤维膜,坚韧而有弹性。鼓膜外层为皮肤,中层为纤维层,由致密胶质纤维构成,内层衬有黏膜。

(二)中耳

中耳包括鼓室、听小骨和咽鼓管。鼓室位于岩颞骨内部的一个小腔内,内面衬有黏膜,外侧壁有鼓膜，鼓室的前下方有孔通咽鼓管。听小骨位于鼓室内，共 3 块，由外向内依次为锤骨、砧骨和镫骨，可将声波对骨膜的振动传递至内耳。咽鼓管又称为耳咽管，为连接咽与鼓室之间的管道。作用是使鼓室内的气压与外界大气压相等，保持鼓膜内外两面的压力平衡，便于鼓膜振动。

（三）内耳

内耳又称迷路，由骨迷路和膜迷路组成。膜迷路内有内淋巴，膜迷路和骨迷路的间隙内有外淋巴。骨迷路包括前庭、耳蜗和 3 个互相垂直的半环形骨半规管。膜迷路为套于骨迷路内、互相通连的膜性管和囊，内壁有位置感受器，耳蜗管的内壁有听觉感受器。

由外耳道传入的声波使鼓膜振动，并经过听小骨传至前庭窗，导致前庭阶的外淋巴振动，再经前庭膜使耳蜗管的内淋巴也发生振动。前庭阶的外淋巴的振动也经蜗孔传到鼓阶，使基底膜发生振动，引起细胞兴奋，冲动经耳蜗神经传至中枢，产生听觉及听觉反射。

【本章要点速查】

表 9-1　内分泌系统要点速查表

名　称	学习要点归纳
垂体	位置：蝶骨体的垂体窝内
	构成：腺垂体（远侧部、中间部、结节部）和神经垂体
	功能：腺垂体分泌生长激素、催乳激素、黑色细胞刺激素、促肾上腺皮质激素、促甲状腺激素、促卵泡激素及黄体生成素等多种激素
甲状腺	位置：喉的后方，气管腹侧
	构成：两侧叶和腺峡
	功能：分泌甲状腺素和降钙素
甲状旁腺	位置：甲状腺附近或埋于甲状腺组织中
	构成：圆形小体，2 对
	功能：分泌甲状旁腺素
肾上腺	位置：肾的前内侧
	构成：1 对，牛右侧呈心形，左侧呈肾形；马的呈扁圆形；猪的肾上腺长而狭，表面有沟
	功能：皮质分泌糖皮质激素和盐皮质激素；髓质分泌肾上腺素和去甲肾上腺素
松果体	位置：位于丘脑和四叠体间 功能：分泌褪黑素

表 9-2　感官系统要点速查表

名称			学习要点归纳
眼	眼球	眼球壁	纤维膜：包括角膜（占 1/5）和巩膜（占 4/5）。角膜无血管和淋巴管，有丰富的感觉神经末梢；巩膜与角膜交界处有巩膜静脉窦，是眼房水流出通道
			血管膜：由前向后分别是虹膜、睫状体、脉络膜。虹膜上有瞳孔，前房和后房内的房水借瞳孔相通；睫状体调节晶状体的凸凹度；脉络膜有助于动物在暗光环境中对光的感应
			视网膜：视部、盲部
		眼球内容物	晶状体：双凸透镜状，晶状体浑浊，导致白内障
			眼房：内有眼房水，被虹膜分为前房和后房，眼房水有运输营养物质和代谢产物、折光和调节眼压的作用。眼房水排出受阻，则眼内压增高，导致青光眼
			玻璃体：无色透明胶冻状
	眼球辅助装置	眼睑	眼睑的外面为皮肤，内面衬着一薄层湿润而富有血管的睑结膜。睑结膜折转覆盖在眼球巩膜的前部形成球结膜。第 3 眼睑又称为瞬膜，为位于眼内侧角的半月状结膜褶，内有一块软骨
		泪器	包括泪腺和泪道 2 部分。泪腺分泌泪液有湿润和清洗眼球的作用；泪道为泪液的排泄管道，由泪小管、泪囊和鼻泪管组成
		眼球肌	属横纹肌
		眶骨膜	为致密坚韧的纤维膜
耳	外耳		耳郭、外耳道、鼓膜
	中耳		鼓室、听小骨、咽鼓管
	内耳		骨迷路、膜迷路

【练一练　测一测】

一、填空题

1. 垂体分为________和________2 大部分。腺垂体又包括________、________和________。

2. 神经垂体是一个贮存________和________的地方。

3. 眼球的构造分________和________2 部分。

4. 眼球壁由外向内顺次为________、________和________。

5. 纤维膜可分为前方的________和后方的________。

6. 血管膜由前向后分为________、________和________3 部分。

7. 眼球内容物包括________、________和________，它们与角膜一起组成眼的折光系统。

8. 眼球的附属器官包括________、________、________和________等，对眼球有保护、运动和支持作用。

9. 耳包括________、________和________3 部分。外耳________，外耳道软骨区分布有皮脂腺和耵聍腺；中耳________；内耳为________所在地。

二、单选题

1. 下列何种腺体不是内分泌腺？(　　)

A. 脑垂体　　B. 腮腺　　C. 甲状腺　　D. 肾上腺

2. 下列何种腺体不是内分泌腺？(　　)

A. 脑垂体　　B. 甲状腺　　C. 副性腺　　D. 肾上腺

3. 下列何种腺体不是内分泌腺？(　　)

A. 脑垂体　　B. 皮脂腺　　C. 甲状腺　　D. 肾上腺

4. 在眼球的结构中，属于眼球壁纤维膜的是(　　)。

A. 巩膜　　B. 虹膜　　C. 脉络膜　　D. 视网膜

5. 在眼球的结构中，属于眼球壁血管膜的是(　　)。

A. 巩膜　　B. 角膜　　C. 脉络膜　　D. 视网膜

三、多选题

1. 下列腺体哪些属于内分泌腺？(　　)

A. 脑垂体　　B. 甲状腺　　C. 腮腺　　D. 乳腺

2. 在眼球的结构中，属于眼球壁纤维膜的是(　　)。

A. 巩膜　　B. 虹膜　　C. 脉络膜　　D. 角膜

3. 在眼球的结构中，属于眼球壁血管膜的是(　　)。

A. 巩膜　　B. 虹膜　　C. 脉络膜　　D. 视网膜

4. 在耳的结构中，属于中耳的是(　　)。

A. 耳郭　　B. 鼓室　　C. 听小骨　　D. 半规管

5. 在耳的结构中，属于内耳的是(　　)。

A. 耳郭　　B. 鼓室　　C. 半规管　　D. 耳蜗

四、简答题

1. 简述动物体内重要内分泌器官的形态结构、位置和功能。
2. 眼睛包括哪几部分？
3. 耳包括哪几部分？
4. 如何区别眼睑、眼结膜和瞬膜，在临床上有何意义？

参考答案

【实验实训】

一、内分泌系统观察

目的与要求　掌握动物机体重要内分泌器官的形态结构和位置。

材料与用品　动物尸体，教学挂图，小解剖器(刀子、剪子、镊子)。

方法和步骤

(1)观察垂体的形态结构和位置。

(2)观察甲状腺的形态结构和位置。

(3)观察甲状旁腺的形态结构和位置。

(4)观察肾上腺的形态结构和位置。

(5)观察松果体的形态结构和位置。

作业 绘制出内分泌器官的形态结构图。

二、感觉器官——眼的观察

目的与要求 通过观察，认识眼球及其辅助装置的形态结构。

材料与用品 眼球模型，眼球教学挂图，眼球浸制标本，动物的新鲜眼球，小解剖器（刀子、剪子、镊子）。

方法和步骤

1. 眼球壁构造的观察

按照眼球壁的结构，由外向内依次观察纤维膜、血管膜和视网膜。

(1)纤维膜 观察角膜、巩膜。

(2)血管膜 由前向后观察虹膜、瞳孔、睫状体、睫状肌和脉络膜。

(3)视网膜 在血管膜的内面观察视网膜、视神经乳头。

2. 眼球内容物的观察

(1)晶状体 观察晶状体及其周围的睫状体。

(2)玻璃体 在晶状体的后边观察玻璃体。

(3)眼房水 观察角膜、眼前房、眼房水、虹膜。

3. 眼辅助器官的观察

主要观察上、下眼睑和第3眼睑、泪腺、泪小管、泪囊和鼻泪管，以及在眼球外围的横纹肌。

作业 绘制眼球结构图。

第十章
家禽解剖

【知识目标】

- 熟悉家禽运动系统的结构特点。
- 掌握家禽消化、呼吸、泌尿、生殖器官的形态结构。
- 熟悉家禽被皮系统、心血管、内分泌、神经系统的结构特点。
- 了解家禽与家畜比较解剖。

【技能目标】

- 在禽骨骼标本上指认各骨及连结。
- 能按规范进行家禽解剖并熟悉各器官的形态构造位置特点。

【思政目标】

- 培养学生树立公共卫生安全、环保生态的意识。

第一节　运动系统

一、骨

家禽骨质轻却具坚固性，大多数骨髓腔内充满着与肺及气囊相通的空气，骨质致密，有的骨块愈合成为一个整体。家禽全身骨由躯干骨、头骨、前肢骨和后肢骨组成(图 10-1，表 10-1)。

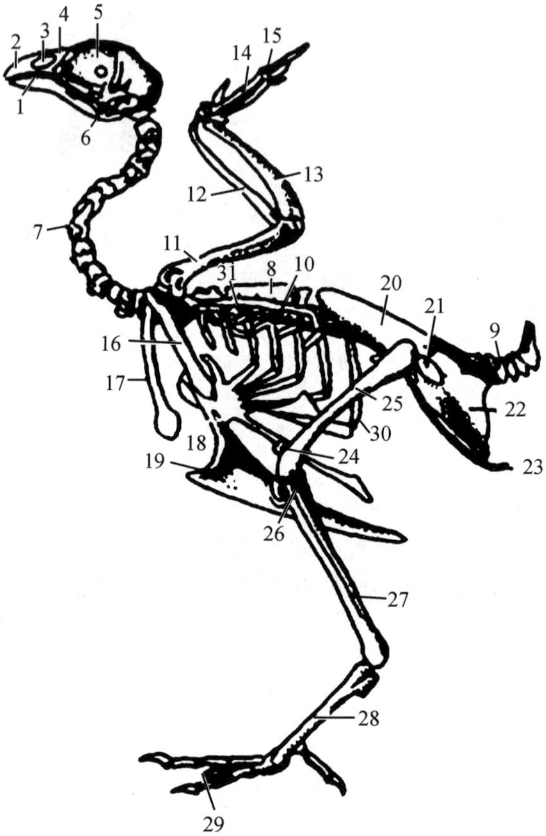

1.下颌骨 2.颌前骨 3.鼻孔 4.鼻骨 5.筛骨 6.方骨 7.颈椎 8.胸椎 9.尾椎 10.肩胛骨 11.肱骨 12.桡骨 13.尺骨 14.掌骨 15.指骨 16.乌喙骨 17.锁骨 18.胸骨 19.胸骨嵴 20.髂骨 21.坐骨孔 22.坐骨 23.耻骨 24.髌骨 25.股骨 26.胫骨 27.腓骨 28.大跖骨 29.趾骨 30.肋骨 31.钩突

图 10-1 鸡的全身骨骼

表 10-1 鸡的全身骨组成

全身骨		特 点
头骨	颅骨	由枕骨、顶骨、额骨、颞骨、蝶骨高度愈合而成，骨间缝极不明显。颅骨与面骨以眶窝为界
	面骨	颌前骨发达而上颌骨甚小；下颌骨和颞骨间存在一块禽类特有的方骨；舌骨发达，由舌骨体和一对舌骨支组成；颞方关节和方下颌关节；面骨主要构成喙的骨质基础

续表10-1

全身骨			特　点
躯干骨	脊柱	颈椎	鸡 14 枚、鸭 15 枚、鹅 17 枚、鸽 12 枚，呈 S 形弯曲，运动灵活。 椎体间形成鞍状的椎间关节，取代椎间盘成可动联结
		胸椎	鸡 7 枚、鸭和鹅 9 枚，胸腰段轻微可动
		腰荐椎	与胸椎愈合
		尾椎	共 11～12 枚，后 5～6 枚不愈合，最后 1 枚最大，三角形为尾综骨，是尾脂腺和尾羽的附着基础
	肋		前 1、2 为浮肋，其余包括背侧连胸椎的椎肋和腹侧连胸骨的胸肋 2 段。除最后 1～2 肋外，其余均与胸骨成关节。 钩突：鸡位于 2～3 椎肋后缘，附着于后一肋骨的外面，起加固胸廓的作用，禽特有
	胸骨		十分发达；腹面正中有纵向的胸骨嵴（也称龙骨），借肋与脊柱相连，通过乌喙骨与肩带骨相连
四肢骨	前肢骨		具完整肩带骨：肩胛骨、乌喙骨、锁骨。左右锁骨远端愈合为一体构成所谓“叉骨”。游离部由肱骨（典型含气骨）、前臂骨（桡、尺）和前脚骨（腕、掌、指）构成。乌喙骨近端与胸骨前缘成紧密关节。肱骨、前臂骨、前脚骨形成“Z”字形贴于胸廓上的翼
	后肢骨		发达；包括盆带骨（髋骨）、腿骨（股骨、髌骨、胫骨、腓骨、跖骨、趾骨）；家禽有 4 趾，第 1 趾向后，其余 3 趾向前；分别有 2、3、4、5 个趾节骨，末节为爪骨，藏于爪内；左、右侧髋骨不形成骨盆联合，使骨性骨盆腔的腹侧面是开放的，以适应产卵的需要；跗骨与胫骨和跖骨愈合

二、关节

家禽头部关节除颞下颌关节外，大部分属于不动关节，部分属于微动关节。

前肢和后肢的关节基本同于哺乳动物，前肢肩关节由肩胛骨、乌喙骨及肱骨头构成，主要做内收和外展运动。肘关节、腕关节、掌指关节和指节间关节主要进行伸屈运动。

后肢髂腰荐关节是不动关节。髋关节由髋臼和股骨头组成。膝关节包括股髌关节、股胫关节和股腓关节。胫跖关节（飞节）、跖趾关节和趾节间关节主要做伸屈运动。

三、肌肉

家禽肌肉的肌纤维较细，肌肉内无脂肪沉积。皮肌薄而广泛，有的终止于翼的皮肤褶，飞翔时起着紧张翼膜的作用。家禽骨骼肌分布与哺乳动物相比较的特点是：头部的面部肌肉退化，但咀嚼肌发达。颈部长而运动灵活，颈肌系发达。因胸、腰、荐椎愈合，此段肌肉退化。尾部肌肉发达，与尾部功能有关。胸壁肌有肋间外肌和肋间内肌等，但无膈肌。家禽腹壁肌也分 4 层，但较薄弱。前肢肩带部的胸肌是禽体最大的肌肉，也是飞翔的主要肌肉。鸡的胸肌约占体重的 10%。盆带肌不发达，而股部和小腿部肌群则较发达（图 10-2）。

1.长翼膜张肌 2.臂三头肌 3.臂二头肌 4.腕桡侧伸肌 5.旋前浅肌
6.腕尺侧屈肌 7.尾提肌 8.腹外斜肌 9.半膜肌 10.腓肠肌
11.腓骨长肌 12.胫骨前肌 13.股二头肌
14.股阔筋膜张肌 15.胸浅肌

图 10-2 鸡全身浅层肌

第二节 被皮系统

禽类被皮系统由皮肤及皮肤的衍生物构成(表 10-2),与哺乳类动物相比,有不少结构是与飞翔或游水功能相适应的。

表 10-2 禽类被皮系统的组成

名称	特 点
皮肤	1.鸡皮肤薄,皮下组织疏松,毛细血管丰富。翼部形成皮肤褶,称为翼膜,有利于飞翔。水禽趾间成皮肤蹼,有利于划水 2.母鸡和火鸡在孵卵期,胸部皮肤形成特殊的孵区,又称孵斑,羽毛较少,血管增生,有利于体温传导

续表10-2

名称		特　点
皮肤衍生物	羽毛(图 10-3)	1.正羽:又称为被羽,有一根羽轴,下段称为羽根,着生于皮肤的羽囊;上部称为羽茎,两侧具有羽片 2.绒羽:羽茎细,羽枝长,起保温作用 3.纤羽:细小,只在羽茎顶部少有
	尾脂腺	1对,位于尾综骨背侧,润泽羽毛,水不易浸湿。禽类无汗腺和皮脂腺
	冠、肉髯、耳叶	均由皮肤褶衍变而成;冠表皮薄,真皮厚,有丰富的血管。髯位于喙的下方,两侧对称,结构与冠相似。耳叶位于耳孔开口的下方,呈椭圆形,多为红色或白色
	鳞片、喙、爪、距	均是由表皮角质层增厚所形成

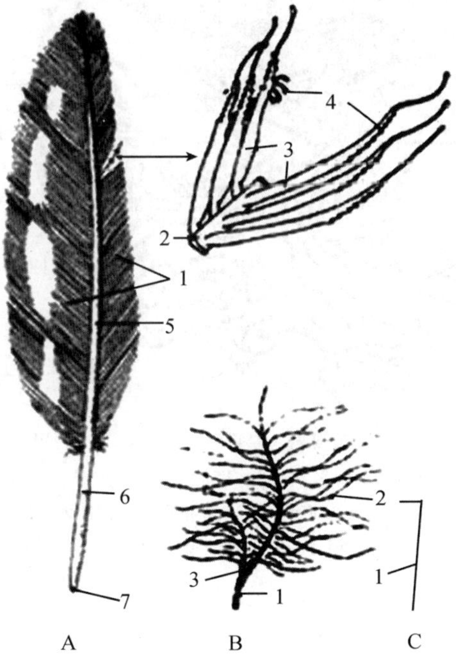

A.廓羽(正羽):1.羽片　2.羽枝　3.小羽枝　4.羽钩　5.羽茎　6.基翮　7.下脐

B.绒羽:1.基翮　2.羽枝　3.下羽

C.纤羽:1.羽轴　2.羽枝

图 10-3　家禽羽毛模式图

第三节 消化系统

家禽的消化系统包括口腔、咽、食管、嗉囊、胃、小肠、大肠、泄殖腔和肝、胰等器官(图 10-4)。

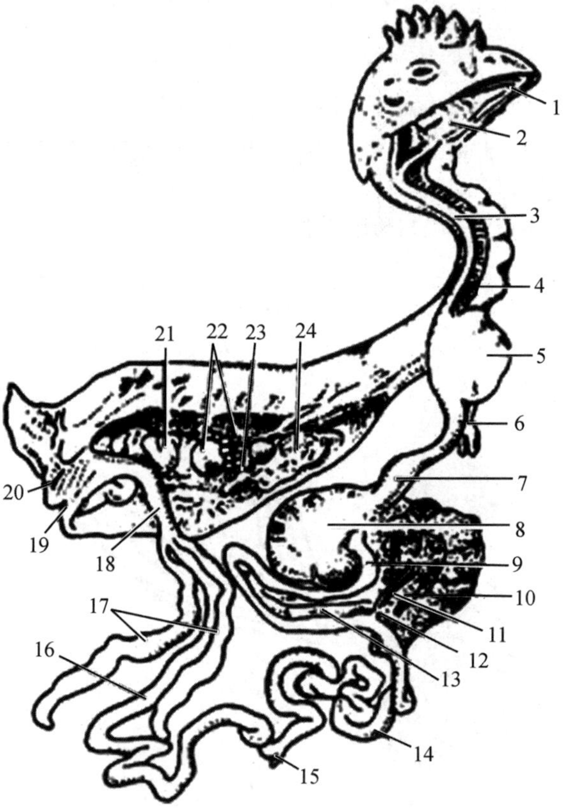

1.口腔 2.咽 3.食管 4.气管 5.嗉囊 6 鸣管 7.腺胃 8.肌胃 9.十二指肠 10.胆囊 11.肝管及胆管 12.胰管 13.胰 14.空肠 15.卵黄蒂 16.回肠 17.盲肠 18.直肠 19.泄殖腔 20.肛门 21.输卵管 22.卵巢 23.心 24.肺

图 10-4 鸡消化系统

一、口腔和咽

家禽口腔主要特点是:无齿、唇和软腭,上下颌构成喙,鸡、鸽为锥形,鸭、鹅为扁长形。家禽摄食主要靠视觉和触觉,喙为采食器官。硬腭后部及咽顶壁中线上有一鼻后孔,向前延续为腭裂;舌肌不发达,舌黏膜上缺味觉乳头,口腔与咽没有明显的界线,常合称为口咽。咽顶壁正中有咽鼓管漏斗,一对咽鼓管开口于其中。唾液腺虽不大但分布很广,在口腔和咽的黏膜下几乎连成一片,导管直接开口于黏膜表面,主要分泌黏液(图 10-5)。

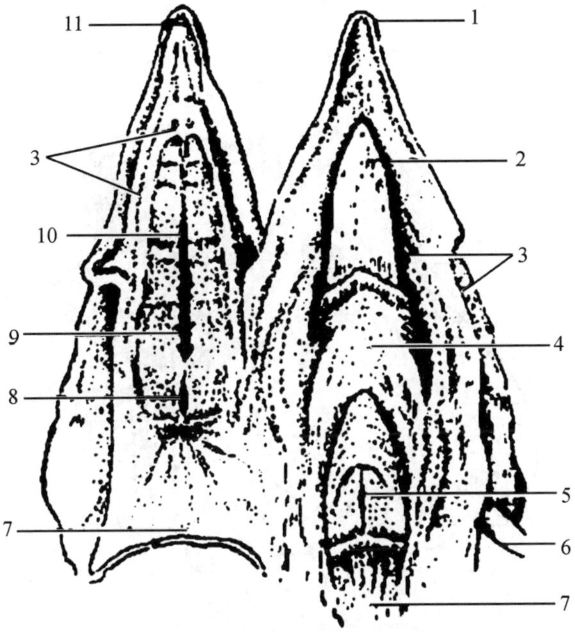

1. 下喙 2. 舌尖 3. 唾液腺导管开口 4. 舌根 5. 喉及喉口 6. 舌骨
7. 食管 8. 咽鼓管漏斗 9. 鼻后孔 10. 腭裂 11. 上喙

图 10-5 鸡的口咽(已剖开)

二、食管和嗉囊

家禽食管较宽大,易扩张。初位于气管背侧,后转向气管右侧二者伴行于皮下。鸡、鸽的食管在胸腔前口的前方形成膨大的嗉囊,有贮存、软化食物的作用;鸭、鹅无真正嗉囊,仅形成纺锤形膨大,功能同嗉囊。嗉囊壁的构造与食管相似,黏膜内有丰富的黏液性食管腺,分泌黏液,使饲料润湿和软化,但不含消化酶,并不能直接对饲料起化学分解作用。鸽在育雏期间其嗉囊腺能分泌一种特殊的乳状液称为“嗉囊乳”或“鸽乳”,用以哺育幼鸽。

三、胃

家禽胃分前后两部,前部为腺胃,后部为肌胃(图 10-4,图 10-6)。

1. 腺胃

腺胃呈纺锤形,位于腹腔左侧,腺胃黏膜表面形成 20～40 个腺胃乳头,乳头上有深层腺导管的开口。腺胃黏膜含有两种类型腺体,分别分泌黏液和化学性消化液——盐酸和胃蛋白酶原。

2. 肌胃

肌胃腔内含有沙砾,又称砂囊,民间称为肫。紧接腺胃之后,为近圆形或椭圆形的双凸体,位于腹腔左侧,在肝后方两叶之间。肌胃的肌层很发达,环形的平滑肌组成 2 块强大的厚肌和 2 块薄肌,因富含肌红蛋白而呈暗红色;在肌胃黏膜固有层内,腺体及黏膜上皮的分泌物与脱落的上皮细胞一起,于黏膜表面形成一层厚的类角质膜,中药名“鸡内金”,起保护黏膜的作用,肌胃通过发达的肌层、粗糙而坚韧的类角质膜和胃内的沙砾对食物进行机械磨碎。

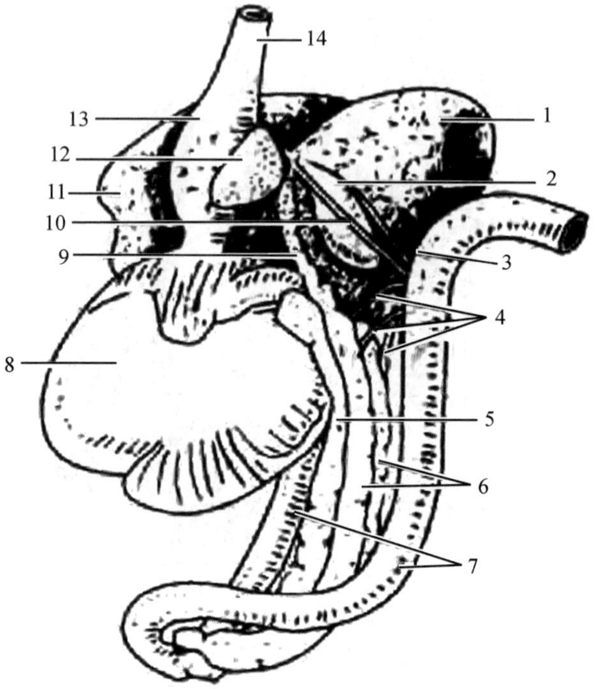

1. 肝右叶　2. 胆囊　3. 胆囊管　4. 胰管　5. 胰腺背叶　6. 胰腺腹叶　7. 十二指肠
8. 肌胃　9. 胰腺脾叶　10. 肝管　11. 肝左叶　12. 脾　13. 腺胃　14. 食管

图 10-6　鸡的胃、肝、胰及十二指肠

四、肠和泄殖腔

1. 小肠

小肠分为十二指肠、空肠和回肠。十二指肠位于腹腔右侧，形成“U”形的肠袢，分降袢和升袢，两袢间具有胰腺。升袢末端有胰管、胆囊管和肝管进入十二指肠。升袢在幽门附近移行为空肠。空肠形成许多肠袢，由肠系膜悬挂于腹腔的右侧。空肠中部有 1 个小突起，称为卵黄蒂，是胚胎期卵黄囊柄的遗迹，常以此作为空回肠的分界。回肠短而直，与盲肠等长，位于 2 条盲肠间。回盲肠间有韧带相连。小肠黏膜表面形成绒毛，绒毛有分支，无中央乳糜管，脂肪直接吸收入血液。肠腺较短，黏膜下组织很薄，没有十二指肠腺。

2. 大肠

大肠包括 1 对盲肠和 1 条短的直肠。盲肠可分为盲肠基、体和尖 3 部分。盲肠基较狭，以盲肠口接直肠，盲肠体较粗，盲肠尖为细的盲端。盲肠基的壁内分布有丰富的淋巴组织，常称为盲肠扁桃体。禽没有明显的结肠，只有 1 条短的直肠，故有时也称为结直肠。大肠的组织结构与小肠相似，黏膜除在盲肠尖外也具有绒毛，但较短而宽。

3. 泄殖腔

泄殖腔是禽消化、泌尿和生殖 3 个系统的共同通道，以黏膜褶分为 3 部分。前部为较膨大的粪道，与直肠相连。中部为泄殖道，最短，向前以环形褶与粪道为界，向后以半月形褶与后部的肛道为界。肛道开口为肛门，又称为泄殖孔。输尿管与输精管（公禽）或输卵管（母禽）开口于泄殖道。肛道背侧有腔上囊的开口（图 10-7）。

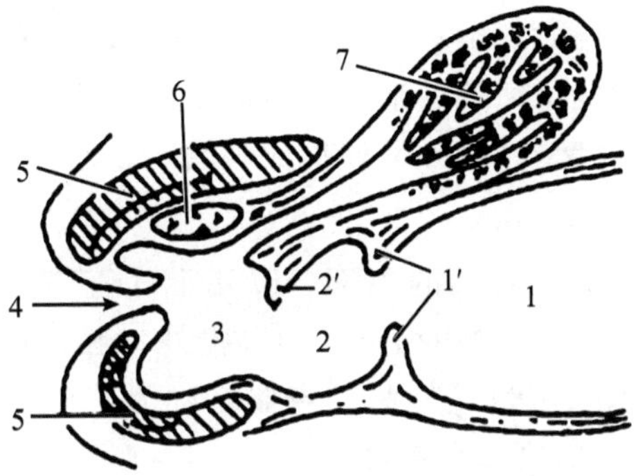

1. 粪道　1′. 粪道泄殖道壁　2. 泄殖道　2′. 泄殖道肛道壁　3. 肛道　4. 肛门
5. 括约肌　6. 肛道背侧腺　7. 腔上囊

图 10-7　幼禽泄殖腔正中矢面示意图

（引自程会昌，2012）

五、肝和胰

1. 肝

肝位于腹腔前下部，分为左右 2 叶，右叶有一胆囊，但鸽无胆囊。成禽的肝一般呈暗褐色，肝脏的两叶各有一肝门，每叶的肝动脉、门静脉和肝管等由此进出。右叶肝管注入胆囊，由胆囊发出胆囊管。左叶的肝管不经胆囊，与胆囊管共同开口于十二指肠升袢末端。

2. 胰

胰位于十二指肠两袢间，呈淡黄色或淡红色，长条形。胰管在鸡中一般有 2～3 条，在鸭、鹅中有 2 条，与胆管一起开口于十二指肠升袢末端。

第四节　呼吸系统

禽呼吸系统由鼻、咽、喉、气管、鸣管、支气管、肺和气囊等器官组成。

一、鼻

禽鼻腔较狭，鼻孔位于上喙基部。鼻中隔大部为软骨，每侧鼻腔有 3 个鼻甲。位于上颌外侧和眼球前下方，略呈三角形的眶下窦是唯一的鼻旁窦，慢性呼吸道病时，此窦常有病变；鼻腺又称盐腺，鼻腺能分泌氯化钠，可补充肾脏的排盐机能，从而维持体内盐和渗透压的平衡。鸡的鼻腺不发达，长而细，位于鼻腔侧壁。鸭、鹅等水禽的鼻腺较发达，呈半月形，位于眼眶顶壁及鼻腔侧壁。

二、咽、喉和气管

1. 喉与气管

喉位于咽底壁，与鼻后孔相对。喉软骨只有 1 枚环状软骨和 1 对勺状软骨，喉腔内无声带；气管较长而粗，伴随食管后行，到颈后半部，一同偏至右侧，入胸腔前又转到颈的腹侧。进入胸腔后在心基上方分为两个支气管，分叉处形成鸣管。

2. 鸣管

鸣管是禽的发声器官，位于气管叉的顶部。以几个气管环和鸣骨为支架。鸣骨呈楔形，位于气管叉的顶部。在鸣管的内、外侧壁上有 2 对内、外鸣膜。两鸣膜形成一对狭缝，当禽呼吸时，空气振动鸣膜而发声(图 10-8)。公鸭发声器官称为鸣泡，在气管支气管交叉左侧形成一个膨大的骨质鸣管泡，无鸣膜，故发声嘶哑。

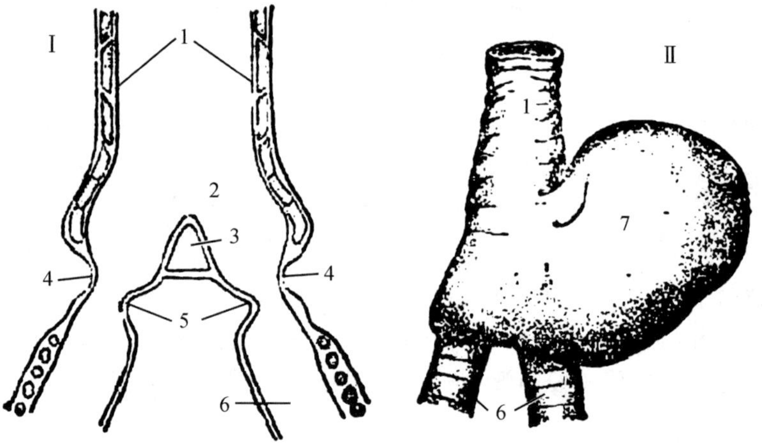

Ⅰ.鸡的鸣管　Ⅱ.鸭的鸣管

1.气管　2.鸣腔　3.鸣骨　4.外鸣膜　5.内鸣膜　6.支气管　7.鸣管泡

图 10-8　禽类鸣管模式图

(引自山西省畜牧兽医学校，1979)

3. 支气管

支气管经心基上方进入肺门。其支架为“C”形软骨环，内侧壁为结缔组织膜。

三、肺

禽肺略呈扁平四边形，不分叶，海绵状，色鲜红，位于胸腔背侧嵌入肋骨间。肺的组织结构由间质和实质构成。间质为肺表面浆膜伸入肺实质将实质分为许多小叶，包括叶间结缔组织和呼吸毛细管间结缔组织，是肺的支架，实质由许多小叶组合而成，一条三级支气管及其相联系的气体交换区(包括肺房、漏斗和肺毛细管)，构成一个肺小叶，呈六面棱柱状。具体构成如下。

支气管入肺后纵贯全肺，称为初级支气管，后端出肺连接于腹气囊。从初级支气管分出 4 群次级支气管，次级支气管分出许多三级支气管，连接于次级支气管之间。此外，相邻的三级支气管之间还有吻合支。每条三级支气管壁被许多辐射状排列的肺房所穿通。肺房底壁形成一些小漏斗，漏斗再分出许多直径 7～12 mm 的肺毛细管，相当于家畜的肺泡，是进行气体交换的地方。

四、气囊

气囊是禽特有的器官，是由支气管的分支出肺后形成的黏膜囊。禽类多数有 9 个气囊，分布见表 10-3 和图 10-9。

表 10-3　禽气囊分布及构成

<table>
<tr><th colspan="2">名称</th><th>数量</th><th colspan="2">特　点</th></tr>
<tr><td rowspan="3">前群气囊</td><td>颈气囊</td><td>1 对</td><td>与腹内侧次级支气管相通</td><td>不与三级支气管相通</td></tr>
<tr><td>锁骨间气囊</td><td>1 个</td><td>与腹内侧次级支气管相通</td><td rowspan="4">与若干三级支气管相通而称为“返支气管”</td></tr>
<tr><td>前胸气囊</td><td>1 对</td><td>与腹内侧次级支气管相通</td></tr>
<tr><td rowspan="2">后群气囊</td><td>后胸气囊</td><td>1 对</td><td>与腹外侧次级支气管相通</td></tr>
<tr><td>腹气囊</td><td>1 对</td><td>最大，直接与初级支气管相通且分出憩室至综荐骨、髂骨及肾背面</td></tr>
</table>

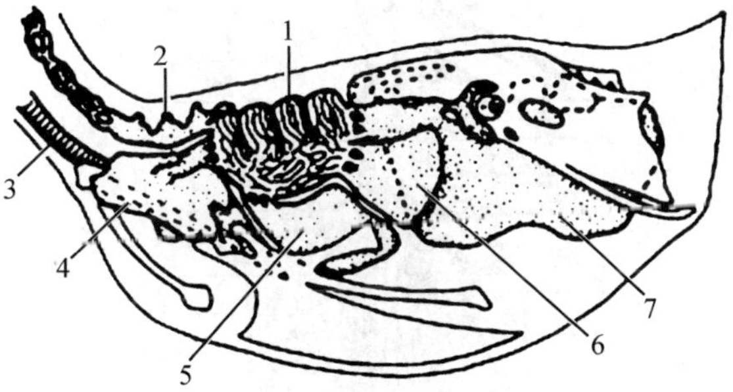

1. 肺　2. 颈气囊　3. 气管　4. 锁骨间气囊　5. 胸前气囊
6. 胸后气囊　7. 腹气囊

图 10-9　禽气囊分布模式图

气囊有多种生理功能，最重要的还是作为贮气装置而参与肺的呼吸作用。通过图 10-10 可见，由于有气囊结构，使禽不论吸气或呼气，肺内均可进行气体交换，以适应禽体新陈代谢的需要。此外，气囊的存在还可减少体重，平衡体位，加强发音气流，发散体热以调节体温。

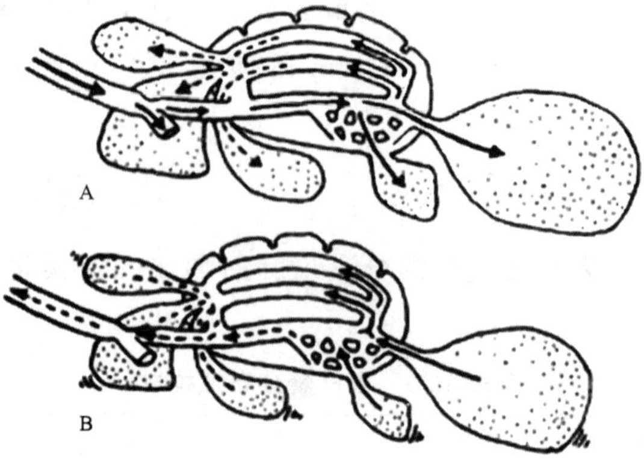

A. 为吸气时　B. 为呼气时

（实箭头表示吸入的新鲜空气径路，虚箭头表示经气体交换后的气体径路）

图 10-10　禽气囊作用模式图

第五节　泌尿和生殖系统

禽的泌尿系统只由 1 对肾脏和 2 条输尿管组成，缺膀胱和尿道。禽类为卵生动物，卵外包有壳膜和卵壳。母禽生殖系统由卵巢和输卵管组成，公禽生殖器官包括睾丸、附睾和交配器，无副性腺，外生殖器官发育不完全（图 10-11 至图 10-13，表 10-4）。

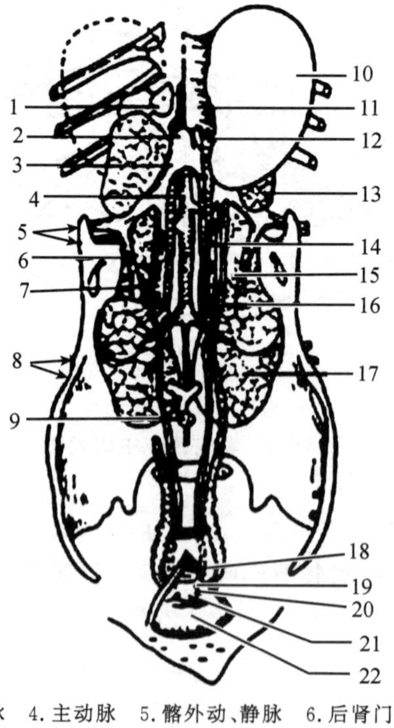

1. 肾上腺　2. 后腔静脉　3. 髂总静脉　4. 主动脉　5. 髂外动、静脉　6. 后肾门静脉　7. 肾后静脉　8. 坐骨动、静脉　9. 肠系膜后静脉　10. 睾丸　11. 睾丸系膜　12. 附睾　13. 肾前叶　14. 输精管　15. 肾中叶　16. 输尿管　17. 肾后叶　18. 粪道　19. 输尿管口　20. 输精管乳头　21. 泄殖道　22. 肛道

图 10-11　公鸡的泌尿生殖器官（腹面观）

表 10-4 禽泌尿生殖系统构成

<table>
<tr><th colspan="3">名称</th><th>形态位置</th><th>结构特点</th></tr>
<tr><td rowspan="2">泌尿系统</td><td colspan="2">肾</td><td>1. 深嵌于综荐骨两旁和髂骨的内面，红褐色
2. 肾表面有肾小叶轮廓，肾实质无明显皮质和髓质的分界</td><td>1. 分前、中、后 3 叶；无肾门、脂肪囊和肾纤维膜；血管、神经和输尿管在不同部位直接进出肾脏
2. 肾内不形成肾盂或肾盏，而是分支为初级分支和次级分支</td></tr>
<tr><td colspan="2">输尿管</td><td>肾中部走出，沿肾的腹侧向后延伸，最后开口于泄殖道顶壁两侧</td><td>管壁薄，时有白色尿酸盐晶体</td></tr>
<tr><td rowspan="5">生殖系统</td><td rowspan="3">公禽生殖系统</td><td>睾丸和附睾</td><td>1. 左右对称，以短系膜悬挂在肾前部腹侧，体表投影于最后两个椎肋骨的上部
2. 大小因年龄和季节而有变化，幼雏米粒大，淡黄色；成禽在生殖季节，鸽蛋大，色白；非繁殖季节则萎缩变小</td><td>1. 睾丸外有浆膜和一层薄白膜
2. 实质主要为精小管
3. 附睾主要由睾丸输出小管和短的附睾管构成。附睾管出附睾后延续为输精管</td></tr>
<tr><td>输精管</td><td>弯曲细管，与输尿管并列后段渐粗，末端以输精管乳头突出于输尿管口略下方</td><td>生殖季节增长加粗，贮有精子而呈乳白色</td></tr>
<tr><td>交配器</td><td>由位于肛门腹侧唇内侧 3 个小阴茎体＋1 对淋巴褶构成。
鸽无交配器。
公鸭和公鹅有较发达阴茎(图 10-12)</td><td>1. 外侧阴茎体因充满淋巴而勃起增大
2. 阴茎体在刚出壳的雏鸡较明显，可以此鉴别雌雄</td></tr>
<tr><td rowspan="2">母禽生殖系统</td><td>卵巢</td><td>1. 仅左侧发育正常，以系膜和结缔组织附于左肾前部，肾上腺腹侧
2. 幼禽扁平呈椭圆形，成禽有不同阶段黄色卵泡呈葡萄状</td><td>卵泡无卵泡液和卵泡腔，排卵后不形成黄体</td></tr>
<tr><td>输卵管</td><td colspan="2">左输卵管发育，成禽为长而弯曲管道，分 5 个部分(图 10-13)
1. 漏斗部(伞部)：前部形成朝向卵巢的漏斗伞，其中央有裂缝状输卵管腹腔口；漏斗伞变细而形成漏斗管。卵在漏斗部停留 15 min。漏斗部是卵子和精子受精的场所
2. 膨大部(卵白分泌部)：最长和最弯曲段。壁较厚，产卵期黏膜呈乳白色。卵在膨大部停留 3 h
3. 峡部：略窄且较短，管壁薄而坚实，黏膜淡黄褐色。卵在峡部停留 75 min
4. 子宫部：囊状，壁较厚。黏膜呈淡红色至淡灰色，因机能状况而有差异。卵在子宫部停留 18～20 h
5. 阴道部：卵经过阴道的时间仅几秒至 1 min。壁厚，呈“S”形短袢，开口于泄殖道的左侧。阴道黏膜白色，形成细而低的褶，与子宫相连接的第一段含有管状的阴道腺，起贮存精子延长受精时间作用</td></tr>
</table>

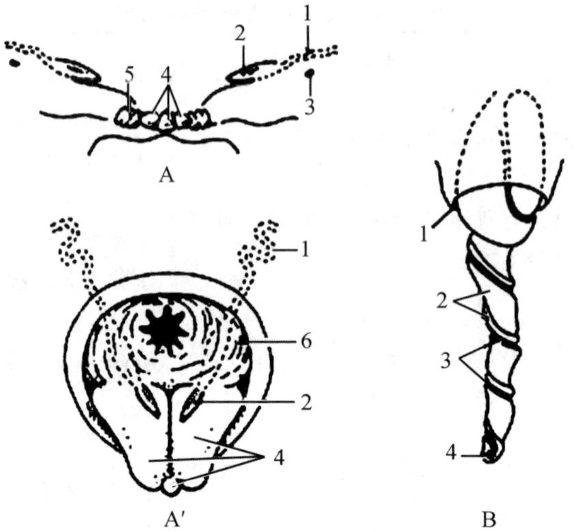

A. 成年公鸡(A′为勃起时):1. 输精管 2. 输精管乳头 3. 输尿管口 4. 阴茎体 5. 淋巴褶 6. 粪道泄殖道襞
B. 成年公鸭勃起时的阴茎:1. 肛门 2. 纤维淋巴体 3. 阴茎沟 4. 阴茎腺部的开口

图 10-12 公禽交配器官

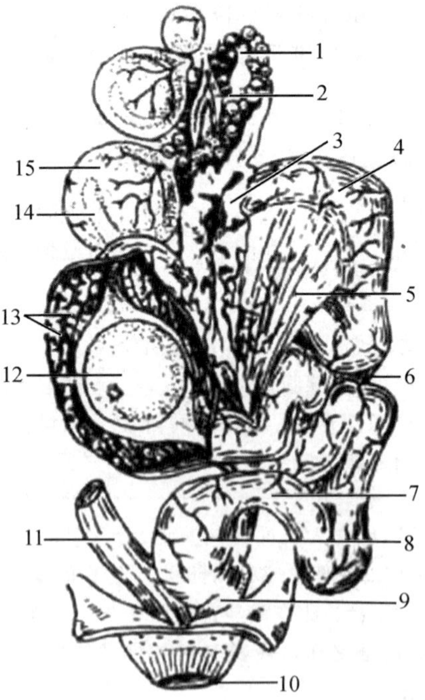

1. 卵巢 2. 排卵后的卵泡膜 3. 漏斗部 4. 膨大部 5. 输卵管腹韧带 6. 输卵管背韧带
7. 峡部 8. 子宫部 9. 阴道部 10. 肛门 11. 直肠 12. 膨大部内的卵泡(已割开输卵管)
13. 输卵管黏膜褶 14. 卵泡带 15. 成熟卵泡

图 10-13 母鸡生殖器官模式图

第六节　心血管系统

一、心脏

禽心脏为体重的4%～8%，较大。位于胸腔腹侧，其形态构造与哺乳动物的相似，也分为2个心房和2个心室；心基与第1肋相对，心尖斜向后方，正对第5肋骨，因此，禽心脏长轴基本与身体长轴平行。右房室口无三尖瓣，只有1片厚肌瓣。右心室壁较平滑，缺乳头肌和腱索结构。

二、血管

1. 动脉

肺动脉干由右心室发出，可分左、右肺动脉入两肺。左心室发出主动脉弓，偏右，属于右动脉弓（图10-14、图10-15）。

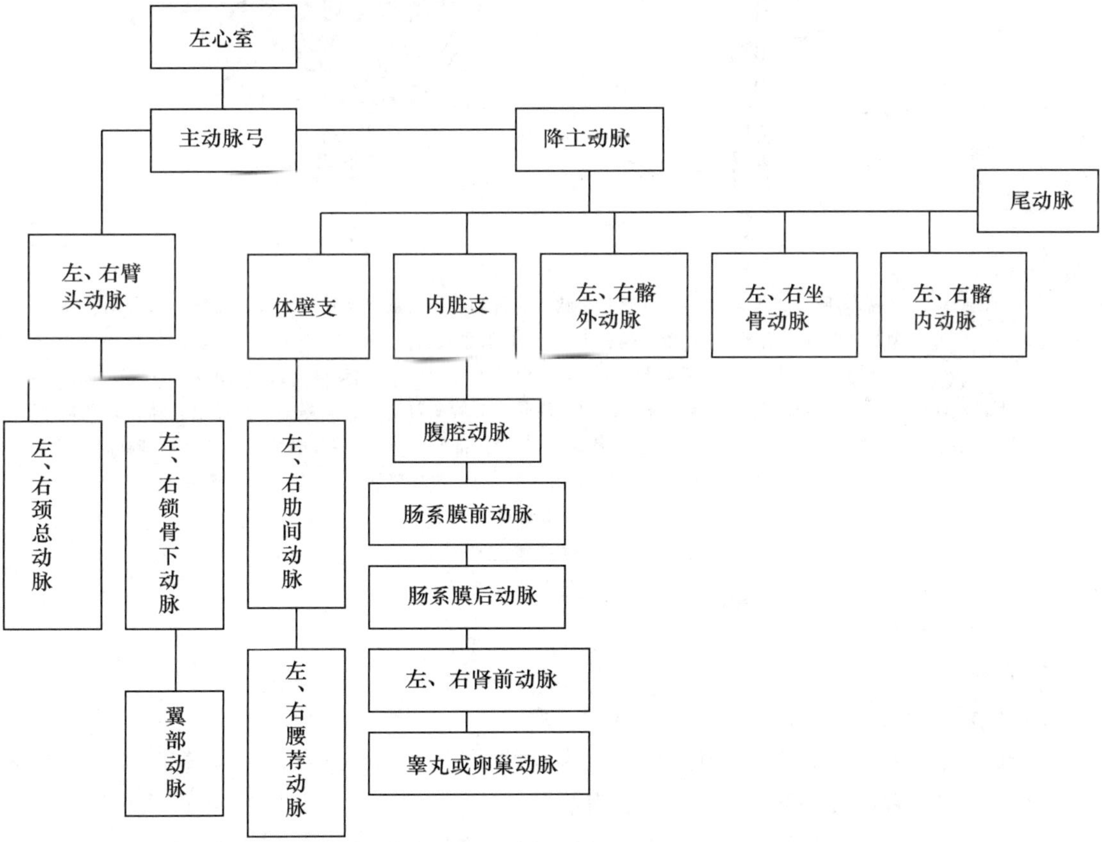

图10-14　禽动脉血管分支

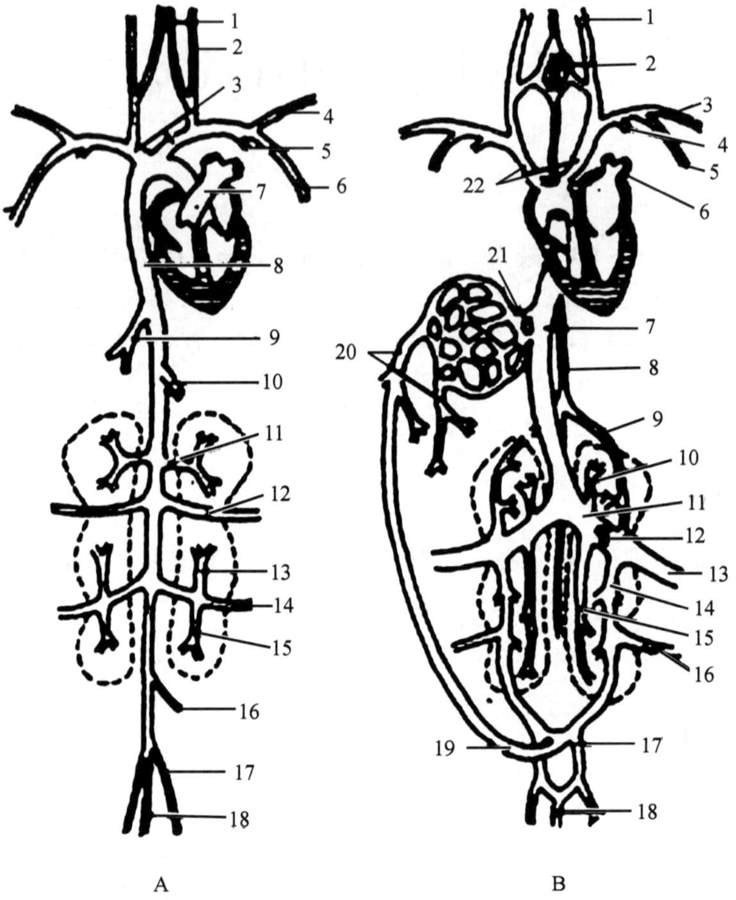

A. 动脉：1. 颈总动脉 2. 椎动脉 3. 锁骨下动脉 4. 臂动脉 5. 胸内动脉 6. 胸肌动脉 7. 肺动脉 8. 主动脉 9. 腹腔动脉 10. 肠系膜前动脉 11. 肾前动脉 12. 髂外动脉 13. 肾中动脉 14. 坐骨动脉 15. 肾后动脉 16. 肠系膜后动脉 17. 髂内动脉 18. 尾动脉

B. 静脉：1. 颈静脉 2. 椎内静脉窦 3. 臂静脉 4. 胸内静脉 5. 胸肌静脉 6. 肺静脉 7. 后腔静脉 8. 肾总静脉 9. 肾门前静脉 10. 肾前静脉 11. 髂总静脉 12. 肾门静脉瓣 13. 髂外静脉 14. 肾门后静脉 15. 肾后静脉 16. 坐骨静脉 17. 髂内静脉 18. 尾中静脉 19. 肠系膜后静脉 20. 肝门静脉 21. 肝静脉 22. 前腔静脉

图 10-15 禽血管主干模式图

（引自程会昌，2012）

2. 静脉

肺静脉有左、右 2 支，注入左心房（图 10-15）。

头部血液主要汇流到左、右颈静脉。在胸腔前口处，左、右颈静脉分别与同侧的锁骨下静脉汇合，形成左、右前腔静脉，开口于右心房静脉窦。

翼下静脉又称翼根静脉，为前肢最大静脉，是家禽采血和静脉注射的部位。

骨盆壁的静脉汇集成左、右髂内静脉，向前延续部分埋于肾内，成为肾门后静脉。在肾中部和肾后部的交界处，肾门后静脉与同侧的髂外静脉汇合成髂总静脉。两侧的髂总静脉汇合成后腔静脉,最后开口于右心房。

门静脉有左、右 2 支,进入肝左、右叶。

第七节 淋巴系统

禽淋巴系统由淋巴管、淋巴组织和淋巴器官组成(表 10-5)。

表 10-5 禽淋巴系统构成

名 称		构 成
淋巴管		组织内毛细淋巴管汇合为较大淋巴管;1 对胸导管分别注入两前腔静脉
淋巴组织		具有弥散性,结节状(如盲肠扁桃体),广泛分布于实质器官及管状器官壁内
淋巴器官	胸腺	颈部皮下沿颈静脉至胸腔入口,椭圆片状,淡粉或淡黄色;性成熟前发育到最大,此后渐萎缩至一些遗迹
	腔上囊(法氏囊)	禽特有,泄殖腔背侧开口于肛道。囊内黏膜形成纵褶;性成熟前发育到最大,此后(鸡 10 月龄、鸭 12 月龄)逐渐退化至消失
	脾	腺胃与肌胃交界处右侧,三角形或圆形(鸽长形);褐红色,白髓与红髓区分不明显
	淋巴结	仅见于水禽,恒定 2 对:颈胸淋巴结(紧贴颈静脉)和腰淋巴结(腰部主动脉两侧)

第八节 神经系统

禽神经系统由中枢神经和外周神经系统构成(表 10-6)。

表 10-6 禽神经系统及感觉器官特点

名 称		特 点
中枢神经	脊髓	延伸于整个椎管,全长至尾综骨;后端形成脊髓圆锥而非马尾
	脑	大脑较小,皮层薄,表面光滑无沟和回;中脑发达,背侧有一对发达的中脑丘,又称为视叶或视顶盖;脑桥不明显;延髓发达;缺小脑半球,但小脑蚓部发达(图 10-16)
外周神经	脊神经	分颈、胸、腰和尾神经,其中,腰荐神经丛的最大的坐骨神经经髂坐孔穿出分布于后肢,是禽剖检必检结构
	脑神经	基本与家畜一样,也有 12 对
	植物性神经	交感干有 1 对,副交感类似家畜。禽还有 1 条特殊的肠神经,从直肠与泄殖腔的连接处起,在肠系膜内与肠管平行向前延伸,直至十二指肠的后端,具有一串肠神经节
感觉器官	眼	眼球较大而扁。角膜较凸,巩膜坚硬,其后部含有软骨板;角膜与巩膜连接处有一环形小骨片形成巩膜骨环。瞬膜(第 3 眼睑)明显
	耳	无耳郭,在后眼角之后有圆形耳孔,有耳羽围绕保护耳道

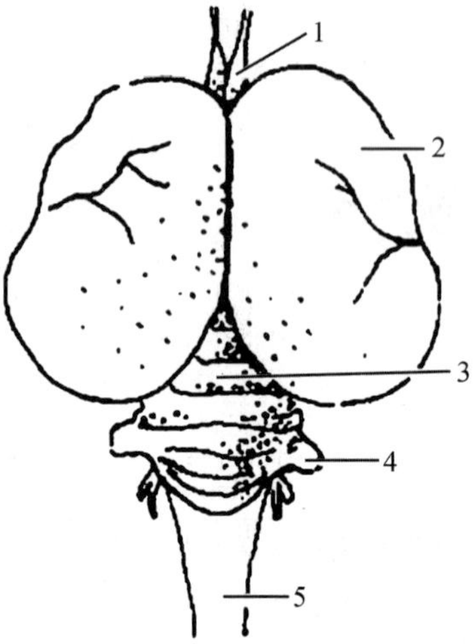

A

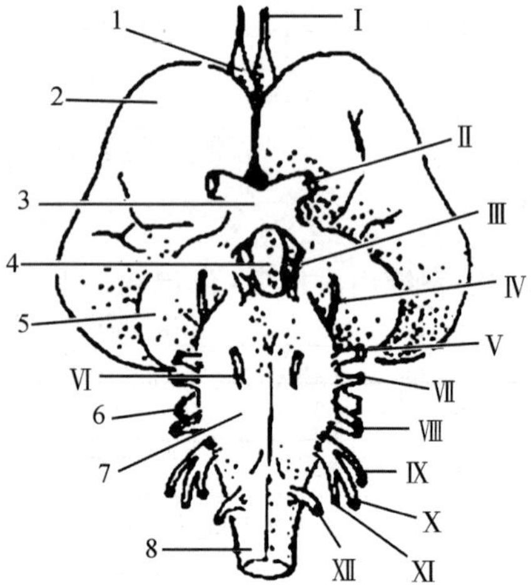

B

A. 背面观：1. 嗅球 2. 大脑半球 3. 小脑蚓部 4. 小脑耳 5. 脊髓

B. 腹面观：1. 嗅球 2. 大脑半球 3. 视交叉 4. 垂体 5. 中脑丘 6. 小脑耳 7. 延髓 8. 脊髓 Ⅰ～Ⅻ. 第 1～12 对脑神经

图 10-16 鸡脑背、腹面观

第九节 内分泌系统

内分泌系统由独立的内分泌腺和分散于胰腺、卵巢等器官的内分泌细胞和组织组成（表 10-7）。

表 10-7 禽内分泌器官或组织

名称	特点
甲状腺	1 对，椭圆形，暗红色；胸前口处气管两侧，大小可因家禽的品种、年龄、季节和饲料中碘含量而发生变化，一般黄豆大
甲状旁腺	2 对，小如芝麻粒，黄色或淡褐色，位于甲状腺之后。只有主细胞，没有嗜酸性细胞。主细胞分泌甲状旁腺素，其作用与哺乳动物的相同
脑垂体	垂体位于脑的腹侧，由腺垂体和神经垂体组成
肾上腺	1 对，卵圆形、锥形或不规则形，为黄色或橘黄色，位于两肾前端。皮质和髓质分界不明显。成年禽类的髓质主要分泌去甲肾上腺素，余与家畜相同
腮后腺	相当于哺乳动物的甲状腺 C 细胞，分泌降钙素（CT）。其作用主要是降低血钙水平
胰岛	分散于胰腺中的内分泌细胞群，分泌胰岛素与胰高血糖素
性腺	睾丸间质细胞分泌睾酮；卵泡内膜细胞分泌雌激素；禽类产卵后不形成黄体，其孕酮由卵泡内颗粒细胞产生
松果体	又称为松果腺，分泌褪黑激素

【本章要点速查】

表 10-8　家禽解剖要点速查表

系统及器官		学习要点归纳
运动系统	骨骼	大部分为含气骨，胸骨发达；与哺乳动物比较：有乌喙骨、锁骨。 肱骨、前臂骨和前脚骨形成翼。特有尾综骨。 腰、荐、尾椎愈合在一起
	肌肉	鸡为白肌，水禽为红肌；胸肌发达强大，无膈肌
被皮系统	皮肤	薄，有皮肤褶形成翼膜和蹼
	皮肤衍生物	无汗腺、皮脂腺；独有尾脂腺。羽毛分正羽、绒羽和纤羽。鳞片、喙、爪、距均由表皮角质层增厚衍生
消化系统	消化道	1. 有喙结构，鸡有明显嗉囊；胃分腺胃和肌胃；肌胃黏膜内腺体产生禽内金 2. 有 2 条盲肠，有盲肠扁桃体结构；结肠短，和直肠合称为结直肠 3. 直肠末端形成泄殖腔开口于肛门，泄殖腔由前向后分为粪道、泄殖道（2 条输尿管及母禽左侧输卵管、公禽左、右 2 条输精管开口于此）、肛道
	消化腺	肝、胰
呼吸系统	呼吸道	发声器官为鸣管
	肺	肺嵌肋间，红色，组织学结构有：三级支气管、肺房、漏斗及气囊
泌尿生殖系统	泌尿器官	肾分叶，无肾盂和膀胱。2 条输尿管开口于泄殖道
	生殖器官	雄性：睾丸和附睾、输精管 雌性：包括卵巢和输卵管；仅左侧卵巢发育及成熟；输卵管开口于泄殖道
心血管系统	心脏	无三尖瓣，呈半月形肌性瓣
	血管	右心室发出肺动脉干分左右支入肺；左心室发出右动脉弓；全身静脉汇集为 2 条前腔静脉和 1 条后腔静脉
淋巴系统	腔上囊（法氏囊）为禽特有淋巴器官，仅水禽才有明显淋巴结，淋巴管少	
神经系统	中枢神经	脊髓末端形成圆锥。脑表面平滑无沟回，脑桥不明显、缺小脑半球
	外周神经	分脊神经、脑神经、植物性神经
感觉器官	眼球扁，有骨性巩膜骨环，瞬膜（第 3 眼睑）明显；无耳郭	
内分泌系统	独有腮后腺，分泌降钙素	

【练一练 测一测】

一、名词解释

1. 嗉囊 2. 法氏囊 3. 泄殖腔 4. 气骨 5. 鸡内金

二、选择题

1. 鸡消化道组成与哺乳动物比较独有( )。

1. 盲肠 B. 泄殖腔 C. 直肠 D. 十二指肠

2. 禽类口腔内具有的结构是( )。

A. 硬腭 B. 软腭 C. 味觉小体 D. 齿

3. 家禽的卵黄囊憩室常作为( )的分界线。

A. 十二指肠与空肠 B. 空肠与回肠

C. 回肠与盲肠 D. 盲肠与直肠

4. 在蛋的形成过程中,其中蛋白是由输卵管的( )分泌的。

A. 漏斗部 B. 膨大部 C. 子宫部 D. 峡部

5. 在蛋的形成过程中,其中蛋壳由( )分泌的。

A. 漏斗部 B. 膨大部 C. 子宫部 D. 峡部

6. 鸡大肠的特点是( )。

A. 有 1 条盲肠和 1 条直肠 B. 有 2 条盲肠和 1 条直肠

C. 有盲肠、结肠和直肠 D. 有 2 条盲肠和 1 条结肠

7. 禽类特有的淋巴器官是( )。

A. 腔上囊 B. 淋巴结 C. 扁桃体 D. 胸腺

8. 位于鸡腺胃右侧,呈圆形的红褐色器官是( )。

A. 腔上囊 B. 脾脏 C. 扁桃体 D. 胸腺

9. 鸡体内不存在的淋巴器官是( )。

A. 腔上囊 B. 淋巴结 C. 扁桃体 D. 胸腺

10. 有附睾和无副性腺的动物是( )。

A. 鸡 B. 犬 C. 猪 D. 牛

11. 具有双盲肠的动物是( )。

A. 禽类 B. 猪 C. 牛、羊 D. 人

12. 饲料中缺乏矿物质成分,鸡会产( )蛋。

A. 双黄 B. 大型 C. 不产 D. 软壳

13. 禽类不具有的器官是( )。

A. 肾上腺 B. 尾脂腺 C. 汗腺 D. 胰腺

三、判断题(对的打√,错的打×)

1. 肌胃是肌质器官,具有很强的收缩力。( )

2. 肌胃黏膜层高度角质化,俗称“鸡内金”。( )

3. 嗉囊是食管的膨大部,不分泌消化液。( )

4. 鸡的法氏囊随年龄增长而增大,性成熟后开始退化,约 1 岁消失。( )

5. 鸡消化系统发育不完善,食物消化不完全。( )

6. 禽类睾丸呈豆状,左右对称位于骨盆腔内,以睾丸系膜悬挂于同侧肾前端的腹侧,在最

后肋骨间。(　　)

7. 禽类卵巢仅左侧发育正常,右侧早期退化。(　　)

8. 输精管是贮存和成熟精子的场所。(　　)

9. 泄殖腔是禽类特有的器官,为消化道、泌尿道、生殖道的共同开口。(　　)

10. 禽类有双盲肠,无消化作用,是淋巴器官。(　　)

11. 鸡的胸骨发达,又称龙骨。(　　)

12. 禽类具有双重呼吸功能。(　　)

四、简答题

简述禽消化系统各器官形态、结构特点。

五、论述题

请叙述鸡适应飞翔生活的结构特点。

参考答案

【实验实训】

鸡全身骨骼观察

目的与要求　使学生认识禽类骨的一般形态构造及特征。

材料与用品　鸡全身骨骼标本。

方法和步骤

1. 鸡全身骨整体形态观察

观察鸡骨的组成,骨连结的特点及骨架形态特征。

2. 头骨观察

区分颅骨及面骨,了解骨性标志。

3. 躯干骨观察

了解鸡的脊椎、肋、胸骨和腰荐骨的形态特征及连结。

4. 四肢骨观察

前肢骨:观察前肢骨的形态、连结特征,特别注意找出乌喙骨、锁骨。仔细观察翼的骨质基础及前肢关节。

后肢骨:观察后肢骨的形态、连结特征。

作业　绘制鸡的全身骨骼组成图。

第十一章 特种经济动物解剖

【知识目标】

- 掌握兔消化系统、呼吸系统、泌尿系统和生殖系统各器官的位置、形态结构。
- 掌握犬消化系统、呼吸系统、泌尿系统和生殖系统各器官的位置、形态结构。
- 熟悉兔和犬的各器官与其他动物相应器官的区别。

【技能目标】

- 能识别兔和犬标本上的各个器官。
- 熟练掌握兔、犬各器官在解剖操作下的特点。

【思政目标】

- 培养学生珍爱生命、保护生态环境、动物福利的意识。

第一节　兔内脏解剖特征

一、消化系统

1. 口腔

兔的上唇中央纵裂，将其完全分裂成左右两部，常显露门齿，便于快速啃食短草和较硬的物体。裂唇与上端圆厚的鼻端构成三瓣鼻唇(鼻端可随呼吸而活动)。软腭较长。舌较大，舌体背面有明显的舌隆起。恒齿齿式为：

$$2\begin{pmatrix}2 & 0 & 3 & 3\\1 & 0 & 2 & 3\end{pmatrix}=28$$

两对上门齿排列特殊：一对大门齿在前方，一对小门齿在大门齿后方，组成两排，大门齿外露。门齿生长较快，常有啃咬、磨牙习性。唾液腺较发达，主要有腮腺、颌下腺、舌下腺和眶下腺。唾液中含消化酶。

2. 咽

鼻咽部较大，口咽部较小，软腭后缘与会厌软骨汇合。

3. 食管

食管为细长的扩张性管道，前部肌层为横纹肌，中后部肌层为平滑肌。

4. 胃

胃呈豆状，横位于腹腔前部。胃腺及平滑肌较发达。胃液酸度较高，消化力很强。

5. 肠

兔肠管较长（为体长的 10 倍以上），容积较大，具较强的消化吸收功能（图 11-1）。

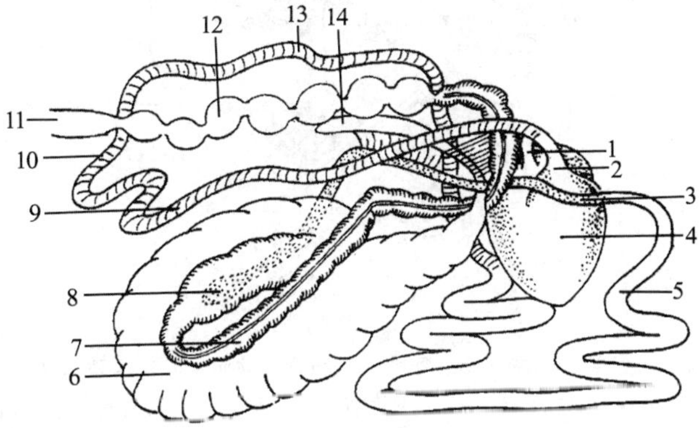

1. 食管　2. 幽门　3. 回肠　4. 胃　5. 空肠　6. 盲肠　7. 结肠　8. 圆小囊　9. 十二指肠降支
10. 十二指肠横支　11. 肛门　12. 直肠　13. 十二指肠升支　14. 蚓突

图 11-1　兔消化管走向模式图

兔小肠包括十二指肠、空肠和回肠。小肠总长达 3 m 以上。十二指肠呈“U”形弯曲，有胆总管和胰腺管的开口。空肠和回肠由肠系膜悬吊于腹腔的左上部，回肠入盲肠处的肠壁膨大成一厚壁圆囊，呈灰白色，约拇指大，为兔特有的淋巴组织，称圆小囊。

兔大肠包括盲肠、结肠和直肠。大肠总长度约 1.9 m。兔盲肠特别发达，为卷曲的锥形体，盲肠基部粗大，体部和尖部缓缓变细。基部黏膜中有盲肠扁桃体，体部和尖部黏膜面有螺旋瓣，从盲肠外表可看到相应沟纹，盲肠尖部有狭窄的、灰白色的“蚓突”，蚓突壁内有丰富的淋巴滤泡。兔结肠外表有两条纵肌带和两列肠袋，又由梭形部将结肠分为近盲端和远盲端，分别与兔排泄软、硬两种不同的粪便有关。据测定，软粪含多量优质粗蛋白和水溶性维生素，正常情况下，兔排出软粪时，会自然地弓腰用嘴从肛门采食，稍加咀嚼便吞咽至胃，与其他饲草料混合，重入小肠消化。盲肠和结肠均位于腹腔右后下部。结肠与直肠无明显界线，但二者间形成“S”形弯曲。

6. 肝和胰

兔肝位于腹前部偏右侧，呈暗紫色，有两面（隔面和脏面）、两缘（背线和腹缘）、4 种韧带（镰状韧带、冠状韧带、三角韧带和肝圆韧带）与其他器官相接。肝分六叶，即左外叶、左中叶、右外叶、右中叶、方叶和尾叶。右中叶处有胆囊。兔肝能分泌大量胆汁（图 11-2）。

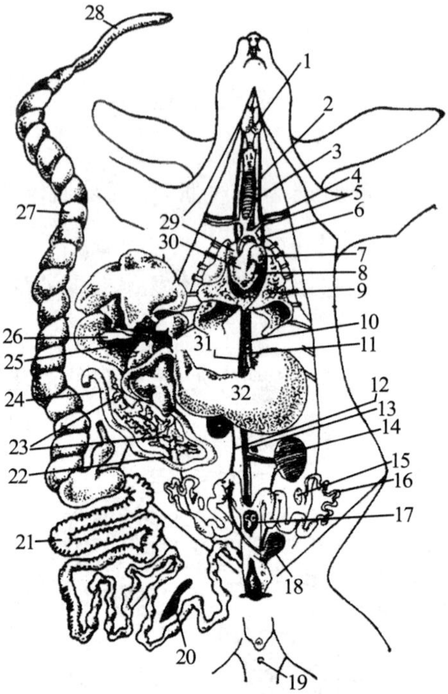

1.颌下腺 2.颈静脉 3.气管 4.左锁骨下静脉 5.锁骨下动脉 6.左体动脉弓 7.左心房 8.左心室 9.左心房 10.食道 11.背大动脉 12.输尿管 13.肾上腺 14.肾脏 15.卵巢 16.输卵管 17.阴道 18.膀胱 19.肛门 20.脾脏 21.大肠 22.胰管 23.胰脏 24.小肠 25.胆管 26.胆囊 27.盲肠 28.蚓突 29.右心房 30.右心室 31.后腔静脉 32.胃

图 11-2 兔的内脏

胰位于十二指肠袢内，其叶间结缔组织比较发达，使胰呈松散的枝叶状结构。胰呈灰紫红色。

二、呼吸系统

1.鼻腔

鼻孔与唇裂相连，鼻端随呼吸而活动。鼻道构造较复杂，嗅区黏膜分布有大量嗅觉细胞，对气味有较强的分辨力。

2.咽和喉

咽呈漏斗状，为消化管和呼吸道的交叉要道。喉呈短管状，声带不发达，发音单调。

3.气管和支气管

气管由不闭合的软骨环构成，气管末端分为左、右支气管。

4.肺

肺分 7 叶，即左尖叶、左心叶、左膈叶、右尖叶、右心叶、右膈叶和副叶。左肺窄小，心压迹较深(图 11-3)。

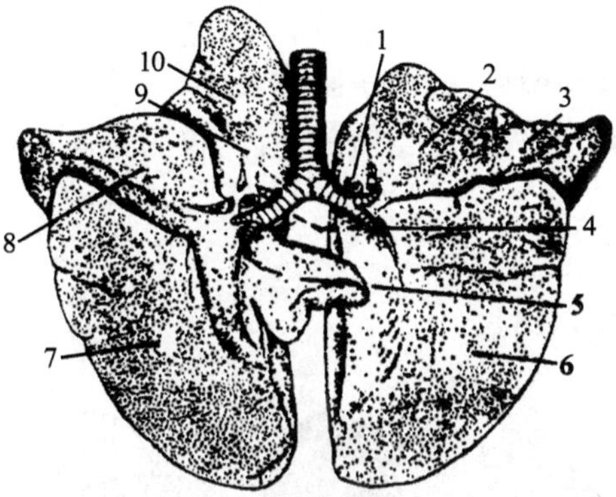

1.肺动脉　2.尖叶后部　3.尖叶前部　4.肺静脉　5.副叶　6.左膈叶　7.右膈叶
8.心叶　9.支气管　10.尖叶

图 11-3　兔的肺腹侧面

三、泌尿系统

1.肾

肾呈蚕豆形，位于最后肋骨近端和前部腰椎横突腹面，右肾靠前，左肾稍后。肾脂肪囊不明显。兔肾为表面光滑的单乳头肾，无肾盏，肾总乳头渗出的尿液经肾盂汇入输尿管中（图 11-4）。

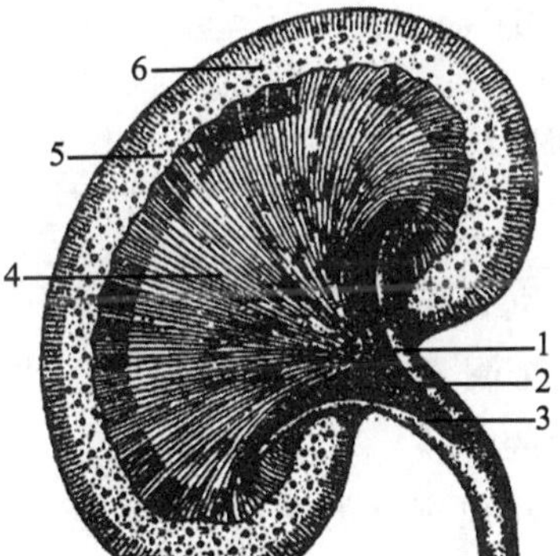

1.肾总乳头　2.肾盂　3.肾门　4.髓质　5.肾盏　6.皮质

图 11-4　兔肾的纵剖面

2.输尿管

输尿管是肾盂的直接延续，左、右各 1 条，呈白色，经腰肌与腹膜之间向后伸延至盆腔，由膀胱颈背侧开口于膀胱。

3.膀胱

膀胱呈盲囊状，无尿时位于盆腔内，当充盈尿液时可突入腹腔。

4. 尿道

公兔尿道细长，起始于膀胱颈后，开口于阴茎头端，兼有排尿和输送精液的双重功能。母兔尿道宽短，起始于膀胱颈后，开口于尿生殖前庭内，仅为排尿通道。

四、生殖系统

(一)公兔生殖器官(图 11-5)

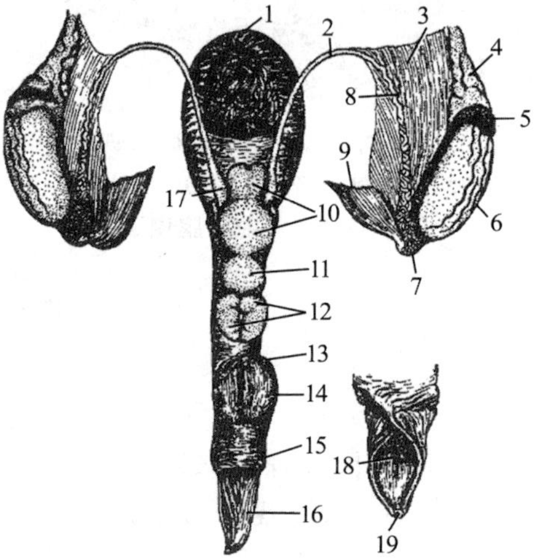

1. 膀胱　2. 输精管(骨盆部)　3. 输精管褶　4. 静脉层　5. 附睾头　6. 睾丸　7. 附睾尾　8. 输精管(精索部)　9. 睾外提肌　10. 精囊　11. 精囊腺　12. 前列腺　13. 尿道球腺　14. 球海绵体肌　15. 包皮　16. 阴茎　17. 输精管膨大部　18. 尿道　19. 外尿道口

图 11-5　公兔生殖器官(背侧面)

1. 睾丸和附睾

睾丸呈卵圆形。胚胎时期，睾丸位于腹腔，出生后 1～2 个月，移行到腹股沟管(此时尚未有明显阴囊)，3～4 月龄睾丸下降至阴囊。因腹股沟管宽短加之鞘膜仍与腹腔保持联系及管口终生不封闭，故睾丸仍能回到腹腔。

附睾呈长条状，附睾头和尾均超出睾丸的头尾，附睾尾部折转向上移行为输精管。

2. 输精管和精索

输精管为附睾尾的向上延续，始段穿行于精索中，后段稍变粗形成壶腹，左、右输精管在精囊腹侧开口，通入尿生殖道中。兔精索较短，呈圆索状，内有输精管和血管、神经。

3. 副性腺

副性腺包括精囊腺、前列腺、尿道球腺和上尿道球腺。精囊腺分泌物可稀释精液，在交配后于阴道中凝固形成阴道栓，防止精液外流。前列腺分泌物呈碱性，可中和阴道酸性物质。当性冲动时，尿道球腺分泌物流入尿道，起冲洗和润滑作用。

4. 阴茎

阴茎静息时长约 25 mm，向后伸。勃起时全长可达 40～50 mm，呈圆锥状。阴茎前端游离部稍弯曲，没有龟头。

5. 尿生殖道

尿生殖道起于膀胱颈，止于阴茎头的尿道外口，分为骨盆部和阴茎部，兼有排尿和输送精液的功能。

6. 阴囊

阴囊位于股部内侧，2.5 月龄时方能显现。兔睾丸在繁殖时才降入阴囊，过后又回升到腹股沟管或腹腔中。

(二)母兔生殖器官(图 11-6)

1. 卵巢

卵巢呈长卵圆形，位于后部腰椎腹侧。幼兔卵巢表面光滑，成年兔卵巢表面有突出的卵泡。

2. 输卵管

输卵管前端有输卵管伞和漏斗，稍后处增粗为壶腹，后端以峡与子宫角相通。输卵管兼有输卵和受精的功能。

3. 子宫

子宫属无宫体双子宫，子宫角较长，子宫颈较短，两侧的子宫分别以子宫颈管外口共同突入阴道中。

4. 阴道

阴道紧接于子宫后面，其前端有双子宫颈管外口，口间有嵴，后端有阴瓣(图 11-7)。

5. 尿生殖前庭

阴瓣与阴门之间为尿生殖前庭，尿道外口位于前庭的前腹侧壁。一般母兔性成熟年龄为 3.5～4 月龄，公兔为 4～4.5 月龄。刚达性成熟年龄的公、母兔不宜立即配种，初配年龄应再推后 1～3 个月。兔为诱发排卵动物，排卵发生于交配刺激后 10～12 h，排卵数为 5～20 个。妊娠期为 30～31 d。孕兔一般在产前 5 d 左右开始衔草做窝，临近分娩时用嘴将胸腹部毛拔下垫窝。分娩多在凌晨，弓背努责呈蹲坐姿势，有边分娩边吃胎衣的习性。

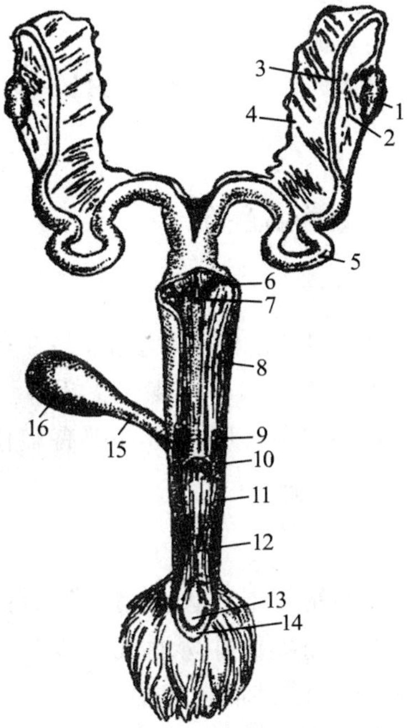

1. 卵巢　2. 卵巢囊　3. 输卵管　4. 卵巢系膜　5. 子宫　6. 子宫颈　7. 子宫颈间膜　8. 阴道　9. 阴道瓣　10. 尿道开口　11. 静脉层　12. 阴道前庭　13. 阴蒂　14. 阴门　15. 尿道　16. 膀胱

图 11-6　母兔生殖器官(背侧面)

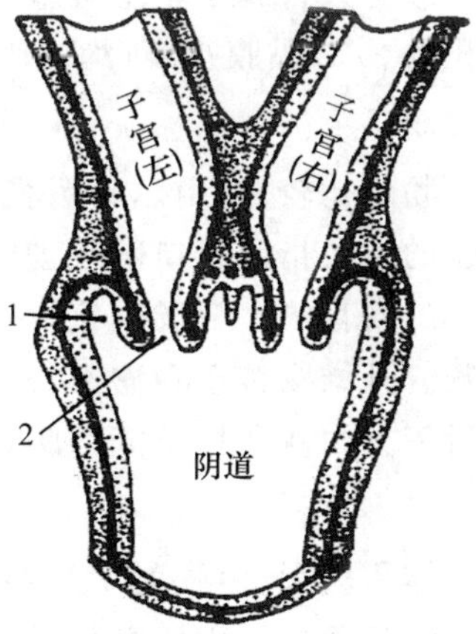

1. 子宫颈　2. 子宫口

图 11-7　兔的子宫和阴道的连接

第二节　犬内脏解剖特征

一、消化系统

1. 口腔

犬口裂大，下唇常松弛，并在齿缘上有锯齿状突起，上唇有中央沟或中央裂。上唇与鼻端间形成光滑湿润的暗褐色无毛区。犬颊部松弛，颊黏膜光滑并常有色素。硬腭前部有切齿乳头。软腭较厚。腭咽弓基部有扁桃体窦和腭扁桃体。舌呈长条状，活动灵活。恒齿齿式为：

$$2\left(\frac{3\quad 1\quad 4\quad 2}{3\quad 1\quad 4\quad 3}\right)=42$$

犬的第 4 上臼齿与第 1 下后臼齿格外发达，称为裂齿，具有强有力地咬断食物的能力。犬的犬齿大而尖锐并弯曲成圆锥形，上犬齿与隅齿间有明显的间隙，正好容受闭嘴时的下犬齿(犬的臼齿数目常有变动)。唾液腺发达，包括腮腺、颌下腺、舌下腺和眶腺。眶腺又称为颧腺，位于翼腭窝前部，有 4～5 条眶腺管开口于最后上臼齿附近。

2. 咽和食管

咽顶壁狭窄，食管入口较小。食管起始端狭窄，称为食管峡，该部黏膜隆起，内有黏液腺。食管峡以后管腔比较宽阔。颈后段食管偏于气管左侧。食管肌层全部为横纹肌。

3. 胃

胃容积较大，呈长而弯曲的囊管状，左侧贲门部比较大，为圆囊形，右侧及幽门部比较少，为圆管形。犬胃属于单室有腺胃，贲门腺区呈环带状，围于贲门稍后的内壁，胃底腺区占胃黏膜面积的 2/3，黏膜很厚，幽门腺区黏膜较薄。大网膜特别发达，从腹面完全覆盖肠管。

4. 肠

犬肠管比较短，由总肠系膜悬吊于腰、荐椎腹面。十二指肠腺仅位于幽门附近，胆管和胰腺大管的十二指肠开口部距幽门 5～8 cm。空肠形成许多袢，位于腹腔左后下方。回肠末端有较小的回盲瓣。盲肠退化，呈“S”形，位于右髂部，盲尖向后。结肠可分为升结肠、横结肠和降结肠。升结肠位于右髂部，横结肠接近胃幽门部，降结肠位于左髂部和左腹股沟部。直肠在左肾后下方内侧承接于降结肠，末端与肛门交界处的黏膜含肛门腺(图 11-8)。

5. 肝和胰

肝体积较大，由辐射状的裂缝分为 6 叶，即左外叶、左中间叶、右外叶、右中间叶、方叶和尾叶。胆囊隐藏在脏面的右外叶和右中间叶之间。胰位于十二指肠、胃和横结肠之间，呈“V”形。胰通常有大小两个腺管，分别通入十二指肠。

二、呼吸系统

1. 鼻腔

犬鼻孔呈“，”状，宽广部接近鼻中隔，狭窄部向后外侧弯曲。鼻唇镜呈低温、湿润的黑色无

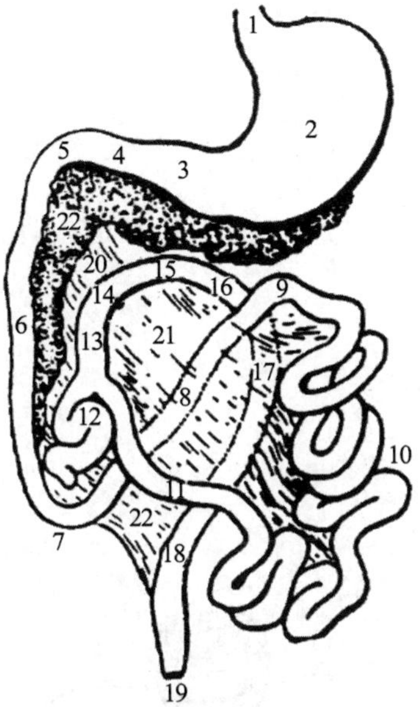

1.贲门　2.胃体　3.幽门　4.十二指肠起始部　5.十二指肠第一弯曲　6.十二指肠后行部　7.十二指肠第二弯曲　8.十二指肠前行部　9.十二指肠空肠曲　10.空肠　11.回肠　12.盲肠　13.前行结肠　14.右结肠曲　15.横行结肠　16.左结肠　17.后行结肠　18.直肠　19.肛门　20.十二指肠系膜　21.前肠系膜　22.结肠系膜

图 11-8　犬肠管径路模式图

毛区。鼻腔后部由一横行板隔成上下两部，上部为嗅觉部，下部为呼吸部。嗅区黏膜富含嗅细胞，使嗅觉极灵敏。

2.咽和喉

咽较短，食管口小，喉口较大。喉较短，真声带大而隆凸，喉侧室较大，喉小囊较广阔，喉肌较发达。

3.气管和支气管

气管由 40～45 个"U"形气管软骨环连成圆筒状，末端在心基上方以钝角分为左、右支气管。

4.肺

肺很发达，与宽阔的胸腔相适应，肺分 7 叶。右肺显著大于左肺，但右肺心压迹比左肺深，右肺心切迹比左肺明显，呈三角形，右侧心包直接接触右胸壁(此部相当于第 4～5 肋软骨间隙)。

三、泌尿系统

1.肾

犬肾呈蚕豆形。右肾位于前 3 个腰椎的横突下方，左肾因系膜松弛并受胃充满程度的影响而位置常有变动。胃空虚时，左肾位于第 2～4 腰椎的下方，胃充满时，左肾后移 1 个椎体的距离，前端约与右肾后端对齐。

犬肾属于表面光滑的单乳头肾，无肾盏。

2. 输尿管

右输尿管略长于左输尿管。

3. 膀胱

犬膀胱较大，尿充盈时顶端可达脐部，空虚时全部退入骨盆腔内。膀胱表面全部有腹膜襞覆盖。

4. 尿道

公犬尿道细长。母犬尿道较短。

四、生殖系统

(一)公犬生殖器官(图 11-9)

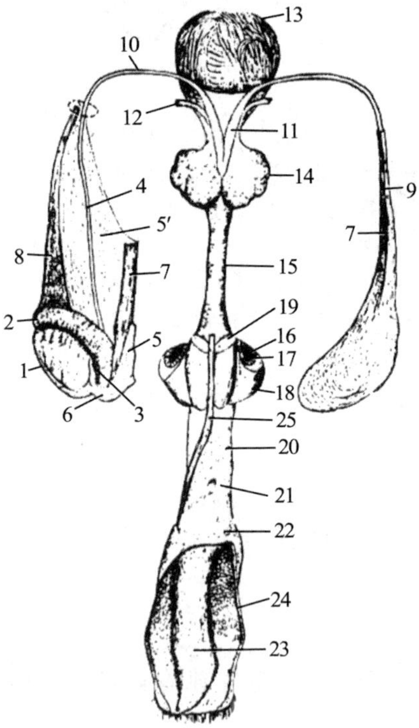

1. 睾丸　2. 附睾头　3. 附睾尾　4. 输尿管　5. 总鞘膜　5′. 鞘膜韧带　6. 副睾韧带　7. 睾外提肌　8. 静脉丛　9. 精索　10. 输精管　11. 输精管膨大部　12. 输尿管　13. 膀胱　14. 前列腺　15. 前列腺扩散部　16. 阴茎脚海绵体　17. 海绵体白膜　18. 坐骨海绵体肌　19. 球海绵体　20. 阴茎　21. 阴茎背侧动脉　22. 龟头球　23. 阴茎龟头　24. 包皮　25. 阴茎退缩肌

图 11-9　公犬生殖器官

1. 睾丸和附睾

睾丸体积较小，呈卵圆形。睾丸纵隔很发达。附睾较大，紧附于睾丸背外侧。

2. 输精管和精索

输精管起始端在附睾外侧下方，先沿附睾体伸至附睾头部，又穿行于精索中，进入腹腔后形成较细的壶腹，末端通入尿道起始部背侧。精索较长，呈扁圆锥形，精索上端无鞘膜环。

3. 副性腺

犬一般无精囊腺和尿道球腺，前列腺却比较发达。前列腺位于耻骨前缘，呈球状环绕在膀胱颈及尿道起始部。

4. 尿生殖道

骨盆部尿道比较长，其前部包藏于前列腺中（当前列腺膨大时会影响排尿）。坐骨弓处的尿道特别发达，称为尿道球。该部有发达的尿道海绵体和尿道肌。

5. 阴茎

阴茎特殊。阴茎后部有一对海绵体，正中由阴茎中隔隔开。中隔前方有棒状的阴茎骨，前端变小，有一带弯曲的纤维质延长部，阴茎头很长，包在整个阴茎骨的表面。其前端有龟头球（两个圆形膨大部）和龟头突，二者均为勃起组织，它们的血液来自包皮阴茎层，使龟头球在交配时迅速勃起，但交配后需很长时间才能萎缩。

6. 阴囊

阴囊位于腹股沟部与肛门之间的中央部，常有色素并生有细毛，正中缝不甚明显。

(二)母犬生殖器官(图 11-10)

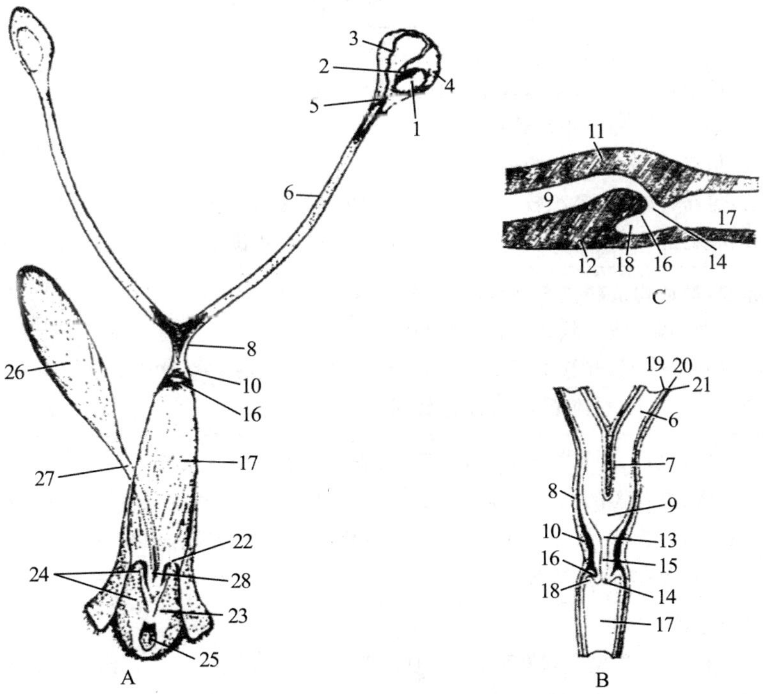

A. 母犬的生殖器官　B. 犬的子宫断面　C. 犬的子宫与阴道连络部模式图

1. 卵巢　2. 输尿管腹腔口　3. 输卵管　4. 卵巢囊　5. 输卵管子宫口　6. 子宫角　7. 中隔　8. 子宫体　9. 子宫体腔　10. 子宫颈　11. 子宫颈背侧壁　12. 子宫颈腹侧壁　13. 子宫颈管内口　14. 子宫颈管外口　15. 子宫颈管　16. 子宫颈阴道部　17. 阴道　18. 阴道前部　19. 子宫黏膜　20. 子宫肌层　21. 子宫浆膜　22. 阴瓣　23. 阴道前庭　24. 小前庭腺开口　25. 阴蒂　26. 膀胱　27. 尿道　28. 尿道外口

图 11-10　母犬生殖器官

1. 卵巢

卵巢小，呈扁平的长卵圆形。在非发情期，每侧卵巢均隐藏于发达的卵巢囊中。卵巢表面常有突出的卵泡。

2. 输卵管

输卵管细小，伞端大部分在卵巢囊内。其腹腔口较大，子宫口很小。

3. 子宫

子宫体很短。子宫角细而长，无弯曲，近似直线，全部位于腹腔中。子宫颈很短且与子宫体界线不清。子宫黏膜面有长的子宫腺和短管状陷窝。

4. 阴道

阴道较长，前端稍细，无明显的穹窿。黏膜面有纵行皱襞。

5. 尿生殖前庭

前庭较宽，前腹壁有尿道外口。侧壁黏膜有前庭小腺。

【本章要点速查】

表 11-1 特种经济动物解剖要点速查表

名称		学习要点归纳
兔内脏解剖特征	消化系统	1. 口腔：三瓣鼻唇，软腭较长，舌较大，门齿生长较快，唾液腺较发达 2. 咽：鼻咽部较大，口咽部较小，软腭后缘与会厌软骨汇合 3. 食管：为细长的扩张性管道 4. 胃：呈豆状，横位于腹腔前部 5. 肠：兔肠管较长，容积较大，包括十二指肠、空肠和回肠；盲肠、结肠和直肠 6. 肝和胰：肝位于腹前部偏右侧，暗紫色，分六叶，胰位于十二指肠袢内，灰紫红色
	呼吸系统	1. 鼻腔：鼻道构造较复杂，嗅区黏膜分布有大量嗅觉细胞 2. 咽和喉：咽呈漏斗状，为消化管和呼吸道的交叉要道。喉呈短管状，声带不发达 3. 气管和支气管：气管由不闭合的软骨环构成，气管末端分为左右支气管 4. 肺：肺分 7 叶，左肺窄小，心压迹较深
	泌尿系统	1. 肾：呈蚕豆形，右肾靠前，左肾稍后，为表面光滑的单乳头肾 2. 输尿管：是肾盂的直接延续，左、右各 1 条，呈白色，由膀胱颈背侧开口于膀胱 3. 膀胱：呈盲囊状，无尿时位于盆腔内，当充盈尿液时可突入腹腔 4. 尿道：公兔尿道细长，母兔尿道宽短
	生殖系统	公兔生殖器官 1. 睾丸和附睾：睾丸呈卵圆形，3～4 月龄睾丸下降至阴囊，可自由地缩回腹腔。附睾呈长条状 2. 输精管和附睾：输精管为附睾尾的向上延续，兔精索较短，呈圆索状，内有输精管和血管、神经 3. 副性腺：包括精囊腺、前列腺、尿道球腺和上尿道球腺 4. 阴茎：阴茎静息时长约 25 mm，勃起时全长可达 40～50 mm，呈圆锥状，没有龟头 5. 尿生殖道：分为骨盆部和阴茎部 6. 阴囊：位于股部内侧，2.5 月龄时方能显现

续表 11-1

名称		学习要点归纳
	生殖系统	母兔生殖器官 1. 卵巢：呈长卵圆形，位于后部腰椎腹侧 2. 输卵管：前有输卵管伞和漏斗，稍后处增粗为壶腹，后端以峡与子宫角相通 3. 子宫：属无宫体双子宫，子宫角较长，子宫颈较短 4. 阴道：紧接于子宫后面，其前端有双子宫颈管外口 5. 尿生殖前庭：阴瓣与阴门之间为尿生殖前庭，尿道外口位于前庭的前腹侧壁
犬内脏解剖特征	消化系统	1. 口腔：犬口裂大，下唇常松弛，舌呈长条状，唾液腺发达 2. 咽和食管：鼻咽部较大，口咽部较小，食管细长 3. 胃：容积较大，呈长而弯曲的囊管状，属于单室有腺胃 4. 肠：犬肠管比较短，由总肠系膜悬吊于腰、荐椎腹面 5. 肝和胰：肝体积较大，由辐射状的裂缝分为六叶，胰位于十二指肠、胃和横结肠之间呈“V”形
	呼吸系统	1. 鼻腔：鼻孔呈“，”状，鼻唇镜呈低温、湿润的黑色无毛区 2. 咽和喉：咽较短，食管口小；喉口较大，喉较短，真声带大而隆凸 3. 气管和支气管：气管由 40～45 个“U”形气管软骨环连成圆筒状 4. 肺：肺较发达，与宽阔的胸腔相适应，犬肺分 7 叶
	泌尿系统	1. 肾：呈蚕豆形，属于表面光滑的单乳头肾 2. 输尿管：右输尿管略长于左输尿管 3. 膀胱：犬膀胱较大，位置可在腹腔后部和骨盆腔前后移动 4. 尿道：雄性尿道细长，雌性尿道较短
	生殖系统	雄性生殖器官 1. 睾丸和附睾：睾丸体积较小，呈卵圆形 2. 输精管和精索：输精管起始端在附睾外侧下方精索较长，呈扁圆锥形 3. 副性腺：犬一般无精囊腺和尿道球腺，前列腺比较发达 4. 尿生殖道：骨盆部尿道比较长，坐骨弓处的尿道特别发达 5. 阴茎：阴茎后部有一对海绵体，其前端有龟头球和龟头突 6. 阴囊：位于腹股沟部与肛门之间的中央部
		雌性生殖器官 1. 卵巢：卵巢小，呈扁平的长卵圆形 2. 输卵管：输卵管细小，伞端大部分在卵巢囊内 3. 子宫：子宫体很短。子宫角细而长，无弯曲，近似直线 4. 阴道：阴道较长，前端稍细，无明显的穹窿 5. 尿生殖前庭：前庭较宽，前腹壁有尿道外口

【练一练　测一测】

一、名词解释

1. 圆小囊　　2. 蚓突

二、填空题

1. 兔的结肠外表有两条________和两列________，又由梭形部将结肠分为近盲端和远盲端，分别与兔排泄________、________两种不同的粪便有关。

2. 兔的肾呈________，位于最后肋骨近端和前部腰椎横突腹面，右肾靠________，左肾稍________。兔肾属于________类型的肾。

3. 公兔尿道________，兼有________的双重功能。母兔尿道________，仅为排尿通道。

4. 犬的肠管比较短，十二指肠腺仅位于________，空肠形成许多袢，位于腹腔左后下方。回肠末端有较小的回盲瓣。盲肠退化，呈________形，位于右髂部，结肠可分为________、________、________。直肠在左肾后下方内侧承接于降结肠，末端与肛门交界处的黏膜含________。

5. 犬阴茎后部有一对________，中隔前方有棒状的阴茎骨，阴茎头很长，包在整个阴茎骨的表面。其前端有________和________。

三、单选题

1. 兔子宫的形态特点是子宫角较长，子宫颈较短，属于(　　)类型的子宫。

A. 双角子宫　　B. 单角子宫

C. 有宫体双子宫　　D. 无宫体双子宫

2. 犬肾呈蚕豆形，犬肾的类型属于(　　)。

A. 复肾　　B. 有沟多乳头肾

C. 光滑多乳头肾　　D. 光滑单乳头肾

3. 犬的副性腺中比较发达的是(　　)。

A. 精囊腺　　B. 前列腺

C. 尿道球腺　　D. 肾上腺

四、简答题

1. 为什么在兔的阴囊内有时候能探查到睾丸，而有时候又探查不到？

2. 雄性犬的阴茎有什么特点？为什么交配的时间比较长？

参考答案

第十二章

综合解剖实训

【知识目标】

- 了解家禽、猪、牛、羊的解剖方法。
- 熟悉各种动物内脏器官的形态、位置、结构特点和比较解剖。

【技能目标】

- 能在活体上找到心脏、重要血管、淋巴器官及主要浅表和深部淋巴结的体表投影。
- 能识别剖检动物内脏系统各器官形态、位置和结构。
- 比较不同动物消化系统的异同点。

【思政目标】

- 培养学生以仁爱之心，尊重生命平等的人文素养，强化动物福利意识；培养学生吃苦耐劳、精益求精、团队协作的精神与态度。

一、鸡的解剖及内脏器官观察

目的与要求　通过鸡的活体解剖及内脏器官的观察，掌握家禽消化、呼吸、泌尿、生殖各系统器官的形态结构及位置关系；学习禽体解剖的基本技能。

材料与用品

动物：公、母鸡（或其他家禽）。

设备：解剖刀 2 把，止血钳 2 把，解剖剪 2 把，镊子 2 把，骨剪 1 把，软胶管，胶手套等。

方法和步骤

（一）肉眼观察

禽类的外观，如皮肤，眼结膜、天然孔，鸡冠和肉髯，鸡脚，鸡翅等。

（二）鸡的致死

从喉头处拔毛后，用解剖刀横断颈动、静脉放血致死。

（三）解剖术式

用水把颈、胸、腹部羽毛刷湿，健康的可烫毛拔毛。使尸体仰卧，自喙尖开始沿颈、胸、腹侧

(腹中线)剪开皮肤至肛门。并向两侧剥皮至四肢内侧与躯干相连处。剥皮后观察胸、腹、腿部皮下组织、脂肪、浅表肌肉,颈椎两侧的胸腺大小及颜色,嗉囊的形态及位置。这时用软胶管从气管断端插入吹气,观察腹气囊膨胀现象。然后用双手向外掰开两腿,使髋关节脱位,便于尸体固定。

自胸骨后端至泄殖腔剪开腹壁,沿胸骨两侧缘及肋骨中部向前剪至锁骨,并剪断心脏、肝脏与胸骨的联系。然后把胸骨翻转向前(小心伤到气囊),暴露体腔。观察体腔、浆膜颜色,禽类无膈膜等。再次由气管插入软胶管吹气,观察 9 个气囊形态与位置。

观察口腔、咽、食管、嗉囊、腺胃、肌胃、小肠、大肠、肝、胰、泄殖腔的位置。然后在食管与腺胃相连处剪断,再切开肝与周围器官的相连,把消化器官及脾取出。

(四)内脏器官观察

1. 消化系统(详见图10-4)

(1)食管与嗉囊　食管壁薄、管腔宽阔、在胸前口处有食管膨大部称为嗉囊。

(2)胃　分腺胃和肌胃。

腺胃又称前胃,较小,腺胃黏膜内有 30～40 个乳头。

肌胃又称砂胃,是一个肌质胃,肌胃黏膜有一层黄色坚硬的角质层(鸡内金)。

(3)肝　深红色,分 2 叶,右叶有一胆囊,胆管与胰管同开口于十二指肠末端。

(4)胰　黄色,长条形,位于十二指肠袢内,分背腹两叶。有 3 条导管和胆管共同开口于十二指肠末端。

(5)肠　分小肠和大肠。

小肠又分十二指肠、空肠与回肠。十二指肠起于肌胃,形成"U"形肠袢;空肠较长,形成许多半环状肠袢;回肠较短与双盲肠相连。

大肠由双盲肠和直肠构成,在回盲口有肌性回盲瓣。直肠之后接泄殖腔。

(6)泄殖腔　泄殖腔是消化道、生殖道、泌尿道共同开口。其背侧有一腔上囊,成熟后逐渐退化。

2. 心脏和脾脏

(1)心脏　禽无膈,心脏与家畜的基本相似。剪断动、静脉取出心脏,纵行剪开心包膜,检查心包膜和心包液的形状,观察心冠状沟中脂肪和心肌,剖开左、右两心室,注意心肌断面的颜色和质地,观察心内膜。

(2)脾脏　脾脏位于腺胃和肌胃交界处的右侧,是一红褐色圆形小体。

3. 呼吸系统

(1)喉　分前喉和后喉。前喉由环状软骨和两个勺状软骨构成,无声带,后喉又称为鸣管,位于气管分叉处。

(2)肺　小,呈鲜红色,紧贴于胸腔的背侧面,并嵌入肋骨之间。支气管入肺后再分出二级、三级支气管。三级支气管与气囊相连。

4. 泌尿系统

(1)肾　较发达,位于脊柱腰荐部和髂骨腹侧的凹陷中,分前、中、后 3 叶,呈暗红色,每侧肾由许多小叶构成,质软而脆。

(2)输尿管　起始于肾,由几支较宽的收集管组成,沿肾内侧后行,开口于泄殖腔。

5. 生殖系统

(1)雄性生殖器官

睾丸:2 个呈豆状,左右对称位于腹腔内,以睾丸系膜悬挂于同侧肾前端的腹侧,在最后肋骨的上方。

输精管:弯曲,沿肾的腹面向后延伸与输尿管并行,开口于泄殖腔内。

(2)雌性生殖器官

卵巢:仅左侧发育正常,右侧早期退化。位于左肾前叶下方,一端以腹膜褶与输卵管相连。卵巢有许多大小不等的卵泡,成熟卵泡富有卵泡液、体积很大。

输卵管:是一条长而弯曲的管道,沿左侧腹腔的背侧面向后行,后端开口于泄殖腔,全段顺次分为以下 5 个部分。

漏斗部呈漏斗状,开口于腹腔。

蛋白分泌部是最长的部分,产卵期发达,其壁厚,黏膜内含有大量腺体。

峡部是蛋白分泌部和子宫交界处较狭窄的部分。

子宫是输卵管的扩大部分。

阴道是输卵管的末端,较窄,开口于泄殖腔。

作业

1. 写出禽类的解剖操作要点。

2. 正确识别鸡的主要内脏器官形态、结构和位置。

二、牛(羊)的解剖及内脏器官观察

目的与要求　通过羊的活体解剖,使学生明确羊的解剖顺序,掌握羊各内脏器官的形态、结构、位置及毗邻关系,重点掌握消化、呼吸、循环、泌尿生殖和免疫等系统各器官的形态特征。

材料与用品　活牛或活羊,常用解剖器械,套有软胶管的三通玻璃管等。

方法和步骤

(一)羊的致死

直接用刀从喉头稍偏下插入颈动、静脉放血致死。也可行麻醉后,在颈的一侧中下 1/3 的颈静脉沟处剪去长毛,做一个长 8～10 cm 的切口,用止血钳将皮下结缔组织分开,先找到颈静脉穿线备用,然后再沿颈静脉内侧气管深面摸到颈总动脉(感知其搏动),用食指拉出皮肤切口之外,将其与迷走交感神经干分开,用止血钳分别夹住其向心端和离心端,在两端之间的动脉管壁上斜剪一个“V”形切口,随即将套有软胶管的玻璃管朝向心端插入颈总动脉内,用线结扎固定玻璃管,防止滑出,最后,把向心端的止血钳取下,血液即从胶管喷出(颈静脉手术同理)。

(二)剥皮

让羊仰卧,从下颌间隙至耻骨联合(腹中线)切开皮肤,四肢从系关节处环切皮肤,再从四肢内侧切开皮肤至腹白线交界处,从两耳根至下颌切开皮肤并剥皮。用手术刀把四肢解剖后观察关节构造、肌肉形态。

(三)肌肉及皮下观察

观察浅表肌肉、肌沟,甲状腺,体表淋巴结,皮肌,皮下脂肪,腹白线。

胸头肌:长,位于颈下外侧,构成颈静脉沟下界。左、右两肌在颈部沿中线互相紧贴,至颈中部则互相分离，斜向前上方，伸达止点。

臂头肌：长而宽，位于颈侧部皮下，自头伸到臂，形成颈静脉沟上界。

颈静脉沟：由臂头肌的下缘和胸头肌的上缘所形成。

颈静脉：为头颈部静脉主干，在腮腺后缘由颌外静脉和颌内静脉汇合而成。颈静脉位于皮下，在颈静脉沟的浅层向后伸延，到胸前口处，与对侧同名静脉和左、右腋静脉汇合成前腔静脉。

依次观察：背最长肌，髂肋肌，肋间肌，腹外斜肌，腹内斜肌，腹直肌和腹横肌，腹股沟管，股二头肌沟。

（四）腹腔的打开

采用左侧卧位。从右侧肷窝部沿肋骨弓至剑状软骨切开腹壁，再从髋结节至耻骨联合切开腹壁，然后将被切成楔形的右侧腹壁向下翻开，即露出腹腔。观察腹腔内各脏器的形态、位置及相互关系。

（五）胸腔的打开

切开胸骨两侧的连接取下胸骨，暴露胸腔，观察胸腔各器官形态、颜色及位置。

（六）脏器的采出（图 12-1、图 12-2）

腹腔剖开后在剑状软骨部可见到网胃，右侧肋骨后缘为肝脏、胆囊和皱胃，右髂部见盲肠，其余的脏器均为网膜所覆盖。切除网膜，依次取出小肠、大肠、胃和其他器官，操作如下。

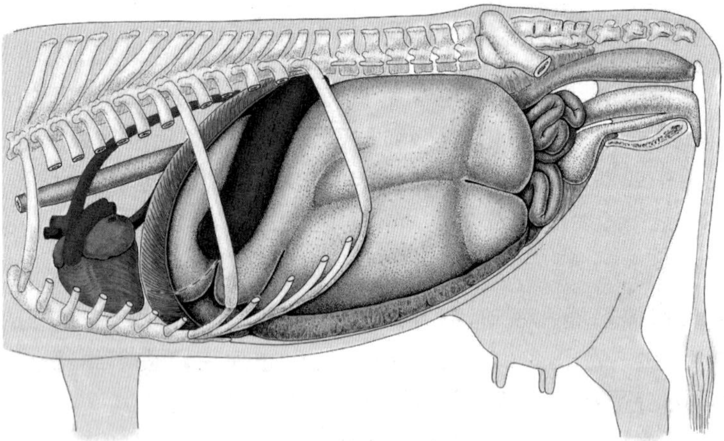

图 12-1 牛腹腔内器官图解（左侧观）

（引自陈耀星，2022）

（1）以左手牵引网膜，右手执刀，将大网膜浅层和深层分别自其附着部切离，再将小网膜从其附着部切离，此时小肠和肠盘均显露出来。

（2）在右侧骨盆前缘找到盲肠，提取盲肠，沿盲肠体向前可见连接盲肠和回肠的三角回盲韧带。切断回盲韧带，分离一段回肠，在距盲肠约 15 cm 处将回肠做二重结扎并切断，由此断端向前分离回肠和空肠直至空肠起始部，即十二指空肠曲，再做二重结扎并切断，取出空肠和回肠。

（3）在骨盆腔口找出直肠，将直肠内粪便向前方挤压，在其末端做一次结扎，并在结扎的后

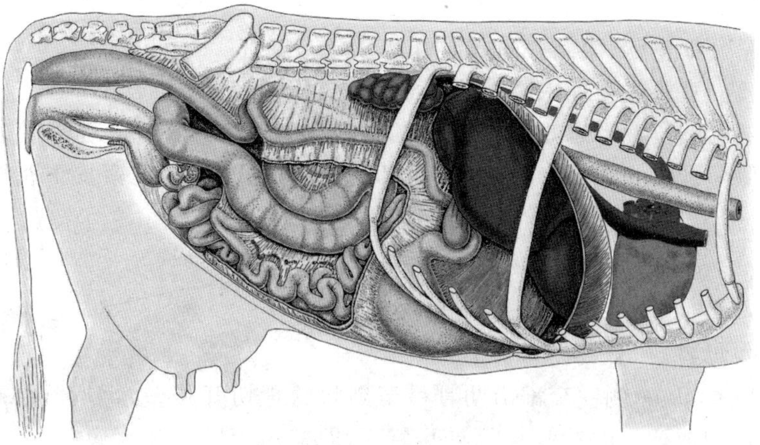

图 12-2　牛腹腔内器官图解(右侧观)

(引自陈耀星,2022)

方切断直肠,然后握住直肠断端。由后向前把降结肠从背侧脂肪组织中分离出来,并切离肠系膜根部。再将横结肠、肠袢与十二指肠回行部之间的联系切断。最后把前肠系膜根部的血管、神经、结缔组织一并切断,取出大肠。

(4)观察横膈膜和心包、胆管、胰管,分离十二指肠肠系膜,切断胆管、胰管和十二指肠的联系。将瘤胃向后方牵引,露出食管,在其末端结扎并切断。助手用力向后下方牵引瘤胃,术者用力切离瘤胃与背部相联系的结缔组织,并切断脾膈韧带,即可将胃、十二指肠、胰腺和脾脏同时取出。

(七)复胃形态结构观察

先将瘤胃、网胃、瓣胃与之间的结缔组织分离,使其有血管和淋巴结的一面向上,按皱胃在左、瘤胃在右的位置平放在地上。用剪刀沿皱胃小弯部剪开,至皱胃与瓣胃交界处,则沿瓣胃大弯部剪开,至瓣胃与网胃口处,又沿网胃大弯部剪开,最后沿瘤胃上、下缘剪开。这样 4 个胃的各部分全部展开,再顺食管沟剪开,观察胃黏膜结构特点。

(八)其他内脏器官形态结构观察

观察各系统各器官形态、颜色及结构。

作业

1.绘制羊消化系统的各器官形态、结构,并注明名称。

2.绘制生殖系统的各器官形态、结构,并注明名称。

三、猪的解剖及内脏器官观察

目的与要求　通过猪的活体解剖,使学生明确猪内脏器官的位置、形态及毗邻关系,比较反刍动物与单胃动物内脏器官的主要区别,重点掌握消化、呼吸、泌尿生殖系统组成及各器官的特征。

材料与用品　活猪,常用解剖器械等。

方法和步骤

(1)外观观察。如皮肤、眼结膜、口腔、耳朵、鼻腔、蹄部。

(2)猪的致死。直接用刀插入心脏放血致死。

(3)猪浅表淋巴结位置形态观察(图 12-3)。让猪仰卧,从下颌至耻骨联合(腹中线)切开皮肤,从四肢内侧切开皮肤至腹白线,从两耳根至下颌切开皮肤,观察皮下脂肪、浅表肌肉,体表淋巴结。

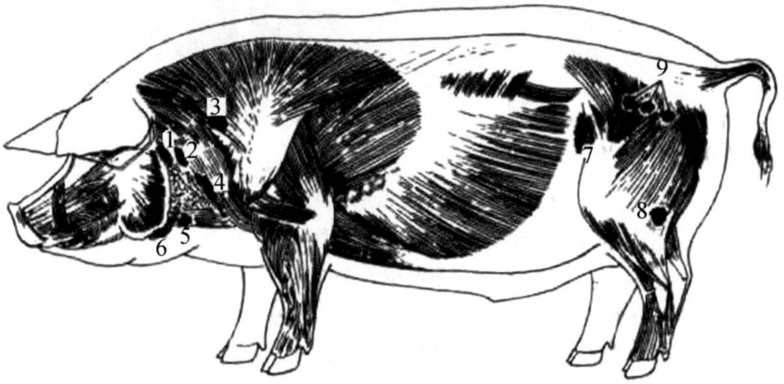

1.腮腺淋巴结 2.咽后外侧淋巴结 3.颈浅背侧(肩前)淋巴结 4.颈浅腹侧淋巴结 5.下颌副淋巴结 6.下颌淋巴结 7.膝上(股前)淋巴结 8.腘淋巴结 9.髂外侧淋巴结

图 12-3 猪主要浅层淋巴结

(引自陈耀星,2010)

(4)剥皮并进行四肢、关节和浅层肌肉解剖,观察关节构造、肌肉形态。

(5)腹中线切开腹膜,暴露腹腔、骨盆腔内脏和膈肌并观察。从肋胸关节处取下胸骨暴露胸腔并观察。从喉头处切断气管和食管并分离,由头部向尾部取出内脏分别观察各内脏器官形态及结构(图 12-4、图 12-5)。

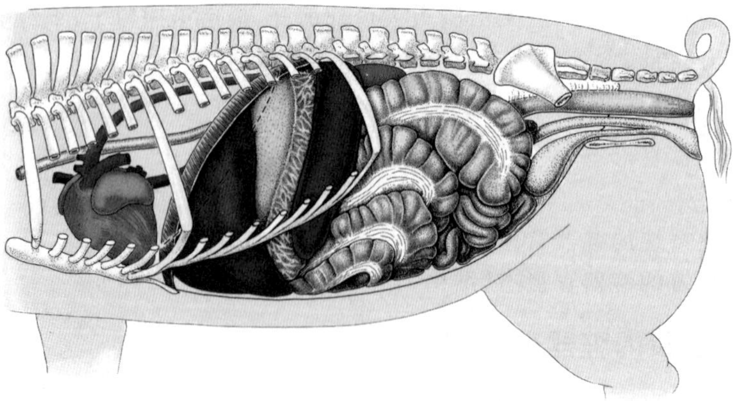

图 12-4 猪腹腔内器官图解(左侧观)

(引自陈耀星,2022)

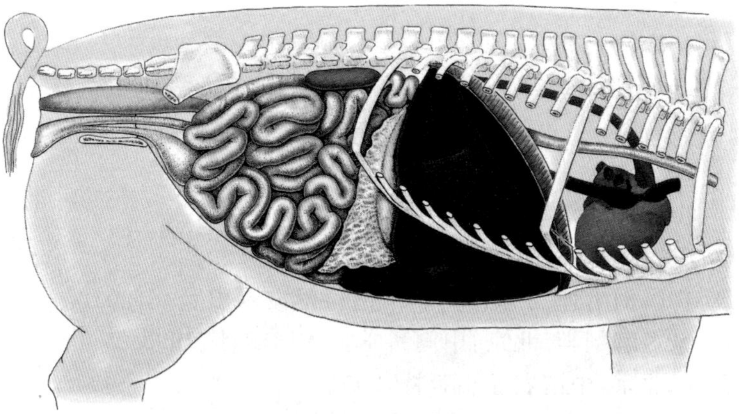

图 12-5　猪腹腔内器官图解(右侧观)
(引自陈耀星,2022)

作业　熟悉猪内脏器官的名称、位置,并能在猪体左、右侧指出重要脏器体表投影。

参考文献

[1] 陈耀星.畜禽解剖学.4版.北京:中国农业大学出版社,2022.

[2] 程会昌,王锐.动物解剖生理.3版.郑州:河南科学技术出版社,2012.

[3] 杨维泰,张玉龙.家畜解剖学.北京:中国科学技术出版社,1993.

[4] 范作良.家畜解剖.北京:中国农业出版社,2001.

[5] 董常生.家畜解剖学.3版.北京:中国农业出版社,2001.

[6] 马仲华.畜畜解剖学及组织胚胎学.3版.北京:中国农业出版社,2002.

[7] 周元军.动物解剖.北京:中国农业大学出版社,2007.

[8] 周定刚,马恒东.家畜解剖生理学.北京:中国农业出版社,2010.

[9] 肖传斌,张玲,程会昌.动物解剖学与组织胚胎学.北京:中国科学技术出版社,2001.

[10] 腾可导.家畜解剖学与组织胚胎学.北京:高等教育出版社,2006.

[11] 王树迎,王政富.动物组织学与胚胎学.北京:中国农业科技出版社,2000.

[12] 陈功义.动物解剖.北京:中国农业出版社,2010.

[13] 山西省畜牧兽医学校.家畜解剖生理学.北京:农业出版社,1979.

[14] 程会昌,王军.动物解剖学与组织胚胎学.3版.北京:中国农业大学出版社,2023.